普通高等教育"十一五"国家级规划教材

农机经营管理学

朱瑞祥　邱立春　主编

中国农业出版社

内 容 提 要

农机经营管理学是现代管理理论与方法在农机经营管理中的应用，是高等农业院校农业工程类、农业经济与管理类专业的一门重要专业基础课。全书共分农业机械化概论、经营管理原理、经营预测、经营战略、经营计划与实施、经营决策、生产管理、经营效益分析与评价、农业机械化项目可行性研究和成果转化与技术推广十章。内容简明扼要，理论与实例紧密结合，方法和程序具体，具有很强的理论性和可操作性。

本教材是为高等院校农业机械化及其自动化专业、机械设计制造及其自动化专业新编的普通高等教育"十一五"国家级规划教材，也可作为农业机械化管理部门和农机生产企业人员的培训教材，亦可供有关科研和工程技术人员参考。

编写人员名单

主　编　朱瑞祥　邱立春

副主编　李冠峰　张晋国　闫小丽　王汉琨

参　编　乔金友　党革荣　张军昌　贺喜莹
　　　　　张丽君　杨树川　梁建龙

审　稿　李宝筏　袁志发

前　言

　　《农机经营管理学》是按照教育部下发的《关于印发普通高等教育"十一五"国家级教材规划选题的通知》（教高〔2006〕9号）文件，为高等院校农业机械化及其自动化、机械设计制造及其自动化专业而编写的普通高等教育"十一五"国家级规划教材。本教材由西北农林科技大学、沈阳农业大学、河南农业大学、河北农业大学、山西农业大学、宁夏大学、东北农业大学和塔里木大学联合完成。

　　随着科学技术的迅速发展，特别是农村实行联产承包责任制之后，中国的农业机械化事业发生了巨大的变化。当今社会不仅需要懂技术的人才，更需要既懂技术又懂经济、经营的复合型人才。需求的变化，迫使高等教育不断地改变传统的教学模式和教学内容。加强对大学生的经济管理教育是适应这一转变的重要措施。

　　我国现今的经济体制，是从计划经济过渡而来的市场经济，长期的行政管理、技术管理，使人们忽视了经济管理的重要性和作用。考虑到非经济管理类大学生的基础和需要、大学本科生培养的业务规格，我们编写了本教材，并力求使之在内容的讲解上深入浅出。本教材是在参考国内外经营管理学教材的思路、结合农业机械化具体发展的现实和特点、兼容并积蓄诸家之优点等基础上构建并编写的。

　　本书作者多年从事高等农林院校农业机械化管理、企业管理、市场营销等方面的教学和相关研究工作，因而有一定的经验和体会。在经验和体会的基础上，经过反复的讨论、充实、取舍而形成了本书的内容和体系。全书共分为十章，前两章为本教材的基础，分别论述了农业机械化的相关知识和农机经营的基本原理，为技术与经济的融合、统一奠定基础；第三章至第八章，系统地介绍了经营管理的必备知识，从内容上来讲，涉及经营预测、经营战略、经营计划与实施、经营决策、生产管理以及经营效益的分析和评价整个生产经营环节；第九章和第十章，分别论述了农机项目可行性研究和成果转化与技术推广，突显专业教材的特点和实用性。

参加本教材编写的有朱瑞祥（第一章和第五章）、邱立春（第二章和第九章）、闫小丽（第三章）、李冠峰（第六章和第八章）、张晋国（第四章和第七章）、王汉琨（第十章）。另外，乔金友、党革荣、张军昌、贺喜莹、张丽君、杨树川、梁建龙参加了本教材编写方案的讨论和部分章节的编写工作；张军昌和党革荣承担了本教材大部分的插图制作，闫小丽对各章格式进行了统一。朱瑞祥、邱立春最后统筹定稿。

承蒙沈阳农业大学李宝筏教授、西北农林科技大学袁志发教授在百忙之中审阅了书稿，帮助提高了本书质量，在此表示诚挚的感谢。

尽管我们做了很大的努力，但水平有限，书中难免存在缺点和不足，恳请批评指正。

编　者

2008 年 8 月

目 录

前言

第一章 农业机械化概论 ... 1

  第一节 农业机械化的基本概念 ... 1
    一、基本概念 ... 1
    二、我国农业机械化发展回顾 ... 3
    三、农业机械化与农业现代化的关系 ... 3
  第二节 农业机械化的地位与作用 ... 6
    一、农业机械化的地位 ... 6
    二、农业机械化的作用 ... 12
  第三节 农业机械化的成就和发展趋势 ... 19
    一、中国农业可持续发展的障碍因素 ... 19
    二、我国农业发展的新变化 ... 22
    三、农业机械化的发展成就 ... 23
    四、农业机械化的发展道路 ... 27

第二章 经营管理原理 ... 30

  第一节 概述 ... 30
    一、经营系统描述 ... 30
    二、企业经营系统结构 ... 32
    三、经营系统的环境与功能 ... 36
  第二节 现代化经营理念 ... 41
    一、经营思想 ... 41
    二、经营目标 ... 44
  第三节 企业经营管理 ... 46
    一、企业经营与管理 ... 46
    二、经营管理理论的形成及发展 ... 50

三、经营管理要素 ·· 52
　　　四、经营管理要素的主要特征 ·· 54
　第四节　农机经营组织与服务 ·· 57
　　　一、农机社会化服务组织 ·· 57
　　　二、农机经营组织与服务 ·· 61
　　　三、农机经营体制及发展 ·· 63

第三章　经营预测 ·· 69
　第一节　农机市场概论 ·· 69
　　　一、我国农机市场的现状 ·· 69
　　　二、我国农机市场需求的特征 ·· 70
　　　三、影响农机市场需求的因素 ·· 71
　　　四、农机经营预测的作用和内容 ·· 73
　第二节　预测原理和方法 ·· 74
　　　一、预测的概念 ·· 74
　　　二、预测的分类 ·· 75
　　　三、预测的特点和原理 ·· 77
　　　四、预测的原则 ·· 78
　　　五、预测的基本步骤 ·· 79
　第三节　定性预测技术 ·· 80
　　　一、专家意见法 ·· 81
　　　二、德尔菲法 ·· 81
　　　三、主观概率法 ·· 86
　第四节　定量预测技术 ·· 86
　　　一、时间序列预测法 ·· 87
　　　二、回归预测法 ·· 97

第四章　经营战略 ·· 102
　第一节　经营战略概述 ·· 102
　　　一、经营战略的概念、特征及作用 ·· 102
　　　二、战略管理与经营管理的区别 ·· 103
　　　三、战略管理过程 ·· 104
　第二节　企业环境分析 ·· 107
　　　一、企业外部环境分析 ·· 107

二、企业的内部条件分析 …………………………………………… 112
第三节　企业总体战略 ………………………………………………… 117
一、发展型战略 ………………………………………………………… 117
二、稳定型战略 ………………………………………………………… 125
三、紧缩型战略 ………………………………………………………… 127
第四节　企业竞争战略 ………………………………………………… 130
一、成本领先战略 ……………………………………………………… 130
二、产品差异化战略 …………………………………………………… 133
三、集中化战略 ………………………………………………………… 135
四、三种基本竞争战略的实施条件 …………………………………… 136

第五章　经营计划与实施 …………………………………………… 137
第一节　经营计划概论 ………………………………………………… 137
一、基本概念 …………………………………………………………… 137
二、我国经营计划体制发展历程 ……………………………………… 141
第二节　经营计划制定的原则与任务 ………………………………… 142
一、经营计划的基础工作 ……………………………………………… 142
二、经营计划制定的原则 ……………………………………………… 144
三、经营计划的任务 …………………………………………………… 145
第三节　经营计划的种类和内容 ……………………………………… 146
一、经营计划的种类 …………………………………………………… 146
二、经营计划的内容 …………………………………………………… 150
第四节　经营计划的编制 ……………………………………………… 153
一、计划编制的程序 …………………………………………………… 153
二、计划编制的方法 …………………………………………………… 154
三、经营计划的编制 …………………………………………………… 156
四、经营计划的综合平衡 ……………………………………………… 158
第五节　经营计划的执行与控制 ……………………………………… 159
一、经营计划的落实 …………………………………………………… 160
二、经营计划的执行 …………………………………………………… 162
三、经营计划的调控 …………………………………………………… 162
四、经营计划的考核和评价 …………………………………………… 165

第六章 经营决策 ... 167

第一节 经营决策概述 ... 167
一、经营决策的概念 ... 167
二、经营决策的作用 ... 169
三、经营决策的类型 ... 170

第二节 经营决策原则和程序 ... 172
一、经营决策的特点和内容 ... 172
二、经营决策的一般原则 ... 173
三、经营决策的程序 ... 175

第三节 经营决策方法与应用 ... 180
一、确定型决策 ... 180
二、风险型决策方法 ... 186
三、不确定型决策方法 ... 191

第七章 生产管理 ... 196

第一节 生产过程与组织 ... 196
一、生产类型 ... 196
二、生产过程 ... 198
三、生产过程的空间组织 ... 200
四、生产过程的时间组织 ... 203
五、流水生产及其他组织形式 ... 207

第二节 物资管理 ... 211
一、物资管理概述 ... 212
二、物资消耗定额 ... 213
三、物资储备定额与库存管理 ... 216

第三节 设备管理 ... 225
一、设备管理概述 ... 225
二、设备的选择与评价 ... 227
三、设备的使用和维修 ... 229

第八章 经营效益分析与评价 ... 237

第一节 经济效益理论 ... 237
一、基本概念 ... 237

二、农机经营效益的表现形式 ………………………………… 240
　　三、费用的识别与分类 …………………………………………… 242
　　四、费用、效益的计量 …………………………………………… 244
第二节　经营效益评价原则与程序 …………………………………… 246
　　一、概述 …………………………………………………………… 246
　　二、经营效益评价原则 …………………………………………… 248
　　三、经营评价的程序 ……………………………………………… 249
第三节　农机经营效益评价指标体系 ………………………………… 250
　　一、建立经营效益评价指标体系的原则 ………………………… 250
　　二、经营效益评价指标体系构成 ………………………………… 252
第四节　经营效益的评价方法 ………………………………………… 261
　　一、因素评价法 …………………………………………………… 261
　　二、综合评价法 …………………………………………………… 266

第九章　农业机械化项目可行性研究 …………………………… 272

第一节　概述 …………………………………………………………… 272
　　一、农业机械化项目分类 ………………………………………… 272
　　二、农机化项目管理 ……………………………………………… 275
第二节　项目的选择与立项 …………………………………………… 277
　　一、项目的来源及选择 …………………………………………… 277
　　二、项目的申报与立项 …………………………………………… 279
第三节　农机项目评估与管理 ………………………………………… 280
　　一、农机项目评估及作用 ………………………………………… 280
　　二、项目评估程序 ………………………………………………… 282
　　三、项目评估内容 ………………………………………………… 284
　　四、项目评估报告 ………………………………………………… 288
　　五、项目建设管理 ………………………………………………… 289
第四节　农机化项目可行性研究 ……………………………………… 292
　　一、可行性研究概述 ……………………………………………… 292
　　二、农业机械化可行性研究的原则 ……………………………… 298
　　三、可行性研究的评价方法 ……………………………………… 302

第十章　成果转化与技术推广 ……………………………………… 309

第一节　概述 …………………………………………………………… 309

一、基本概念 ……………………………………………… 309
　　二、农业科技成果转化的形态 …………………………… 311
　　三、农业科技成果的转化过程 …………………………… 312
　　四、农业科技成果转化的条件 …………………………… 314
　　五、农业科技成果的转化对象 …………………………… 316
　　六、科技政策 ……………………………………………… 320
　　七、科技的作用 …………………………………………… 321
　第二节　农机化技术推广原理与方法 ……………………… 322
　　一、农业技术推广的概念 ………………………………… 322
　　二、农业技术推广活动的实质 …………………………… 323
　　三、农民行为改变原理 …………………………………… 324
　　四、农业技术推广教育原理 ……………………………… 326
　　五、农业创新扩散原理 …………………………………… 329
　第三节　技术成果推广体系 ………………………………… 331
　　一、主要职能 ……………………………………………… 331
　　二、农业科技开发的组织形式 …………………………… 332
　　三、农业科技开发服务 …………………………………… 333
　　四、农业院校转化科技成果的途径 ……………………… 333
　　五、农业科研单位转化科技成果的途径 ………………… 334

主要参考文献 …………………………………………………… 336

第一章
农业机械化概论

现代农业是以农业机械化为物质技术基础的农业,农业机械是农业生产力中最具活力的要素。农业机械化水平的高低,历来是衡量国家农业工业化和现代化水平的重要标志,农业机械化是农业生物高新技术研究成果得以有效实施和推广的关键载体,是改变传统农业、发展现代农业和建设社会主义新农村的重要手段。当前我国正处于工业化、信息化、城市化、国际化、市场化深入发展阶段,处于全面建设小康社会、加快推进社会主义现代化建设的历史时期,农业机械化事业也正在发生重大深刻变化。因此,有必要重新定义农业机械化的概念、探讨其地位和作用以及今后发展趋势,促进农业机械化事业健康发展。

第一节 农业机械化的基本概念

一、基本概念

1. 农业机械 是农业生产中使用各类机器和农具的总称。按照农业机械使用功能可大致分为农田基本建设机械、耕播机械、排灌机械、植物保护机械、运输机械、收获机械、农产品加工机械、林业机械、牧业机械、渔业机械和农用航空机械等。农业机械是生产工具,是农业生产力进步的产物。随着人类对生产劳动规模扩大和提高效率内在需求的不断扩张,生产工具必将不断地得到发展和完善。人、畜力劳动逐步被农业机械所替代,这是一种必然发展趋势。农业机械拥有量是农业生产力水平的重要标志,但不是衡量农业生产力水平的唯一标准。从一定意义上说,农业机械在农业生产中的应用水平和发挥的效能更能准确地反映农业生产力水平。

2. 农业机械化 农业机械化是一个过程。狭义农业机械化通常是指种植业生产过程中某个生产环节的作业机械化,或某种农业生物产品以及某个农业部门的生产过程机械化,即运用各种动力机械和配套作业机具替代人、畜力和传统农具进行农业机械化生产作业;广义农业机械化通常是指农、林、牧、副、渔各生产部门生产实现机械化作业的过程。它是根据各地区农村经济发展需要逐步实现机械技术、生物技术与现代化管理技术紧密结合或融合，改变传统生产方式、不断提高农业劳动生产率的动态过程。农业机械化既是一个技术发展过程，又是经济和社会发展过程。它的直接功能在于提高农业劳动生产率、土地产出率和资源利用率，改善产品品质，并对农村产业结构的调整、劳动力就业结构的调整、农村经济的发展乃至整个国民经济的发展都将产生重要影响。

农业机械化涵义包括三个方面的变化：一是对农业劳动者素质的改变；二是对农业生产工具的改变；三是对农业生产工艺的改变。劳动者是农业机械化诸要素中唯一具有能动性的要素，是第一要素。其内涵是农业机械化自始至终都包含着对农业劳动者进行教育、培训，使之接受并掌握技术的过程；农业机械化必须由千百万农业劳动者用自觉劳动去实施。劳动者素质如何不仅关系到对客观物质技术条件的改进和发展，而且直接影响到客观物质技术条件的利用和发挥。

3. 农业机械化技术　是把农业生物技术、机械技术和管理技术有机结合的一种综合技术体系。它体现了硬件与软件结合，具有较好的实用性和可操作性。在技术市场上又是可供转让和出售的商品，一经在生产中实施，就会产生一定的社会效益、经济效益和生态效益。有些人仅将操作使用、维护保养农业机械之技能视为农业机械化技术，有的则将"化"字去掉，只提农业机械技术，这些都具有一定偏见。以小麦精密播种机械化技术为例，它不仅包括小麦精密播种机及其使用技术在内的工程技术，而且涉及种子、土壤（肥力、墒情、整地质量）、田间管理（追肥、灌溉、松土、病虫害防治）等方面的生物技术和环境条件，还与农村经济条件（农业产量、产值、农民人均收入、劳均收入、经营体制和规模）相关。对以上因素进行综合分析研究，提出优化决策，又需依靠周密的管理技术。

4. 农业机械化管理　就是以农业机械化为研究对象，通过揭示和总结其自身规律，在农业现代化生产过程中"优质、高效、低耗、安全"地运用农业机械，为实现高产、优质、高效、可持续农业目标所进行的计划、组织及控制过程。农业机械化管理尽管有其特殊对象与领域，但解决问题的理论和方法，特别是现代化农业机械化管理理论和方法，在很大程度上与一般现代化管理是相同的，或者是现代化管理理论的进一步应用和发展。因此，研究农业机械化管理理论与方法，应从一般管理理论与方法入手，并将其更好地运用到农业机械化现代管理之中。

管理的概念随历史发展而有不同的内涵。在当今条件下，管理的概念包含四层意思：一，管理是一种有意识的组织活动，不是盲目无计划的本能活动，也不是单个人的活动；二，管理是一个动态的协调过程，既要协调组织内外各种管理要素的活动，又要协调人的利益关系，它贯穿于整个管理过程的始终；三，管理是围绕某一目标进行的，目标是一个组织管理活动的起点、归宿及衡量效率、效益的尺度；四，要达到更高层次的组织内部管理、循环，就需要创新活动。

二、我国农业机械化发展回顾

新中国的农业机械化事业，从兴办国营机械化农场和拖拉机站开始，不断探索，不断发展。我国农业机械化的发展，大体上可分行政推动、机制转换和市场导向三个阶段。

1. 行政推动阶段（1949—1980年） 在高度集中的计划经济体制下，农业机械实行国家、集体投资，国家、集体所有，国家、集体经营，不允许个人所有的政策。农业机械的生产计划由国家下达，产品由国家统一调拨，农机产品价格和农机化服务价格由国家统一制订。国家通过行政命令和各种优惠政策，推动农业机械化事业发展。但是，机械化发展的同时农业劳动力没有减少，极大影响了农民参与机械化的积极性。

2. 机制转换阶段（1981—1994年） 随着经济体制改革的不断深入，市场在农业机械化发展中的作用逐渐增强。国家用于农业机械化的直接投入逐步减少，对农机工业的计划管制日益放松，允许农民自主购买和使用农业机械。以家庭联产承包为主的责任制全面展开，农业机械多种经营形式并存。小型农机发展迅速，大中型农机增长缓慢。

3. 市场经济发展阶段（1995年至今） 农业机械的生产、农机化服务实行市场化，农机实现法规化管理，加大了农机科研和技术推广力度，农业机械配备结构得到了改善。农业机械的投资主体是农民，国家对农机化基本上不再实行行政干预，而是根据国家的整体利益，通过制定倾向性优惠政策，引导农机化发展。主要表现在：颁布实施了"农业机械化促进法"；推行以企业为主体的农机科研产业化；政府引导、实现了农机跨区作业；购机补贴实施，极大地调动了农民购买机械的积极性，推动了农业生产与销售全面升温。农村经济体制改革推动了中国农机体制和主体的变化。

三、农业机械化与农业现代化的关系

农业现代化在技术上就是采用现代化的机械技术和生物技术装备农业。机械技术的主要作用是节约劳动时间，提高劳动生产率；生物技术的主要作用是提高农产品的单产和质量，着重于提高土地生产率。只要把机械技术和生物技术适当结合起来，两者并举，才能既提高劳动生产率，又提高土地生产率。像美国等地多人少的国家，农业现代化的实现都是从机械化开始的，第二次世界大战后才对生物技术开始重视。日本由于人多地少，他们在实现农业现代化的进程中，为了提高单产，确实把重点首先放在生物技术措施上，然而也从未放松过机械化，况且生物技术的推广过程中也离不开机械化支持。英国、法国等国家，把机械化和生物技术结合起来，而且配合得较好，从而加速了农业现代化的实现和农业生产的发展。以机械化为基础和手段实现农业现代化，在发达国家已是不争的事实。可见，农业机械化是农业现代化不可缺少的主要内容，农业机械化道路是农业现代化不可逾越的必经之路，不论是人少地多的北美洲和大洋洲，还是人多地少的日本、韩国等国，机械化的形式和道路可能不一样，但是用机器代替人畜力进行农业生产都是没有例外的。

农业机械化与农业现代化的关系表现在如下几个方面。

(1) 劳动手段的现代化。劳动手段的现代化是实现农业现代化的重要方面，是世界各国农业现代化发展的共同规律和标志。比如美国，1886年每个农工可供养4.5个人，20世纪80年代初，每个农业劳动力所生产的食物可以供养79个人，现在可供养128个人。美国生产水平的提高，最根本就在于它的农业生产工具先进。从20世纪40年代中期起，美国农业机械化的发展就进入了全面机械化和自动化发展阶段。现在，除了在种植业、农产品加工、贮藏等方面实现了高水平的机械化和自动化外，在畜禽饲养等方面也实现了工厂化生产。我国要实现传统农业向现代农业转变，就必须同发达国家一样实现农业机械化，进而实现自动化。

目前，我国农业生产力水平仍然落后。就以劳动工具为主的劳动手段而言，我国农村广泛使用的劳动工具，如拖拉机、联合收割机与发达国家相比，相差15~20年。就劳动力而言，我国农业劳动人口多，但受教育程度较差。

一般来说，现代科学技术和现代工业的发展，促进了农业机械化的发展，而农业机械化水平的提高，又促进了农业生产过程的科学化和社会化。农业现代化从根本上说就是农业生产力的现代化。生产力的发展水平标志着人类征服自然界的程度，生产工具则是人类征服自然界的物质标志。

(2) 农业生产手段现代化是农业现代化的中心环节。农业现代化主要包括农业生产技术现代化、农业生产手段现代化和农业生产方式现代化。只有具备了一定生产条件和手段，现代化农业的生产技术才能得以实施。农业生产手现代化主要是指农业机械化,即用先进的生产工具取代落后的手工工具和以人畜为主的劳动形式,实现农业生产过程机械化,这是农业生产发展的必然规律。农业机械作为先进的农业生产工具,是提高劳动生产率不可缺少的物质手段。机械化在农业生产中既能大幅度提高劳动生产率,解决农业生产活动季节性强、劳动强度大和劳动力紧张的矛盾,又能有效地争取农时、抗灾防灾、促进农业增产增收。农业机械化是农业生产力和社会进步的根本体现,是把农民从繁重的体力劳动中解放出来,提高劳动生产率和提高经济效益的有效途径,是实现社会化大生产的基本条件。农业机械在农业生产中的广泛应用必将促进农业经济结构调整,形成区域化、专业化和社会化的大农业生产。

(3) 农业机械化是农业现代化的重要载体。从本质上讲,农业机械化能有效地将相关的能量、物质、信息(技术)注入农业生产,客观上起到了劳力替代和技术载体作用。现代科学技术在农业生产中的广泛应用,使农业成为生产力高度发达的现代化产业。农业发展关键是依靠科技进步,用现代化手段来改造传统农业,用高新技术来武装农业。现代科学技术发展证明,技术的发展要以一定载体为媒介,农业机械作为先进农业生产技术的载体,在推进农业产业化过程中起着不可替代的作用。农业生产技术的大面积和大规模实施,必须通过先进的农业机械才能完成;农业科技成果转化率的提高,农业综合生产能力的高度发展,必须通过农业机械化这个载体才能实现。

(4) 农业机械化是现代化农业的重要支柱。现代化农业可称为高科技农业,概括讲包括三个方面内容,即农业机械化、农业技术现代化和农业生产经营管理现代化。现代化农业与传统农业相比,主要表现在土地产出率高、劳动生产率高、产品商品率高和资金利用率高四个方面。农业机械化的突出作用表现在提高劳动生产率方面,使每个劳动力创造出更多的社会价值。毫无疑问,现代化农业离不开农业机械化。

(5) 农业机械化是实现农业产业化的重要手段。农业产业化的兴起,为农业机械化提供了一个广阔的发展空间。实践证明,要实现传统农业向现代农业转变,从农作物种植,农业运输,机械脱粒,农副产品的加工、贮藏与保鲜等诸多环节,到建设农业设施和抗灾工程以及设施农业、立体农业、园艺农业、观光农业等新型农业科技的实施,离开机械化是无法实现的。农业机械化在现代农业生产中不仅是先进农业生产工具和手段,而且是在发展农业适度规模经营,实施科技兴国,提高科技含量和生产力水平的一项现代工程技术,是促进农村产业结构调整和农民致富的有效途径。

第二节 农业机械化的地位与作用

农业机械化是农业现代化的重要标志,在农业发展中发挥了重要作用。农业机械化被美国工程院等单位评为 20 世纪 20 项最具代表性的工程技术成就之一,名列第 7 位。评委会认为,农业机械化使农业发生了翻天覆地的变化;农业机械化在发达国家已完全取代了人力和畜力,在许多发展中国家这一转变也正在进行;与作物种植技术和食品加工等其他技术革新相结合,农业机械化在全世界范围内明显地改变了食品的生产和分配。由此可见农业机械化对世界发展的贡献之大。

一、农业机械化的地位

(一)农业机械化是农业现代化不可逾越的发展阶段

加快发展农业机械化,是统筹城乡发展,推进农村小康建设的必然选择。改革开放以来,我国国民经济得到了较快发展,依现行汇率计算,2003 年人均 GDP 突破了 1 000 美元大关,标志着我国进入了工业化发展的中期阶段。2007 年人均 GDP 为 2 460 美元,世界排名 104。在党的十六届四中全会上,胡锦涛总书记提出了"两个趋向"的重要论断,即"在工业化初期,农业支持工业,是一个普遍的趋向;在工业化达到相当程度后,工业反哺农业、城市支持农村,也是一个普遍的趋向。我国现在总体上已到了以工促农、以城带乡的发展阶段"。这显示,我国已进入了工业支持农业,统筹城乡发展,加快农业现代化和农村小康建设的新阶段。在人类漫长的农业文明中,农业生产工具的进步推动了农业和整个社会生产力的进步。发展农业机械化是改善农民生产生活条件,提高农业劳动生产率的重要措施,是提高农业和农村经济整体水平的重要保证,是推进农村工业化、缩小城乡差别的必由之路。纵观发达国家实现农业现代化的进程,虽然各国选择的发展模式和途径有所不同,但其共同特点是先实现基本机械化,再实现全面机械化,最终实现农业现代化,如表 1-1 所示。

表 1-1 部分发达国家实现农业机械化的时间(年份)

国家或地区	开始发展机械化	基本实现机械化	全面实现机械化
美 国	1910	1940	1958
英 国	1931	1948	1964

(续)

国家或地区	开始发展机械化	基本实现机械化	全面实现机械化
加拿大	1920	1950	1966
德 国	1931	1953*	1971*
法 国	1930	1955	1968
前苏联	1929	1954	
日 本	1946	1966	

*：前联邦德国。

(1) 基本实现农业机械化的标志。农田耕整地，主要粮食作物的播种、收获、脱粒、加工、排灌等固定作业，以及运输等机械化程度为 80%～90%；役畜逐年下降；农业人口、农业劳动力占总人口的比重很小（如美国、法国、加拿大和日本等国家的农业人口只占总人口的 20%～30%）；农业劳动生产率高，农畜产品产量高；基本形成了区域化、专业化种植和经营，便于采用新技术，提高自然资源利用率，减少了所需机械种类，节省投资，提高了农业机械化水平。

(2) 全面实现农业机械化的主要标志。各种农机动力不断增长，特别是拖拉机和联合收割机，经过 20～30 年的发展，基本趋于饱和；役畜进一步减少，变为食用畜，畜牧业生产不断发展，农牧业产值中的比重逐年增长，畜力农具不再发展；机械作业项目迅速增加，除难度较大的作业项目外，都实现了机械化作业；畜牧生产全部实现了机械化，包括从饲料的种植、储运、加工、调剂，到畜禽的饲养、粪便处理，以及畜禽产品的收集、加工、运输等；农机与农艺结合更加紧密和广泛，相互适应，协调发展。

(3) 农业现代化阶段农业机械化的主要标志。传统作业全面改革，农机、农艺进一步结合，新的作业项目不断出现，如棉花、蔬菜和水果等较难作业项目也实现了机械化作业；液压技术、电子技术、信息技术已广泛应用于播种机、植保喷雾机、施肥机等农业机械，自动控制、无人操纵的农业机械也被用于农业生产，改善了操作条件和生产环境，减轻了劳动强度，提高了作业质量；设施农业不断发展，农业生产工厂化已逐步成为现实；系统工程在农业和农机中得到广泛应用，农业资源配置更加合理；节约能源、新能源的开发和利用受到重视，如节约油耗，少耕免耕，太阳能、风能、地热的利用，用农业废物开发沼气等；农业企业化、工厂化规模较大，耕地比较集中。

由表 1-1 可以看出，发达国家从起步到基本实现农业机械化，大致经历了 20～30 年的时间。美国从开始发展农业机械化，到全面实现农业机械化，经历了 30 年的曲折过程。其他国家和地区因为利用已有技术和经验，发展过程稍短，如英国只用了 18 年。但没有农业的机械化，就谈不上农业的现代化，农业机械化是农业现代化不可逾越的发展阶段。

(二) 农业机械化是农业可持续发展的必要条件

发展持续农业是人类生存和发展的基础。面对人口增加、需求增长、资源萎缩、环境破坏等问题，如何保持农业长远地、协调地发展，从 20 世纪 80 年代初期开始，已成为国际社会关注的热点。联合国粮农组织在 1988 年提出了持续农业概念，现在形成了一种世界性的发展战略与理论。其基本要点是：持续满足目前和世世代代的需要，能够保护好资源，不造成环境退化，技术上适当，经济上有活力，而且社会上能接受。许多国家根据本国具体情况，提出了适合本国的持续农业的内涵。中国农业科学家也提出了具有中国特色持续农业的内涵，其中提出"以发展农业生产力，对传统农业进行技术改造为主线，将封闭的、低效的、劳动密集的手工操作逐步转变为开放的、高效的技术与资金密集的机械化、自动化作业，大幅度提高土地生产率、劳动生产率、商品率与资源产出率"的论述，受到各方面的重视。这些论述从理论上肯定了农业机械化是中国农业可持续发展的必要条件。实际上，农业机械化也推进了农业可持续发展。

20 世纪 90 年代，当世界一些国家闹饥荒，几亿人口在饥饿线上挣扎时，中国实现了温饱，且基本实现了小康生活水平。目前中国食物安全性较好。粮食安全是食物安全的基础，粮食安全，国泰民安。根据联合国粮农组织要求粮食最低安全储备水平为 17%～18%，中国已达 20%；粮食自给率达到 95% 被认为是安全的，我国多年平均已达到 99.29%；我国粮食生产波动指数一般保持在 6% 左右，比美国 (7.56%)、加拿大 (6.69%)、澳大利亚 (9.81%) 等主要粮食出口国都低，表明我国粮食安全性较好。我国肉、蛋、水产品总产量都已跃居世界各国之首，果蔬等主要农产品产量大幅度提高。长期以来，"发展生产，保障供给"梦寐以求的良好愿望，在中国改革开放以后得以实现。中国之所以实现了食物安全，应首推国家政策好，同时科技兴农立下了汗马功劳。农业机械化作为现代化农业生产手段和农业新技术的载体，在增强农业可持续发展的功能、保障食物安全方面也功不可没。

(三) 农业机械是现代农业生产的主力军

加快发展农业机械化，是提高农业综合生产能力、保障粮食安全的重要措施。农业机械是现代农业生产的主力军，是改造传统农业最主要的手段。先进农艺技术的推广应用，需要依靠农业机械作为载体和桥梁。

1. 农业机械在农村生产性固定资产中比重增加 农村经济体制改革之后，农民利用自有资金有选择地购买农业机械的积极性空前高涨，农户成为农业机械的投资主体。近几年，农户用于购买农机的支出占生产性固定资产支出的比例已在60%以上。农户大量投入资金，使我国农业机械固定资产迅速增长，从1981年的$3.9×10^{10}$多元，增加到2003年的$3.362×10^{11}$元，乡村农户平均拥有农业机械原值1 300多元，占农村住户年末每户生产性固定资产原值的25%。

2. 机械动力已成为农业的第一动力 农业动力由农机动力、畜力、人力等三大动力组成。农村经济体制改革后的1979年以来，由于农机动力发展最快，在人力、畜力、农机动力三大农业动力中占有越来越重要的地位。1978年农业三大动力的功率总量约为$1.8×10^{8}$ kW，其中畜力占23%，人力占12%，机力占65%；2007年总量增加到$7.4×10^{8}$ kW，其中畜力占15%，人力占5%，机力占80%。这个事实表明，农业机械动力的拥有量已成为我国三大农业动力之首。新型的农业机械，也催生了先进适用的农艺技术，为农业的规模化、标准化和产业化生产创造了条件。由于农业机械不仅可大幅度提高农业劳动生产率，还有利于降低生产成本，能够做到定时、定量、定位完成精确作业，从而提高了土地产出率和资源利用率。

3. 作业领域不断拓展、水平不断提高 农业机械化作业领域由粮食作物向经济作物，由大田农业向设施农业，由种植业向养殖业和农产品加工业全面发展，由产中向产前、产后延伸，发展空间不断扩大。在小麦、水稻、玉米和大豆四大粮食作物中，2006年全年机耕、机播和机收总面积达$1.55×10^{8}$ hm^{2}，分别占总面积的51.4%、32.6%和25.6%。小麦基本实现生产过程机械化，播种和收获机械化水平分别达到83%和81%。水稻栽植和收获机械化水平分别为10%和40%；玉米播种和收获机械化水平分别为50.5%和2.6%；大豆播种和收获机械化水平分别为50%和31.8%。在水、化肥、种子、农药、畜力等物质要素综合作用下，农机化对农作物产量的贡献随着农作物生产机械化水平的提高也相应提高，2003年农机化对粮食产量的贡献率已达到13%。

4. 带动了畜禽业和养殖业的发展 随着农机工业企业大批生产禽畜饲养管理机械、饲料成套机械、鱼池增氧装置、水净化装置、吸污排污设备等机械化装备，饲料工业、畜禽业和养殖业的大发展得到了促进。与改革初期的1984年比，肉类年均增加$3.38×10^{6}$ t，蛋年均增加量达$1.13×10^{6}$ t，水产品增加了$7.03×10^{6}$ t；2006年全国肉类总产量达$8.051×10^{7}$ t，蛋总产量达

$2.94×10^7$ t，全国水产品生产总量达 $5.25×10^7$ t，均居世界第一。

(四) 农业机械化促进了农村工业化的发展

农村工业化是我国农村经济发展的目标之一。1980 年农村工业产值占工农业总产值的比重为 23%，1994 年提高到 69%。乡镇工业企业是农村发展工业的主要载体，不仅在农村经济中占有重要地位，而且在全国工业中也占有重要的地位。2007 年乡镇工业增值为 $6.8×10^{12}$ 元，工业增加值达 $4.78×10^{12}$ 元，占乡镇企业增加值的比重为 70.35%，同比增长 14.17%。在乡镇工业中，以农副产品为加工原料的许多产品在全国占有相当大的份额，1994 年加工粮食占当年全国粮食产量的 75.6%，生产配合饲料占全国产量的 43%，食用植物油占全国产量的 65%，罐头食品占全国产量的 91%。到 2007 年，农产品加工业占到乡镇企业总产值的 31.5%。农业机械化对农村工业化的贡献主要表现在以下两个方面。

1. 农机工业为农村农副产品加工提供必要技术装备 农村经济体制改革后，农业机械制造行业提出"农民需要什么，就生产什么"，把农民迫切需要的农副产品加工机械、饲料加工成套设备、食品加工和包装机械等列为重点发展产品。据不完全统计，1980—1995 年全国生产粮、棉、油、茶、薯等各种加工机械约 $7.54×10^6$ 台；生产饲料粉碎机、青饲加工机、饲料加工成套设备 $3.345×10^7$ 台（套）。这些产品除少量出口外，大量投放国内市场，促进了农副产品加工、食品加工和饲料加工业的发展，使农村农副产品初加工基本实现了机械化。

2. 乡镇企业正常发展需要种植业机械化支持 在地少人多的地区要实现农村工业化需要发展种植业机械化。无锡县已经实现农村工业化，全县工业产值占工农业总产值的 97.9%；非农劳动力占乡村劳动力的 83%。但是，随着农村工业化，也出现了新情况和新问题：一是工业人口增加，消费水平提高，需要农业提供更多农产品，要求农业生产提高劳动生产率、土地产出率、商品率；二是来自农业的乡镇企业工人"亦工亦农"兼业化不利于农村工业发展。为了解决农村工业化和传统农业之间的矛盾，无锡县探索了农业规模经营，农村出现了种田大户、村办农场等。在规模经营单位，凡是依靠雇工耕种的都难以巩固，采取农业机械化服务大都得到巩固和提高。于是得出结论：解决农村工业化与传统农业的矛盾，必须实现农业规模经营和机械化服务。用农业机械化替代农业劳动力的不足，有利于企业的正常运转，实质上是农业机械化支持了乡镇企业的发展。

根据国家统计局农调队 1989 年对 2 251 个县调查统计资料，如表 1-2 所示，平原、丘陵、山地三种类型的县，都存在一共同的特点，就是随着单位面积农机动力装备水平的提高，农村工业劳动力占农村劳动力的比值、农村工业产值占工农业总产值的份额以及农民纯收入均有所提高。虽然平原、丘陵、山地三种类型县各自提高的幅度有所不同，但都表现出农村工业化转变的显著特征。统计分析还表明，农业机械化对推动农村工业化发展具有普遍意义。

表1-2 单位面积农机动力与农村工业化水平的关系

调查项目	地 形		
	平原地区	丘陵地区	山地地区
县数（个）	794	605	852
农机总动力（W/hm^2）	3 907	3 665	3 517
村工业劳力占村劳力比（%）	10.5	9.0	7.5
村工业产值占工农业总产值比（%）	41.9	39.9	38.9
农民人均纯收入（元）	595.8	564.9	520.8

（五）加快发展农业机械化是广大农民的迫切要求

广大农民对农机化的迫切需求，主要来源于四个方面。

1. 从劳动力结构看 在我国近5亿农村劳动力中，大约有2亿多转移到乡镇企业、进城务工和从事多种经营，这部分劳动力以青壮年为主，文化水平相对较高，而留在农村从事农业生产的劳动力，数量在减少，总体素质在下降，老龄化趋势明显，要保证农业生产的正常进行，就必然要求机械化的劳动替代。

2. 从农业生产的特点看 "三夏"、"三秋"季节性劳动力严重不足，如果不能提高机械化水平，要求提高农业复种指数，扩大粮食播种面积是不现实和不经济的。目前，许多外出务工的农民，在"三夏"、"三秋"等农忙季节，也不得不赶回农村参加农业生产，机会成本相当高。在这些农忙季节，农民工每次返乡需要20～30天，按照每个农民工平均月务工收入600元计算，加上往返路费和自身消费，平均每次需1 000元左右的成本。

3. 从经营收入来看 农村经济体制改革后，我国曾先后出现了农民购买农副产品加工机械、农用运输车和联合收割机热潮。热潮的出现是因农村经济发展的需要和这些农机能为农民增加收入。由表1-3可以看出，农机户人均纯收入比同期全国农民人均纯收入要高。发展农业机械化，提高农业劳动生产率，增加农民收入是实现小康目标的重要途径。

表1-3 农民收入对比

年份	农机户人均纯收入（元/人）	全国农民人均纯收入（元/人）	农机户比全国农民人均纯收入增幅（%）
1993	1 490.24	922.00	61.6
1994	1 892.40	1 220.98	55.0
1995	1 978.08	1 577.74	25.4
1996	2 178.99	1 926.00	13.1

4. 从劳动者的观念看 随着社会的进步，劳动者的思想观念也发生了很大变化。伴随着农村生产生活方式的改变，以及农业机械的日益普及和作业成本的降低，广大农民迫切需要享受现代文明的成果，改善生产条件，减轻劳动强度，提高机械化水平。农民观念的变化，使得我国的农业机械化具有深厚的社会基础和强劲的发展源动力。

二、农业机械化的作用

农业机械在现代化农业生产中具有十分重要、不可替代的作用，主要表现在如下几个方面。

1. 实现可持续农业需要农业机械 我国农业自然资源相对稀缺，尤其是人均耕地和人均淡水资源。持续、合理地利用农业资源，节约用地、节约用水、节约能源、防止水土环境污染对农业可持续发展意义重大。

（1）保护水资源需要节水机械化。尽管我国发展水利排灌事业在抵御旱涝灾害，稳定粮食产量中起了重要作用，但是长期使用土渠输水、大水漫灌的不科学灌溉方法，农田灌溉用水的有效利用率只有30%~40%。也就是说，60%~70%的水白白浪费掉了，每年农田灌溉浪费的水相当于全国总用水量的40%~50%，这是一个令人触目惊心的数字。所以，发展节水农田灌溉技术，保护水资源永续利用，对于水资源十分匮乏的我国来说，意义特别重大。

目前，我国推广的节水技术主要有低压管道输水灌溉技术、U型渠道防渗技术、喷灌和微灌技术及坐水播种技术等。发达国家都非常重视发展节水灌溉，英国、德国、奥地利、丹麦、瑞典、日本的喷灌面积占本国总灌溉面积的比重都在90%以上，美国是40%；以色列微灌面积占其总灌溉面积的70%，美国微灌面积1981—1991年10年间增加了3倍。我国目前喷灌面积仅有2.3×10^6 hm^2、微灌面积3.0×10^5 hm^2，与发达国家相比，存在较大的差距。节水灌溉与传统地面沟渠灌溉相比，采用地面灌溉时，一眼机井只能灌溉4~

5.5 hm² 耕地，用喷灌可灌溉 13～16 hm² 耕地。已显示出节水、扩大耕地、增加产量的优越性，见表 1-4。

表 1-4 喷灌、滴灌与地面沟渠灌对比

节水机械化技术	比地面灌溉		
	节水（%）	扩大耕地（%）	增产（%）
喷灌	30～50	10～20	20～30
滴灌	50～70	10～20	20～30

（2）科学施肥不能没有农业机械。化肥是我国农业产量迅速增长的重要物质因素，农业化肥施用量由 1958 年的 5.4×10^5 t 提高到 1993 年的 3.151×10^7 t，粮食单位面积产量也相应提高。但是，我国在 1980—2004 年，化肥施用量由 1.269×10^7 t 提高到 4.629×10^7 t，增加了 3.65 倍，而粮食总产量只增加 1.46 倍；2001—2004 年 4 年间，平均每年氮肥施用量为 2.53×10^7 t，利用率最高为 35%，每年损失的氮肥约 1.64×10^7 t，若氮肥完全按尿素来算，折合人民币约 6.0×10^{10} 元。这其中根本原因是施肥不科学，化肥多，有机肥少；氮肥多，磷钾肥少；三要素（N、P、K）肥多，微量元素肥少，造成了土壤结构差，稻麦穗长，贪青晚熟，穗少粒小，倒伏成片，化肥过量、报酬递减，又污染了水土、空气等环境。解决办法只有科学施肥。除了测土施肥、配方施肥外，重要的是发展机械深施化肥技术，提高化肥利用率。机械深施化肥可以把化肥利用率从表面施肥的 30% 提高到 40% 以上，特别是深层分层施肥技术，可以将化肥利用率提高到 60% 左右，见表 1-5。深施化肥减少了化肥挥发，提高了利用率，在同样肥效下，可以减少化肥施用量，减少了对环境的污染；降低成本，又提高了产量。机械深施化肥可以节省化肥 0.15 t/hm²，增产粮食 0.30 t/hm²。根据农业部测算，化肥利用率提高 10%，就可节约化肥 1.0×10^7 t 左右。

表 1-5 深施化肥的效果

不同方法施化肥 2 天损失比较（%）		持续供给养分时间（天）		增产效果（%）（小麦）				
表施碳铵		碳铵深施 6 mm		表施	深施	高产田	中产田	低产田
挥发	利用率	挥发	利用率					
10.77	28.6	0.6	55.9	20	>60	12～14.7	14～20	4～7

另外，开发有机肥料，也需要农业机械。目前我国农业生产过分依赖化肥，不但造成土壤板结，作业成本增大，而且大量的禽畜粪便弃之不用，污染

了水土资源。开发利用禽畜粪尿，制成有机肥料，变废为宝，既可防治粪尿对环境的污染，又可减少农业对化肥的依赖性，缓解化肥供应不足的矛盾。当然，用人畜粪尿制造有机肥不能沿用我国农村传统野外堆积发酵的方法，必须使用现代化方法和相应的设施与技术装备。比如常用的高温快速干燥法，需要热风炉和滚筒干燥机；动态充氧发酵法需要发酵机；太阳能大棚发酵干燥法，需要塑料大棚和移动式搅拌器等。

(3) 防止农药污染离不开先进的农业机械。利用农药防治作物的病虫草鼠害仍是当今世界农业稳产高产的重要措施之一。但是，大量施用农药也同时带来了水土严重污染的负效应。为了尽量减少农药对生态环境的污染，发展低毒高效的农药、精密喷施技术和生物防治是今后的方向。

作为植保机械，国外已大量采用静电喷雾、低量喷雾、控滴喷雾、对靶喷雾等新技术，药液在叶片上的有效沉积率高达90%以上，德国还开发了可把未沉积在作物上的药液回收的喷雾机。先进的施药技术可降低农药用量20%，降低用水量50%，大大减少环境污染，应大力发展以替代落后技术的植保机械，减少对农业环境的污染。

(4) 培肥土壤需要先进的农业机械。还田、肥田、改土增加产量十分显著，每公顷秸秆还田耕地相当于增施了255 kg磷、255 kg氮、285 kg钾，且可以改善土壤理化性状，减少地表的径流和水分蒸发，提高土壤含水量，抑制杂草滋长。秸秆还田增产效果一般在5%~29%。秸秆还田作业使用秸秆还田机，或使用带有秸秆粉碎装置的收获机械直接在田间粉碎还田，效率高、简单省事，发展秸秆还田技术具有肥田与防治环境污染的双重效果。另外，深松土壤，是改善耕层土壤结构，增加土壤含水量和有机质含量，提高耕地抗旱、抗涝和产量的有效措施。但是，深松土壤必须靠大中型拖拉机，小型拖拉机和人畜力是无法或很难承担的。据中国农业机械化报报道，深松技术在玉米、小麦、水稻、大豆和棉花生产中，相对于未深松农田的增产率分别为19.1%、12%、22.8%、9.3%和55.1%。

2. 抵御自然灾害，减少农业损失 我国农业自然灾害，如旱灾、涝灾、病虫害、低温冷灾等频繁发生。特别是我国干旱、半干旱面积大，旱涝灾时常发生，是发展持续农业的主要障碍。农业生产季节性强，受旱要及时灌溉，受涝要及时排水，受病虫草鼠危害要"虫口夺粮"、及时防治。尽管在感性认识上，一般传统的排灌、防治病虫害等，可以用人畜力和原始的工具进行，但由于人畜力作业效率很低，误农时，只能等待来年，损失惨重。随着农业机械化事业的发展，显著地增强了我国农业抗御自然灾害的能力。

(1) 农田排灌是增加农产品产量的主要措施。庄稼"有收无收在于水"，发展水利排灌是抗御旱涝灾害、农业稳产保丰收的不可缺少的物质投入。占全国耕地一半的有效灌溉面积却生产了占总产量80%的粮食，95%的蔬菜，说明了灌溉耕地上农作物的产量比没有灌溉的耕地稳产高产。

中国耕地大多田高水低，可以自流灌溉的耕地有限。全国农田有效灌溉面积从解放初期的 2.0×10^7 hm^2，发展到2007年底的 5.8×10^7 hm^2，增加1.9倍，主要是发展了机电排灌技术和设备，排灌机械动力约占农业机械总动力的1/3，由于机电排灌的发展，使我国旱灾成灾率降低10%以上，水灾成灾率降低20%以上。机电排灌已成为农田排灌的主力军，由于我国农田排灌对排灌机械的依赖性竟如此之大，所以水利排灌对农产品的稳产高产的贡献，实际上主要是排灌机械化起了主要作用。

（2）机械化旱作农业成为无灌溉条件地区抵御干旱危害的希望。我国耕地干旱不是都能靠提水灌溉来解救的。全国大约有 5.0×10^7 hm^2 旱地，大多干旱缺水，灌溉困难，产量低而不稳。农业机械化科技人员经过多年潜心研究，已成功地推广机械行走式节水灌溉、保护性耕作、秸秆还田、沟播、重镇压、覆膜等综合配套机械化技术，可有效地改善土壤结构、增强蓄水保墒能力，使有限的天然降雨在作物生长期内均衡利用。例如，机械化旱作技术能使每毫米降水生产玉米不到1kg提高到1.5~1.8 kg，增产效果非常显著。这项技术对于易受干旱危害而又没有灌溉条件的广大干旱少雨地区，是发展农业生产的希望所在。

（3）植保机械化是农作物的保护神。我国农田病虫草鼠害十分严重，农作物损失很大，严重地威胁着农业的可持续发展。由于大量推广使用植保机械，才使农作物免受更加惨重的损失。植保机械效率高，而且喷洒农药颗粒又小又匀，能及时有效地控制病虫草鼠危害，如果不用植保机械是难以做到的。据近年来统计数据分析表明，我国平均每年挽回粮食损失高达 4.447×10^7 t，约占粮食总产的10%；年均挽回棉花损失 1.43×10^6 t。且随着植保机械作业面积的增加，挽回的粮棉损失也越多，呈明显的正相关关系，见表1-6所示。

表1-6 机械植保面积与挽回粮棉损失的关系

单位：万t

挽回的损失	年 份						
	1989	1990	1991	1992	1993	1994	1995
挽回粮食损失	3 294	4 062	4 533	3 801	4 189	4 276	5 439
挽回棉花损失	71	86	91	140	157	165	160

(4) 减少农产品损失。从保护已生成的农产品来看，增加农产品有效数量，是保护食物安全的重要措施。对于谷物收获来说，人工收获要经过割、捆、运、脱等作业环节才能完成，工序多、抖动大，从收到脱总损失率高达 6.8%～10%，机械收获的分段收获和联合收获损失率不同，但都比人工收获损失少，见表1-7所示。

表1-7 谷物收获损失率比较

收获农艺	人工收捆运+机脱	机械割晒+人工捆运+机脱	小型背负式联合收割机	自走式联合收割机
总损失率(%)	6.8～10	5.7～7.5	3.0～5.8	1.5～2.0

近年来，联合收割机得到了迅速发展，究其原因，除了收获农忙季节劳力紧张、雇工费用高、购买机械投资回收期短之外，一个重要原因就是收获损失少。使用联合收割机减少收获损失而增加的收入，差不多可以抵消雇机收获的费用支出。另外，减少农产品产后损失必须增强农副产品加工、干燥、保鲜、贮存能力。我国粮食产后因没有及时干燥，发芽霉变损失一般年景达 5.0×10^6 t，灾年达 1.0×10^7 t；果品产后损失在一些地区高达20%以上；蔬菜产后损失在20%～30%。农产品产后的巨大损失，说明我国农产品干燥、保鲜、加工、贮存的能力和水平低下。我国粮食基本上依靠自然干燥，日本稻谷自然干燥只占22.7%。我国果蔬加工量不足产量的10%～15%（发达国家达60%），以鲜销为主，果品储存能力只占产量的10%～15%，鲜菜只有1/300。大量农产品霉烂在不合格的库房里，损耗在流通环节上。要保护好农产品安全，只能借助于加工机械设施和技术。

3. 提高劳动生产率和产品商品率 农业劳动生产率和产品商品率的高低，是现代农业和传统农业最主要区别。现代农业通过机械化极大地提高了生产率和商品率。农业机械没有人力、畜力那种疲劳程度限制，以人畜力无法比拟的大功率、高速度、高质量进行作业，从而大幅度地提高了劳动生产率。在农业机械化发展过程中，正是由于劳动生产率不断提高，导致农业动力逐渐减少。美国是世界上最早实现农业机械化的国家，农业劳动力随着机械化水平提高而减少的过程最明显，从1910年的1 365万人降为1940年的1 098万人，到1995年降至354万人。近100年来，美国随着农业机械化程度的提高，农业劳动生产率增加了十几倍。目前，美国仍然是世界上农业劳动生产率最高的国家，1994年每一个农业劳动力平均年生产谷物 1.0×10^5 kg，肉类 9.0×10^3 kg，牛奶 2.0×10^4 kg。

从对世界各国农业经济活动分析对比中可以看出，机械化程度越高，农业劳动生产率也越高。20世纪70年代初期到90年代初期，农业劳动生产率发达国家提高了3倍，发展中国家提高了1.4倍；每个农业劳动力的国民抚养能力，发达国家由15人提高30～40人，而发展中国家仍停滞在3～4人，前者为后者的7～12倍。表1-8为1994年世界及部分国家农业劳动生产率情况，从表1-8中直观地看出，凡是实行了农业机械化的国家，每个农业经济活动人口平均生产的谷物、肉、蛋、奶及水产品等主要农产品的产量都超过世界的平均数量，少则几倍、十几倍，多则几十倍。农业机械化带来高的劳动生产率，使农业劳动力减少。从表1-8中还可以看到，凡是实现了农业机械化的国家，农业经济活动人口的比重都在5%以下，大大低于世界平均数22.9%的水平。

表1-8 1994年世界及部分国家农业劳动生产率情况

国 别	农业经济活动人口占总人口比重（%）	谷物	肉类	牛奶（kg/人）	鸡蛋	水产品
世界平均	22.9	1 518	153	35.7	31	85
美国	1.4	100 916	9 292	19 684	1 223	1 678
英国	1.0	32 692	5 564	9 875	1 036	1 564
德国	2.0	47 340	5 572	22 407	891	742
意大利	3.1	10 497	2 253	5 806	394	427
荷兰	2.0	4 332	9 216	35 065	1 968	1 697
加拿大	1.4	116 915	7 582	19 100	800	2 528
印度	26.7	885	17	122	6	18
中国	27.9	1 180	135	16	44	75

而且，农业机械化提高劳动生产率，不以自然资源的多寡为前提，不仅在人少地多的国家起作用，在人多地少的国家也是如此。日本是个地少人多的国家，人均耕地只有0.03 hm^2。1970年农业经济活动人口还有1.076×10^7，当推广应用水稻插秧和收割机械化之后，人口急剧减少到3.85×10^6人。1970年平均每个农业经济活动人口生产谷物1 642 kg，1980年和1994年分别达到1 995 kg和4 101 kg，1994年日本农业经济活动人口比1970年减少63.6%，生产谷物效率提高2.5倍，如图1-1所示。

机械化极大地提高了农业劳动生产率，因而农产品商品率也提高了。以人畜力作业为主的传统农业，由于生产力水平低下，生产的农产品，除了供自己

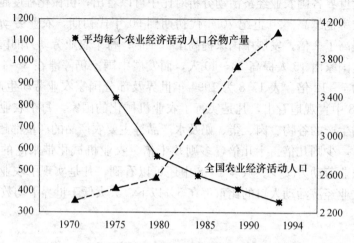

图1-1 日本农业经济活动人口及劳动生产率变化情况

食用外，只能提供少量的商品，农产品商品率很难提高。农业机械化一方面提高了农业劳动生产率；另一方面，这种机械化农业又广泛实行专业化和社会化生产，它意味着农场几乎卖出全部农产品，同时也全部买进所需要的生产资料和生活消费品，包括种子、肥料和食品等。实现了机械化的发达国家，农业商品率都很高，美国在99%以上。

4. 农业机械是提高土地产出率与资源利用率的重要手段 世界农业发展的历程表明，农业机械化不仅可以大幅度提高劳动生产率，而且可以显著提高土地产出率和资源利用率。这是因为现代农业机械不仅功率大、速度高，还能够复式作业、联合作业，有利于抢农时、争积温、抗灾害、降成本。而且它的结构和功能可以根据需要设计制造和调节，以完成高精度的作业，做到"定时、定量、定质、定位"，如种子精选、精量播种、化学除草、喷药治虫、深施化肥、喷灌、滴灌，等等，成为实现现代农业技术措施的手段。20世纪上半叶，由于传统农业技术水平较低，农业生产长期徘徊不前；20世纪下半叶，农业土地产出率提高，是与农业机械化全面推进分不开的。

农业的增产离不开优良品种、先进的耕作制度和科学的灌溉、施肥、植保技术等。各种先进的生物技术必须依靠工程措施来实现，一切农艺要求必须依靠农业机械才能达到高质量的实施，如大面积的整地、播种、施肥、灌溉、植保和收获、干燥等一系列环节。农业机械化增产的机理是通过各个作业环节对各种劳动对象施加作用，有的是直接减少作物的损失，如谷物联合收割一次完成所有的工序，减少用人工收割时割、捆、运、脱、扬场多道工序中的损失，机械烘干减少谷物腐烂损失等。有的是通过为农作物提供良好生长条件而实现增产的,如机械深松、分层施肥、节水微灌,这些机械作业质量非人工可比。有的机械作业比传统方式可以节省耕地,如喷灌技术比地面沟灌、漫灌,节省耕地7%~10%,从而提高了单位面积产量。科学施用化肥,才能充分发挥化肥的作用,科学施肥只有农业机械能够实现。美国等发达国家通过机械施肥等措施,化肥的利用率为60%~80%,而传统人工撒施的化肥利用率仅为30%左右。美国利用卫星定位系统实现机器定位施肥,根据观察点的氮、磷、钾含量的信息,机器可相应调整施肥的构成与数量,这样,化肥有效成分利用率就更高。农药利用率也大体如此。发达国家通过对各种作物施用不同农药时最佳雾点尺寸的研究,导致了控滴喷雾技术发展,采用静电喷雾技术以提高药液的沉积量,采用回收式喷雾机以及间歇式喷雾技术减少农药用量,从而大大提高了农药的效能并减少对环境污染。

5. 减轻劳动强度和改善劳动条件 农业生产具有很强的季节性,传统人工作业劳动强度大、作业条件差。在生产中使用农业机械,可以大大改善劳动条件,减轻劳动强度,从而把农民从笨重的体力劳动中解放出来。因此,在生产中使用农业机械是农业发展的需要,也是广大农民的意愿。

6. 保障食物安全需要机械化 我国人均耕地少,为了保障13亿人口食物安全,必须面向更加广阔的空间索取更多的食物。开垦荒地、改造低产田、治理草山草坡、发展近海、远洋渔业,样样离不开农业机械的高效作业。工厂化农业是当今世界农业发展的趋势,植物工厂、养鱼工厂,工厂化养猪、养鸡、养牛等也离不开农业机械。我国肉、蛋产量跃居世界第一,自给有余。已建的上万家机械化养鸡场、工厂化养猪场做出了贡献。我国蔬菜基本上做到了四季均衡供应,是设施农业大发展的伟绩。

第三节 农业机械化的成就和发展趋势

农业机械化是农业生产的重要组成部分,农业生产情况的变化直接影响着农业机械化事业的发展。在总结农业机械化发展成就的基础上,探讨农业机械化的发展趋势,有必要首先研究我国农业可持续发展的障碍因素和农业发展的新变化。

一、中国农业可持续发展的障碍因素

1. 人口增长给农业持续发展带来巨大压力 从绝对值讲,中国地大物博,但是用众多人口平均,中国却成了世界上人均资源严重匮乏的国家之一,人均

占有土地资源和水资源量,不到世界平均水平的1/2,如表1-9所示。

表1-9 中国与世界人均农业资源的比较

项目	土地资源（hm²/人）				淡水资源（m³/人）
	土地	耕地	林地	草地	
世界人均	531	55.5	103.5	138	9 200
中国人均	180	18	24	58.5	2 300
中国人均占世界平均值比(%)	34	32	23	42	25

耕地是农业生产最基本的生产资料,是土地的精华。由于我国人口平均每年以 $1.5×10^7$ 人的速度增加,发展工业、交通等不断占用耕地,加上开荒增加耕地潜力有限,致使我国人均耕地面积不断下降,2005年我国耕地 $1.22×10^8 \ hm^2$,粮食产量 $4.8×10^8 \ t$,到2020年耕地面积将减少到 $1.17×10^8 \ hm^2$ 左右,而粮食产量需要 $6.1×10^8 \ t$。到2020年单产比现在必须提高40%左右,才能保证我国粮食安全,见图1-2。

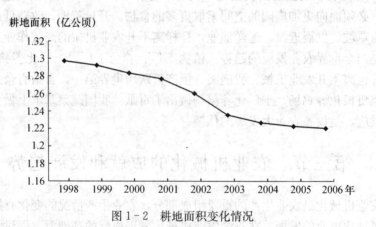

图1-2 耕地面积变化情况

水是农业的命脉。人口的增加,使我国人均淡水资源不断下降,1983年为 $2 550 \ m^3$,2007年下降到 $2 150 \ m^3$。根据水利部门预测,到2010年中国将缺水 $1.0×10^{11} \ m^3$,2030年缺水还将大幅度增加,淡水资源危机迫在眉睫。

人口增加,对粮食等农产品需求增大,耕地面积减少,水资源缺口扩大,是中国农业可持续发展最为严重的潜在危机。

2. 自然灾害频繁制约农业持续发展 水灾、旱灾、冰雹、霜冻、低温冷害、北方麦区的干热风、南方双季晚稻的寒露风等自然灾害严重地威胁着农业稳产高产，至今中国尚未摆脱"靠天吃饭"的局面。水旱灾害不仅年年发生，而且发生面大，危害也最为严重。水旱灾害发生面积一般年份占农田面积的30%，严重时达37%，最低年份也达到22%，正常年景每年因水旱灾减收粮食高达$2.6×10^7$ t。平均每年病虫草鼠害发生面积达$3.0×10^8$ hm^2，损失粮食$1500×10^4$ t多，损失棉花$42×10^4$ t。

3. 土地素质差是农业可持续发展的一大障碍 据1992年遥感普查，中国现有水土流失面积$3.67×10^6$ km^2，占国土面积的38.2%，其中水蚀面积$1.794×10^6$ km^2，风蚀面积$187.6×10^4$ km^2，水土流失量每年约$5.0×10^9$ t，带走了大量肥土。

风沙侵蚀耕地危害十分严重，每年被沙化的土地为$1500 \sim 2000$ km^2，全国现有沙漠戈壁、沙漠化土地、风沙化土地共$3.327×10^6$ km^2，约占国土面积的35%；约有$4.0×10^8$的人口生活在荒漠化和受荒漠化影响的地区；在我国$9.497×10^7$ hm^2耕地中，因盐碱化、水土流失、干旱、风蚀等原因，中低产田占60%，这些耕地产量低而不稳；$4.0×10^8$ hm^2草原中，人工草场只占1.4%，干旱、缺水的荒原草地、严寒高海拔草地占61%。草地严重退化面积$8.6×10^7$ hm^2，占可利用草场面积的33%。

4. 农业环境污染威胁农业生产 据统计，全国每年发生急性污染事件3000多宗，其中60%~80%是农牧渔业污染事故，每年直接经济损失$1.0×10^9$元以上。乡镇企业年排放废水约$5.91×10^9$ t（占全国工业废水排放量的21%），二氧化硫排放量$4.411×10^6$ t（占全国排放量的23.9%），烟尘排放量$8.495×10^6$ t（占全国排放量的50.3%），工业粉尘排放量$1.3253×10^7$ t（占全国排放量的67.5%），废渣$1.8×10^8$ t（占全国排放量的89%）。由于二氧化硫排放量逐年增多，酸雨的频率和覆盖面明显增加。目前约30%国土受酸雨污染比较严重。江苏、浙江等7省因酸雨年造成$1.0×10^7$ hm^2农田减产，损失$3.7×10^9$元；受害森林$1.281×10^6$ hm^2，木材损失$6.0×10^8$元，生态损失$5.4×10^9$元。废旧地膜等塑料废弃物的白色污染使粮食减产。据专家测算，每公顷土地残留塑料废弃物58.5 kg，可使玉米减产14.5%以上。农药和化肥对环境污染也很严重，已占耕地面积的14%。年受农药污染的粮食达$3.0×10^{10}$ kg，经济损失$2.5×10^{10}$元。大量不科学施肥方法引起化肥流失到空气、土壤和水中。据调查，131个主要湖泊已有67个出现硝酸盐污染，47个城市中有43个城市地下水不同程度地被氮污染。工业废渣和城市垃圾堆积，不但占用大量耕地，而且造成严重的二次污染。我国每年秸秆产量约$6.0×10^8$ t，但由于没有充分加工和利用大量丢弃在田间或焚烧，不可思议地也成为农业环境的污染源。

二、我国农业发展的新变化

当前我国正处于工业化、信息化、城市化、国际化、市场化深入发展阶段，处于全面建设小康社会、加快推进社会主义现代化建设的历史时期，农业农村也正在发生重大深刻变化。必须把握这些重大变化的脉搏，自觉遵循这些重大变化的规律，掌握农业机械化发展的主动权。现在看，从经济基础的角度来观察，对农业生产方式、农民生活方式和农民收入增长影响最直接、最明显的主要是三大变化。

1. 农产品供求格局的阶段性变化　20世纪90年代后期，我国农产品供求实现了从长期短缺到总量大体平衡、丰年有余的历史性转变。近10年来，我国经济迅速增长，农业生产稳定发展，市场环境深刻变化，消费结构明显升级，农产品供求出现了一些新情况、新特点，又发生了一些重要的阶段性变化。从需求看，随着人口不断增加、经济迅速增长、生活水平明显提高、加工用途逐步拓展，农产品消费结构迅速变化，农产品数量需求稳步增长，农产品质量要求显著提高；从供给看，国内农业资源短缺，生态环境约束趋紧，扩大生产、增加供给难度越来越大。耕地减少趋势不可逆转，水资源短缺日益加剧，生态建设、环境保护任务越来越重，开发农业资源、增施化肥农药受到明显制约，发展生产的生态成本和经济成本不断提高；从贸易看，农产品国内外市场联系越来越紧密，国际市场波动对国内市场的传导影响越来越大。

农产品供求这种新的阶段性变化，不仅对当前有现实影响，而且对今后也有深远影响，既为农业发展提供了市场机遇，也对增加供给、稳定市场提出了严峻挑战。要密切关注这种变化，掌握趋势，把握规律，与时俱进地调整工作思路，完善政策举措。

2. 农业生产形式发生阶段性变化　近年来，农村劳动力转移呈明显加快的趋势。据农业部统计，2007年进城打工的农民有1.19亿，在乡镇企业就业的有1.48亿，扣除重复计算部分，农村劳动力转移总数在2.1亿人左右，再算上半年的季节工、临时工，转移外出的总量还要大。这么多农村劳动力外出，对促进整个国家的工业化、城镇化发挥了重要作用，也成为农民增收的重要渠道，对改变农村落后面貌做出了重要贡献。同时，大量农村劳动力外出，就业结构变化，促进了农村社会结构的深刻转型，引发了农业生产方式的深刻转变，农业兼业化、农村空心化、农民老龄化的"三化"趋势日益明显。许多地方农村年纪轻、有知识的高素质劳动力大量外出务工，留下老人、妇女搞农业，不同程度地出现了维持型农业、粗放型农业、口粮型农业，甚至出现了耕地被撂荒、养猪缺人手等现象。这对加强农业社会化服务体系建设，加快农业机械化步伐，培育造就新型农业经营者，积极稳妥发展集约经营、规模经营等方面提出了新的要求。

3. 农业发展的外部关联度发生阶段性变化 随着工业化、信息化、城市化、市场化、国际化进程加快，农业生产要素和产品在产业间、国际间加速流动和配置，引发农业发展与其他产业和其他国家的关联度明显增强。由此导致我国农业生产机会成本上升、比较效益下降。从国内看，新兴产业不断涌现，非农产业技术进步加快、企业效益提升，劳动力、土地、资金等生产要素价格上升，既推动农业生产要素机会成本上涨，又导致大量优质资源外流。近几年，国家出台了很多强农惠农政策，农产品价格也有所回升，但农业比较效益还是不高。从国际看，农业的国际竞争已经是直接交锋、短兵相接，国外农业对我国的冲击要比我们预料的大得多、猛得多、快得多。一方面，国外大豆等大宗农产品进口猛增，特别是有的产业被跨国公司控制，给我国的一些产业安全也带来了挑战；另一方面，国内农产品价格与国外农产品价格也直接关联，国外农产品价格的风吹草动都能很快传导到国内。近一个时期以来，农业发展的一个很大特点，是有些粮食价格已开始与石油等能源价格挂钩联动。国际能源价格高涨，带动国外生物质能源发展，拉动国外玉米等农产品价格大幅度上涨，一定程度上也推动了我国农产品价格的上扬。这给我们搞好宏观调控，稳定发展农业生产，保障市场供应，提出了新的课题。

总之，我们必须从全球的视野、战略的高度来审视和把握农业发展的新变化，进一步跳出就农业抓农业的圈子，要统筹城乡谋发展，着眼全局做工作。

三、农业机械化的发展成就

中国的农业机械化事业，伴随新中国的成立，从兴办国营机械化农场和拖拉机站开始，已经历了60年不断探索、不断发展的历程，取得了巨大成就。概括起来，就是建立了一个体系，形成了一个网络，建成了一个基地，实现了一个促进。

1. 建立了一个具有相当规模的农机工业体系 农机工业是为农业生产提供技术装备的物质基础，是实现农业机械化的前提条件。我国是一个农业大国，幅员广大，地形复杂，作物品种繁多，实现农业机械化所需要的农业机械种类多、数量大，必须建立适合我国国情的农机工业。

我国农机工业是新中国成立之后创建并逐步发展起来的。1949年新中国成立之时，全国仅有农机制造企业 36 个，不仅工厂数量少，而且厂房简陋，设备陈旧，技术落后，基础十分薄弱，只能生产一些简单的小型农具。第一个五年计划期间在实行改造旧有企业与建设新厂相结合的方针指引下，改造和新建了一批农业机械制造专业厂。1959 年建成了第一拖拉机制造厂，在这以后，相继建成了一批拖拉机厂、农机厂、发动机厂及配件厂，为农机工业打下了基础，初步形成了农机工业体系。1966 年以后，在"1980 年基本实现农业机械化"为目标的思想指导下，全国各县都建设了农机修造厂，农机工业企业遍布全国。从 1980 年起，农机工业开始扩大服务领域，为农村经济发展服务，农机企业的建设由"外延"为主转向以"内涵"为主，以上质量、上品种、上水平、提高经济效益为中心，增强应变能力，农机工业开始稳步向前迈进。

从生产能力上说，现在全国能够生产拖拉机、内燃机、耕作机械、排灌机械、收获机械、农副产品加工机械、畜牧机械、饲料加工机械、农用运输机械、林业机械、渔业机械和拖拉机内燃机配件等 16 大类、103 个小类、3 000 多个品种。从技术水平上说，现在我国能够生产小至 2.2 kW、大至 117 kW 的拖拉机及其配套机具，小至 0.75 kW、大至 1 470 kW 的内燃机，大中小型的自走式、牵引式、背负式谷物联合收割机，翼长 400 m 的圆型喷灌机和叶轮直径 4.5 m 的大型轴流泵，2.0×10^4 t 种子加工成套设备，6.0×10^5 只鸡饲养成套设备，1.2×10^5 t 饲料加工成套设备，以及各种形式和规格的米、面、油、茶、麻加工设备等，为我国农业生产提供了适用的农业机械。

60 年的发展，农机工业为农业提供了大批技术装备和农机具。截至 2007 年末，农业机械总动力达到 7.6×10^8 kW，拖拉机保有量达到 $1.834 1 \times 10^7$ 台，其中，大中型拖拉机 1.839×10^6 台，小型拖拉机 $1.650 2 \times 10^7$ 台，联合收割机 6.08×10^5 台（含玉米联收机 2.4×10^4 台），水稻插秧机 1.44×10^5 台。我国农村和国营农场使用的农业机械中，国产的占 98% 以上，结构和水平有了很大变化。我国的农业机械产品，不但满足了国内需要，而且有一定数量销往国外。

2. 农田机械化水平显著提高　目前我国农业耕、种、收综合机械化水平达 44%，已经整体跨入中级阶段。与我国初期相比，农业大忙季节，北方缩短 10 天，南方缩短 7 天。农业机械化在农业增产中的贡献份额为 13%。按影响力排在水利、化肥、良种之后，为第四位。

3. 形成了一个比较完整的农机管理服务网络　随着我国农业机械化的发展，我国农业机械化的管理和服务机构逐步建立。我国从国家到省（市、区）、县、乡、村，都建立了不同规模的农机管理服务部门，形成了比较完整的网络，统一组织和管理各地农业机械的经营、使用、机手培训、销售、维修、服务等工作。这是我国农村数量众多的农业机械能否管好、用好、充分发挥作用的关键所在。由于农村经济体制的不断变革，农机管理服务机构的体制和经营方式也进行了多次变动。20世纪50、60年代，基本上是国家办机械化，由国家投资兴办拖拉机站，为农村集体生产单位实行代耕作业。这是一种适应当时国家高度计划管理体制的农业机械管理形式，对农业生产起到了积极作用。1978年，农村实行联产承包责任制，农民获得了生产经营自主权，国家允许和支持农民个体或合作购买经营农业机械，为农民自办机械化形成和发展创造了经济条件和社会环境。个体经营的农业机械迅速增加，公社农机站和国营拖拉机站、大队机务队有相当数量解体，逐步形成了以户营农机为主体的、集体和国营经营的多种农机经营形式并存的新格局。农民不断地要求改变传统的生产方式，从自身的生产条件和经济条件出发，踊跃购买各种适合家庭经营的小型农业机械，促进了农业机械化事业的发展，成为我国农机化发展史上的一个重要阶段。之后，随着农业生产的发展和农民收入的增加，农户购买的农业机械数量越来越多，所占比重越来越大。特别是进入21世纪以来，我国的农业机械化事业，迎来了难得的发展机遇。一是中央对"三农"问题高度重视；二是工业反哺农业为农业装备需求注入了新的活力；三是农民收入的不断增加和劳动力转移的加快增加了农业装备的现实需求；四是农机化成长期对农业装备的需求旺盛。农机化的发展，不仅拉动了广大农民对农业机械的新需求，促进了农机工业的发展，而且改善了农业生产条件，提高了农村生产力，促进了农业增效和农民增收，促进了传统农业向现代农业的转变。

4. 建成了一个相当健全的农机科研和试验鉴定基地 根据我国的农业生产特点，研究设计适用的农业机械和进行试验鉴定工作，我国建立了不同层次的农机科研和试验鉴定机构。一是建立了国家的拖拉机、内燃机、农业机械、农业工程、畜牧机械等研究院所，建设了比较先进的各类设计试验室，装备了各种仪器试验设备，具有一支技术水平较高、学术造诣较深、能吃苦耐劳的科研队伍。这些科研院所承担全国性的农机科研项目的研究创新、新产品开发和技术攻关，成为了我国仪器设备齐全、科研力量雄厚、技术水平较高，为我国农业生产和农村经济发展提供新产品、新技术、新材料和新工艺的最重要的农机科研基地。二是我国各省（市、区）都建设了农（牧）业机械化科研机构，根据各地区的农业生产需要和地形、耕作制度、作物品种等特点，研制了适用的农业机械。这些研究单位的科研队伍，各有特长和侧重，是具有一定科研能力和测试手段的不容忽视的重要农机科研队伍。三是经过机构调整，少数地县保留的农机研究所，承担本地农业机械的选型试验，进行适合本地特点的小型农机具的研制工作。这支科研力量，处于农业生产第一线，能及时发现和了解农业生产的需求,及时解决农业生产中的问题,颇受农民的欢迎。

农业机械工作对象是植物、动物和土壤,大部分在田间露天作业,对机具有性能、材料的特殊要求,试验周期长,受季节、天气和自然条件的影响较大。为了搞好农机科研成果的转化,必须因地制宜地进行农机试验和鉴定工作。为此,我国建立了不同层次不同农业区域的农业试验鉴定站。这些试验站,一方面对我国新研制的农机样机进行小面积的田间试验,通过试验,检验新样机性能是否达到了设计要求和是否符合农业生产需要,为产品的改进完善提供依据;另一方面,又对各农机企业生产的新产品进行性能鉴定和质量认证,符合性能质量标准的产品才能大量投入生产,以免假冒伪劣农机产品坑农误农。

在我国农机科研工作中,实行科研单位、大专院校、农机企业三结合,引进国外先进技术、消化吸收改进和根据我国农业生产特点创新三结合,取得了显著的科研成果。我国自行设计制造的各种型号的内燃机、各种规格的水田拖拉机、旱地拖拉机和山地拖拉机、各种型号的耕作播种机械、各类型式的排灌设备和植保机械、插秧机、谷物联合收割机、种子加工机械、食品和包装机械、农副产品深加工机械、饲料加工和畜禽饲料成套设备等已经大量投入农业生产,在农业生产中发挥着重要作用。

5. 促进了农业的增产增收和农村经济的发展 60年的发展,农机工业为农业提供了大量农业机械。我国农业动力结构和装备水平的变化,正在改变着千百年来几乎完全依靠人力、畜力和手工劳动的落后状况,为农业由自给、半自给生产向专业化、商品化、现代化转变创造了条件。农业机械的大量推广使用,不仅替代了人力、畜力,减轻了劳动强度,提高了劳动效率,而且是"统筹城乡经济社会发展,建设现代农业,发展农村经济,增加农民收入"这一全面建设小康社会重大任务实现的重要物质保证,在传统农业向专业化、商品化、现代化转变中显示出巨大作用。

农业机械为农业高产提供了多种手段,如机械深松、精密播种、深施化肥、抢收抢种等;农业机械为提高农产品品质提供了有效服务,如良种的精选和加工;农业机械提高了农业抗灾能力,为减少自然灾害的损失提供了保证,如植保、排灌、烘干、冷冻保鲜等;农业机械提高了土地产出率,抢种抢收,不误农时,充分利用光照,提高复种指数。不论在北方"三夏"、"三秋",还是南方的收获、插秧大忙季节,各种农业机械大量作业,不仅极大地缓解了季节性劳力紧张的状况,加快了作业进度,减少了损失,而且使下茬作物能适时播种或栽插,为争取全年好收成创造了条件。

农业机械是农业科技成果推广应用的载体。农业增产需要农业新技术,而这些新技术要大面积推广应用，都必须运用农业机械。例如，机械喷灌不仅比常规渠灌节水50%，还能增产20%～30%，并因减少渠系占用耕地面积可提高土地利用率15%以上。

农业机械化促进了农村经济的发展、农民收入的增加和素质的提高。随着大批农业机械投入使用，不少农民已从种地打粮的单项经营中解放出来，有的"离土不离乡"，有的"离土又离乡"。发展多种经营，既搞活了农村经济，又增加了农民收入。许多乡村先富裕起来的农民大多是进行农机作业的专业户。农村富裕的地区大部分也是农业机械化水平较高的地区。

四、农业机械化的发展道路

改革开放30年来，我国农业机械化产业适应农村经济体制的深刻变化，在改革中前进，在创新中发展。探索出一条"农民为主，政府扶持，市场引导，社会服务，共同利用，提高效益"为主要特征的中国特色农业机械化发展道路。

我国地域辽阔，土地、气候类型多种多样；广大地区人口稠密，人均耕地仅 $0.1\ hm^2$，为世界人均耕地的27%；人均地表水资源 $2\ 700\ m^3$，不足世界人均的1/4。随着人口的增加，土地和水资源不足的矛盾还将加剧；存在着土地相对稀缺与农村劳动力过剩；田块小、分散经营、生产规模小，难以实现专业化、规模化生产；农村人均投入水平较低、地域间差别大等不利于农业机械化发展的因素，决定了中国的农业机械化道路将有别于其他国家。我国的农业机械化发展完全效仿国外的发展模式的条件并不具备，依葫芦画瓢也许只会事倍功半。

我国有长期的农耕历史，几千年精耕细作的传统，积累了丰富的农艺经验，农业生产达到了较高的水平。这种建立在人畜力基础上的传统农业，劳动生产率低，农民收入微薄，抵御自然灾害能力弱，不利于推广新技术，不能适应国家工业化发展和人民生活水平提高的要求。传统农业需要技术改造，需要实现机械化。但是面对广阔的国土和复杂的自然条件，大量劳力需要转移，要克服土地细碎的格局，难度大，进展将很慢，这些都将在不同程度上影响我国农业机械化的发展。

中国的农业机械化的发展，要针对中国的实际情况，制定具有中国特色的农机化发展道路。总体来讲，要做到七个坚持，即坚持以科学发展观统领农业机械化工作全局；坚持服务"三农"的根本宗旨；坚持"因地制宜、经济有效、保障安全、保护环境"的发展原则；坚持重点突破、协调推进的发展战略;坚持不断推动科技创新和普及应用;坚持大力推进农机社会化服务;坚持依法推进、依法监管。具体做法上应注意以下几点。

(1) 因地制宜,分类指导。坚持以市场为导向,根据各地自然、经济等条件,有选择地发展具有各自特色的农业机械化。经济条件较好的地区,着力发展大中型农业机械,如大中型拖拉机、高性能水稻插秧机、自走式稻麦联合收割机等,优化农机装备结构;经济条件较差的山区和丘陵地区,着力发展适宜的中小型农业机械;油菜、薯类及烤烟集中种植区,着力发展经济作物生产机械;养殖业发达地区,大力发展养殖业机械等。

(2) 提高土地产出率和劳动生产率。我国人多地少,农产品特别是粮食的供给紧张,提高农业单产至关重要。机械化必须在保证土地产出率的前提下,提高劳动生产率。因此我国发展农业机械化与世界上许多国家发展农业机械化的目标不同,必须要在保证提高土地产出率的前提下,提高劳动生产率,从而才能保证国家粮食安全和进一步增加农民收入。

(3) 发展服务型农业机械作业模式。该模式应符合市场经济规律要求,遵照我国资源的现实状况,使农机使用者获取相应的经济回报的同时,又能在整体规模上支撑中国农业的持续、稳定发展。从目前农村实际看,由于作业面积限制,农机的自买自用成本要高于"代耕",而租用农机还不现实,农机租赁市场发育水平远未达到理想的程度。因此,我国农机化经营形式,与世界上许多农业机械化发达国家不同,主要是双层经营形式,即农户承包经营土地、乡村农机站或农机专业户等经营农业机械,为农户提供有偿的机械作业服务。为此,各级农机管理部门,应承担农户与农机户之间的桥梁作用,建立专业化经营、社会化服务的农机经营服务作业方式,有效地协调小地块与大机器、小农经营与大生产之间的矛盾,推进农机化服务产业化,解决一家一户想办而办不好的事情,提高机械作业效率,促进机械化农业的发展。

(4) 推进农机服务产业化。就是根据社会主义市场经济发展的要求,以市场为导向,以提高经济效益为中心,以资源开发为基础,对农业机械的科研、开发、推广、销售、培训、维修等实行一体化经营,实现对农业机械要素多层次、多形式、多元化的优化配合目标;实现小生产与大市场的对接,按照市场需求调整和优化产业结构,改造传统产业,实现农机作业转化增值,促进农机作业效益大幅度提高和农村社会主义市场经济的持续、健康发展。可以说,我国的农业机械化将逐渐脱离狭义机械化的概念,向更深、更广的含义发展,农业机械化已从简单的农业机械生产过程,拓展到更广泛的农村经济、文化与现代化的组织管理,及农业机具的生产、销售、培训与服务,形成一个以市场为引导的特色农机化产业。

(5) 走资源节约、环境友好型农机化发展道路。我国是一个人口众多、资源相对不足、生态先天脆弱的发展中国家。多年来,通过大力实施以节水、节肥、节药、节种、节油"五节"为主要内容的农机化节本增效技术,有力地推动了农业资源的有效保护和合理利用,节约了资源。随着建设节约型社会的不断深入,需要进一步节约水资源和农业生产资料,降低农业生产成本。大力推广应用节能型耕作、播种、施肥、植保、收获及运输的农业机械,积极推广机械化秸秆还田、秸秆青贮、秸秆饲料加工等技术,发展秸秆经济,综合利用资源,推动生态环境的保护和农业农村循环经济的发展,推动我国农业机械化尽快走上科技含量高、经济效益好、资源消耗低、环境污染少的发展道路,促进节约型农业的迅速发展。同时,通过改进农业机械性能,鼓励农民使用高性能节能机械作业,减少不必要的资源浪费,不断提高农机化节能水平。

第二章
经营管理原理

经营管理原理是农机经营管理学这门课程的理论基础。本章从经营系统的角度出发,详细地论证现代化经营理念、经营管理的基本原理等理论知识,并结合我国农机化的实际情况,论述农机社会化服务组织、农机经营组织、农机经营体制的结构及发展,为系统研究农机经营战略、经营计划、经营组织等奠定基础。

第一节 概 述

一、经营系统描述

(一) 经营系统及其特征

1. 经营系统 20世纪60年代美国的约翰逊(Richard A. Johnson)和卡斯特(F. E. Kast)等人,将系统论原理应用于企业经营管理而形成了系统管理学派,认为企业是一个开放型投入产出系统,即企业在特定环境中,实现投入、产出的转化。企业经营系统如图2-1所示。由图2-1看出,企业经营系统运行于经营环境之中,将来自经营环境的经营要素投入转化为产品、劳务的产出。从价值形态看,当产出大于投入时,才能为社会提供积累、为企业提供利润,这是企业生存和发展的前提。

图2-1 企业经营系统

2. 企业经营系统的特征 涉农企业与一般企业既有共性，也有不同之处。涉农企业经营系统的特征表现在以下几点。

(1) 实体性的投入产出系统。企业从事物质资料生产，要以土地为基本的劳动资料，以生物为主要的劳动对象，投入各项生产要素才能产出产品和劳务。从这个意义上说，企业经营系统是实体性系统，而不是概念性系统。

(2) 有赖自然力协作的复合系统。企业将投入转换为产出的过程中，既要投入活劳动和物化劳动，又离不开自然力的协同作用。由日光、气温、水、土壤和生物等生态环境所形成的自然力，是制约农业投入产出率的一个重要因素。在同样技术水平下，自然力及其利用的差异会导致投入产出率的不同。企业经营系统不是单纯的人造系统，而是同生态系统密切相关的复合系统。

(3) 以市场为导向的开放系统。在市场经济条件下，企业必须依据市场的需求和价格的变化，调整产品结构与资源配置；投入的生产要素有赖于市场供给，产出的产品要在市场销售，离开了市场，就不能获得商品性生产要素和实现产品的价值，经营过程就难以为继。因而，企业经营系统是以市场为导向的开放型系统，而不是同市场相隔绝的封闭型系统。

(4) 持续运转的动态系统。动态系统的状态会随着时间推移而变化。企业经营系统的物资形态和资金形态是随着供应、生产、销售、分配等经营环节的运转而变化的。各个经营环节周而复始地运转，才能持续地将投入转化为产出，故企业经营系统是动态系统。

(5) 盈利性的目的系统。人造系统是人们为实现某种目的而构造的，企业具有人造系统的特点，不仅要将投入转换为产出，而且力求达到以较少投入获得更多产出的目的。

(二) 经营系统分析

经营系统是由人员、生产资料、资金、信息等经营要素，以及与经营环节密切相关的供应、生产、销售、分配等投入要素，在一定经营环境中实现供应、生产、销售、投入产出功能的集合体。

1. 经营系统分析的基本内容

(1) 集合性分析。用以剖析企业经营系统由哪些经营要素、经营环节所组成。

(2) 关联性分析。用以揭示企业经营系统中各个经营要素之间、各个经营环节之间的相互依存、相互制约的关系。

(3) 整体性分析。是在关联性分析的基础上，分析企业经营系统的结构与状态，找出改善系统状态、优化系统结构、增强系统功能、提高系统整体效应的途径。

(4) 环境适应性分析。用以分析经营环境的变化，以及企业经营系统适应环境变化的能力，找出增强应变能力的途径。

(5) 目的性分析。既要分析企业经营目标设置的合理性，又要分析经营系统运行中实现经营目标的程度，找出实现经营目标的途径。

2. 经营系统分析的目的

(1) 客观认识经营系统，优化生产要素。企业经营系统的结构、功能、目标、环境之间存在必然的内在联系。系统由若干要素组成，要素联结的方式与比例关系形成系统的结构，系统的结构制约着系统的功能，借助系统的功能去实现系统的目标。因此，系统分析是认识企业经营系统、优化生产要素的基本方法。

(2) 树立科学观念，指导企业经营管理。树立动态观念，以合理组织经营环节的运行；树立开放观念，以增强市场竞争能力和适应能力；树立投入产出观念，以提高效益。从而防止用孤立、静止、片面的形而上学观点去看待和处理企业的经营管理问题。

(3) 优化经营系统，提高整体效应。优化的实质是运用系统论的相关性、整体性、有序性、动态性和环境适应性等原理去设计新系统或改进原有系统，消除系统结构的无序状态，尽可能减少系统的内耗，以获得整体功能大于各部分功能之和的整体效应。

二、企业经营系统结构

企业经营系统结构，是指系统内部各组成要素之间的相互促进、相互制约的结合方式和排列组合秩序。企业经营系统与其他实体系统一样，无一例外地以一定的结构形式存在、运动和变化着。企业经营系统结构，包括经营要素配合结构、投入产出结构和产品组合结构等内容。

(一) 经营要素

1. 经营要素的组成 经营要素是指企业经营的内部因素，是企业经营中必须具备的基本条件。一般指人员、物资（生产资料）、资金和信息，有人认为还包括时间、空间和任务等因素。经营要素包括：

(1) 劳动资源。即劳动力的数量和质量。它是企业经营要素中首要的、能动的要素。

(2) 经营手段。如土地、厂房、仓库、生产设备、工具、原材料等物力，它是企业生产过程中的劳动对象和劳动资料。

（3）经营资金。也称财力，包括固定资产和流动资金。资金是资产的货币表现，属于运行性的经营要素。在市场经济条件下，企业必须有一定数量的资本金，用于购买生产资料、支付劳动报酬和结算经济往来；资金的筹集是获得实体性经营要素的前提，资金的分配亦即资源的分配；资金形态的变化是生产经营过程的反映。资金起着润滑剂的作用，资金短缺或周转不灵，生产经营过程就会梗阻甚至中断。

（4）经营能力。指组织人、财、物等生产要素达到经营目标的能力。有效的管理在企业生产中起着放大和有效组合企业系统中人、财、物等要素的作用。

（5）市场。包括生产资料、生活资料的供应和产品销售市场等。

（6）信息。指与生产和经营管理有关的各种信息。信息是运筹性的经营要素，包括市场信息、技术信息、法规、政策和企业内部的指令、报表、规章制度等。企业经营的决策、实施和控制有赖于信息。否则就不能实现生产要素的优化组合和经营环节的顺利运行。

2. 经营要素的结合　主要是指劳动者（人员）和生产资料要素的结合，因为资金和信息隐含在上述结合过程之中。马克思说："不论生产的社会形式如何，劳动者和生产资料始终是生产的因素。凡要进行生产，就必须使它们结合起来。"这就需要组织生产力，调节生产关系。

经营要素结合的实质，是正确处理劳动力、劳动资料、劳动对象等生产要素的联结方式和比例关系，合理地组织生产力。企业完成一定的生产经营任务，必须依据技术要求和生产要素相对价格水平，优化生产要素的组合，力求实现成本极小化。

依据各生产要素所占比重的不同，经营要素的结合可大致划分为以下三种类型。

（1）劳动密集型。指技术装备程度较低、占用人员较多、占用资金较少的经营要素组合类型。具体表现为资金有机构成低，平均每个职工占用的固定资产少，工资费用在产品成本中占较大的比重。这种类型有利于扩大劳动就业，且投资少、见效快，但劳动生产率低，适于劳动力资源丰富、工资水平低、资金短少的地区和企业采用。

（2）资金密集型。指技术装备程度较高、占用人数较少、占用资金较多的经营要素组合类型。相对于劳动密集型来说，其资金有机构成高，平均每个职工占用固定资产多，工资费用在产品成本中所占比重较小。由于资金占用的比重与技术装备程度呈正相关，故资金密集型又称技术密集型。它能够采用先进技术，改进产品质量，降低物资消耗，提高劳动生产率，适于资金富裕、人工成本高的地区和企业采用。随着科学技术的进步，劳动密集型日益向资金密集型转化。

（3）知识密集型。指强调现代化科学技术成果和科学技术人才应用的经营要素组合类型。它集中了较多的中高级技术人员，运用先进的技术装备与技艺，从事新产品开发。作物良种繁殖场、种畜场等属于这种类型。今后随着现代科学技术的发展和应用，这种类型的企业将会增多。优化生产要素组合以提高企业生产能力，除因地制宜地选择经营要素组合类型外，还必须依据不同生产部门（项目）的特点，合理地配备、调度劳动力和生产资料，作好生产布局，实行劳动分工与协作。但生产关系是合理组织生产过程经营要素的前提，因此，只有依据生产力发展水平，适时地调节生产关系，正确地确定产权制度、经营形式和分配方式，以明晰产权，界定所有者、经营者和生产者的权益，才能促进生产要素的合理流动和优化组合。

从宏观看，必须依据社会主义市场经济理论，改革传统的计划经济体制，实现社会资源配置方式由指令性计划为主转变为以市场机制为基础；改革产权制度，实行以公有制为主的多元所有制，克服传统的全民所有制、集体所有制存在的产权虚化、凝固化的缺陷；培育生产要素市场和产权市场，促进生产要素从效益低的部门流向效益高的部门。为企业生产要素的优化组合提供有利的宏观经济环境。

从微观看，必须按照社会主义市场经济体制的需要，深化企业的改革，逐步建立现代企业制度，使之成为自主经营、自负盈亏的市场主体。当前应采取的一些主要措施是：延长家庭经营的承包土地的期限，以利于土地集约经营；鼓励土地转包，以促进农业剩余劳动力转移和土地适度规模经营；集体的荒地、荒山、荒坡、荒水使用权的拍卖，以促进资源的有效利用；实行股份制或股份合作制，以股份形式筹集资金和生产要素，在出资者所有权和企业法人财产权相分离的基础上，建立法人企业和企业集团，以促进生产要素的合理流动与优化组合。

（二）经营环节

经营要素结合所形成的投入产出过程，是由供应、生产、销售、分配等经营环节连续运转的动态过程。

1. 供应环节 是获得必需的生产资料。自给性生产资料从自产品中取得，如种子、仔畜、饲料、有机肥料等；商品性生产资料则是在市场上购买，如配合饲料、化肥、农药、机具设备及配件等。企业生产商品化、社会化程度的提高,会使后者的比重逐渐增大。随着生产要素市场的形成,它所需的一部分劳动力和资金也有赖于要素市场供给。

2. 生产环节 是劳动者运用劳动资料作用于劳动对象,使之发生变化以获得产品和提供劳务,从而创造使用价值和价值。由于农业经济再生产与自然再生产相互交织,使得农业生产有赖于自然力的协作,具有地域性、季节性、周期长和易受自然因素干扰等特点,这些是生产管理中应当重视的。

3. 销售环节 是及时销售产品以实现产品的价值,并满足消费者的需要。如果产品滞销而不能及时转化为货币,就会使资金周转不灵,不能重新购买生产资料和支付劳动报酬,致使经营过程中断。

4. 分配环节 是生产品及其销售收入通过分配,用于补偿成本、缴纳税金,以及提取扩大再生产基金等。如果不能补偿成本,企业就难以维持简单再生产。上述各项基金的提取属于利润分配,必须正确处理其中积累与消费的关系、集体消费与个人消费的关系,以增强企业自我发展的能力和调动劳动者的积极性,故分配环节关系着以后经营过程的运行。

上述四个经营环节,往往在时间上继起,在空间上并存,互为条件。若继起性受到阻碍,并存性就要受到破坏,若没有并存性,则无继起性。比如全年均衡投入与产出的牛奶场、蔬菜场就是如此。在投入与产出具有显著季节性的大田作物场,上述继起性和并存性会呈现季节性变化。在服务型企业中,生产与销售这两个环节则是并列的。认识经营环节之间的相互关系,是合理组织经营过程的前提。

(三) 经营过程

1. 经营过程 企业开展经营不仅要有经营要素,而且要将各要素有效地组合起来投入生产过程,直到产出成果,并进行销售。这个投入产出过程就是企业经营过程。具体包括供应、生产、销售和分配等过程。

(1) 供应过程。即产前的物资和劳动力的供应过程。

(2) 生产过程。指劳动者运用生产资料作用于劳动对象,使之发生预期变化的产品生产过程。

(3) 销售过程。指选择合理的销售渠道、定价策略、销售方式、广告宣传等,把产品卖出去的过程。

(4) 分配过程。包括实物的和价值的分配,主要包括进行已消耗生产资料价值的补偿、分发劳动者的报酬、增加企业积累和上交国家利税。其中心思想是正确处理好国家、集体、个人三者的关系。

2. 经营要素的流动 随着企业经营过程的运转,各项经营要素不断地流动,形成企业经营的物资流、劳力流、资金流和信息流。

(1) 物资流。指生产资料的采购、储存、利用和产品销售等一系列的物资运动过程。主要包括疏通物资供应与产品销售渠道,制定物资消耗定额和物资储备定额,做好物资的保管工作等。物资流发生梗阻,生产所需的生产资料不能适时供应,产品不能及时销售,经营过程就会中断。

(2) 劳力流。指劳动力的招聘、培训、配备、调度、使用、辞退和退休以及劳动力的消耗、恢复和再生产等一系列的运动过程。合理地组织劳力流,主要包括制定劳动定额、实行定岗定编、有计划地招聘、培训和调配人员,保障企业择员和劳动者择业的自主权,优化劳动组合等。以便有效地推动物资流,提高劳动生产率,生产出更多的使用价值和价值。

(3) 资金流。指资金的筹措、分配、使用、消耗、补偿和追加等一系列的运动过程。合理地组织资金流,主要包括制定资金占用定额;有计划地筹措、分配与使用资金;加速资金周转,提高资金占用与使用效果;保持必需的货币支付能力,控制资产负债比率,降低负债经营风险等。以便有效地促进物资流和劳力流,不致发生因资金短缺而不能适时购买原材料和支付劳动报酬的现象。借助资金流,才能以价值形式综合反映生产消耗和生产成果,核算销售收入、销售成本和利润,以考核经营效果。

(4) 信息流。指信息的获取、传递、处理、输出和反馈等一系列的流动过程。及时、准确的信息,既是决策、计划的依据,又是指挥、控制的前提。借助信息流,才能行使各项管理职能,推动物资流、劳力流和资金流,实现经营要素的结合和经营环节的运转。合理地组织信息流,就是要疏通、拓宽企业内部以及企业与外部的信息网络,准确及时地传递与反馈信息。

企业经营过程是物资流、劳力流、资金流和信息流的集合,它们之间存在着相互依存、相互制约的关系。只有将它们在时间上和空间上合理地结合起来,经营过程才能顺利运行。

三、经营系统的环境与功能

(一) 经营系统的环境

经营环境指企业经营的外部条件。系统科学认为,任何系统都是运行于更大的系统即环境之中,而不是孤立的自在物。因此,认识企业的经营系统,不仅要剖析它的内部结构,而且要了解它的外部环境。

农业是一个由生态系统、社会系统和经济系统所构成的复合系统,因而涉农企业经营系统的环境由以下几方面构成。

1. 生态环境 农业同生态环境的关系极为密切，有些投入如光、热、水、气、土地、矿物质肥料等直接来自自然资源，往往是不能替代的；各种投入只有借助生物的生活机能，才能实现物质与能量的转化，才能产出产品。农业经济再生产与自然再生产相互交织，使得农业生产具有季节性，由于各地自然资源条件的差异，使得农业生产具有地域性。企业必须依据当地自然环境和资源条件，因地制宜地确定生产专业化和产品结构，配置资源和组织生产过程。

2. 社会环境 包括由政治制度、法律、社会秩序和局部战争等构成的政治法律环境，以及由人口增长、民族构成、教育水平、风俗习惯、宗教信仰和社会价值观念等构成的文化环境两部分组成。安定团结的政治局面，健全的法制和良好的社会秩序，能够减少社会中不确定性产生的风险，为企业生产经营提供有利的条件；发展文化教育事业，提高科学技术水平，树立正确的价值观，关系着企业职工的素质和企业精神文明建设；人口增长及其构成的变化会引起农产品需求及其构成的变化，进而引起企业经营的产品结构变化等。

3. 经济环境 指经济制度、经济体制、经济结构、经济与技术发展水平、物价、金融、税收与财政政策、基本技术发展水平、建设投资规模、居民储蓄率、社会总供给与总需求以及经济波动周期等。我国以公有制为主的多种经济成分取代单一公有制，将促进企业产权制度的改革和个体企业、私营企业的适度发展；以社会主义市场经济体制取代传统计划经济体制，将促使企业转换经营机制；政府实施膨胀或紧缩的财政、金融政策，关系着企业信贷资金的供应；农产品的供给与需求失衡，将引起农产品价格的大幅度波动和买难、卖难现象的交替出现，以致加剧企业的经营风险；农产品风险储备和保护价格政策，直接关系到企业经营效益和风险的高低；国民经济波动的周期及波动强度，会或多或少地波及企业经营系统的运行。

4. 市场环境 应包括在经济环境之中，现在单独深入分析。宏观的市场环境是指市场供给与需求、价格与利率、市场竞争与垄断、交易方式与渠道、市场秩序与市场设施，以及市场信息网络等。微观的市场环境是指同本企业有关的生产要素市场和产品销售市场的状况，主要包括：本企业产品及替代产品的供求关系和价格的变化；竞争对手的产品优势、营销策略和市场占有率；本企业产品销售渠道和中间商经营的状况；本企业所需生产资料的市场供求状况与价格的变化等。企业也要以市场为其活动的外在空间，借助市场交易获得商品性生产要素和实现产品的价值。而且，市场供求、价格、竞争态势等方面的信息是企业经营决策的重要依据。

(二) 企业经营系统的功能

系统的功能是系统能力的外部表现,体现了系统与外部环境之间的物质、能量和信息的输入、输出的转换关系。就企业经营系统而言,它是在特定的环境中,根据市场供求态势与比较利益原则来配置资源,将投入转化为产出,实现经济效益、社会效益和生态效益全面提高的目标。

系统功能的发挥,主要决定于系统的内部结构。一定的功能是由一定系统结构所产生的,结构的改变必然引起功能的改变。如粗放型经营结构必然出现低功能;而转变为集约型经营结构,功能必然有所提高。同时系统功能还受环境条件的制约,市场状况、宏观经济调控的力度、气候是否风调雨顺等都会对功能产生影响。因此,功能对于结构具有绝对依赖性和相对独立性的双重关系。现将企业经营系统功能分述如下。

1. 适应环境功能 适应环境主要指适应市场环境,这是企业经营系统的首要功能。因为企业经营系统是开放型的,同经营环境进行着物质、能量、信息交换,它必须适应变动不定的生态、社会、经济环境和瞬息变化的市场环境,调节资源投入,产出符合市场需求的优质产品,提高经济效益,以谋求生存和发展。

适应环境功能由三项要素(程序)组成:

(1) 感知。就是迅速、准确和系统地获取有关本企业的经营环境信息,加以分类、筛选、分析、综合和析义,从而感知经营环境的变化。如果信息闭塞、知觉麻痹,就不会具有适应环境的功能。

(2) 评判。就是对感知的环境信息进行评价、判断,如对市场供求、价格、竞争态势的变化以及机遇与风险做出评价、判断。准确地评价、判断是增强适应环境功能的关键。

(3) 反应。就是依据经营环境的变化,采取对策,调节生产经营活动。这种反应,不是消极地而是积极地适应经营环境的变化。就市场经营对策而言,应当捕捉市场信息,把握机遇,调整产品结构,开发新产品,开拓新市场,采用新技术,占领制高点,以期在激烈的市场竞争中取胜。所以,适应环境功能的实质在于,依据市场供求、价格变化和竞争态势等经营环境的变化做出相应的对策,为运行于经营环境中的经营系统导航,合理配置资源,确定投入、产出及相应的市场经营。如图 2-2 所示。

如果企业不能适应经营环境尤其是市场环境的变化,不是依据市场供求、价格变化和市场竞争态势做出正确的资源配置决策,就会盲目地安排投入和产出,以致产品滞销、压库,使企业陷于困境。增强适应环境功能的主要途径是

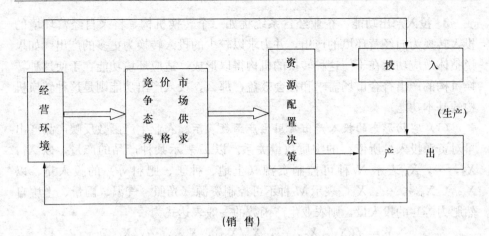

图 2-2 经营系统的适应环境功能示意图

开展市场研究,选准目标市场,提高预测与决策水平,实施弹性管理,增强经营灵活性和应变能力等。

2. 整体效应功能 整体效应指系统的整体功能大于各部分功能之和,即 1+1>2,这是系统得以存在的根本原因。企业经营系统是由劳动者、生产资料、资金、信息诸经营要素和供应、生产、销售、分配诸环节所组成,各个要素之间、各个环节之间相互依存、相互制约,通过系统优化,就能产生整体效应。例如:

(1) 劳动力组合优化的整体效应。通过定岗、定员,实行劳动分工与协作,众多劳动者形成的集体力会大于单个劳动者生产能力之和。

(2) 机器设备组合优化的整体效应。通过机器设备的选型配套,使其形成合理的机器体系,其生产能力会大于单个机器生产能力之和。

(3) 生产要素组合优化的整体效应。生产要素孤立地存在,不过是一种潜在的生产力。它们只有在经营系统中结合起来,才能成为现实生产力,并且会产生单一生产要素不具有的新功能。

(4) 经营项目组合优化的整体效应。将生产周期长短不同、劳动季节性不同、风险强度不同的经营项目科学地组合起来,可以实行以短养长,缩小劳动的季节性,分散风险,以提高整体效应。

(5) 经营环节组合优化的整体效应。供应、生产、销售、分配诸经营环节,往往在时间上继起、在空间上并存,必须在时间上和空间上实现系统优化,才能缩短经营周期,加速资金周转,以提高整体效应。

整体效应功能是经营系统内在机理的客观要求,是系统中要素集合性、相关性和整体性的体现。

3. 投入产出功能 企业经营系统犹如一个转换机构，将来自经营环境的投入转换为向经营环境的产出，并力求以较少的投入转换为更多的产出。如果说整体效应功能在于使这种转换的机构得以形成，适应环境功能在于使这种转换机构的产出符合市场需求和社会效益，那么，投入产出功能则是这种转换机构的基本功能。

（1）实物形态的投入产出常用生产函数表示。农业生产函数反映产品产出量对资源投入量所依存的物质数量关系。以 Y 表示某种产品的产量，以 X_1, X_2, …, X_n 表示 N 种可控制资源（土地、种子、肥料等）的投入量，以 X_{n+1}, X_{n+2}, …, X_{n+m} 表示 M 种不可控制资源（光照、气温、雨量、土壤自然肥力等）的投入量，则农业生产函数的一般表达式为

$$Y = f(X_1, X_2, \cdots, X_n / X_{n+1}, X_{n+2}, \cdots, X_{n+m}) \quad (2-1)$$

式（2-1）说明产品产出是资源投入的函数。为了实现产量的最大化，就必须找出获得最大产量的可变资源投入量。这时可变资源的总产量曲线的一阶导数等于零（即边际产量等于零），二阶导数小于零，即最大产量的资源投入量应满足于

$$\frac{\partial Y}{\partial X_1} = f_{X_1} \quad \text{当 } X_1 = 0 \text{ 时}$$

$$\frac{\partial^2 Y}{\partial X_1^2} = f_{X_1 X_1} \quad \text{当 } X_1 < 0 \text{ 时}$$

表 2-1 某稻田施肥的边际效益分析

单位面积施肥量 （5 kg 为一单位）	单位面积产量 （kg）	边际产量（MPP） （kg）	边际效益（MR） （元）	边际成本（MC） （元）
0	250			
1	275	25	50	20
2	320	45	90	20
3	340	20	40	20
4	350	10	20	20
5	358	8	16	20
6	333	−25	−50	20
7	288	−45	−90	20

注：每单位（5 kg）肥料单价为 20 元，每千克水稻单价为 2 元。

例如，在某稻田施肥的边际效益分析中，依据表 2-1 中第 1、2 列的数据，以 Y 代表产量，X 代表资源投入量，作回归分析，得出拟合生产函数的代表式

$$Y = 248.2 + 32.1X + 1.88X^2 - 0.8X^3$$
$$R = 0.994$$

对 X 求 Y 的一阶导数，并令其等于零，则有

$$\frac{dY}{dX} = f'(X) = 32.1 + 3.76X - 2.4X^2 = 0$$

对 X 的 Y 的二阶导数

$$\frac{d^2Y}{dX^2} = 3.76 - 4.8X < 0$$

解出 $X \approx 4.5$（单位），即最大产量的尿素投入量应为 4～5 单位。

（2）价值形态的投入产出常用利润函数表示。在市场经济条件下，企业追求的目标不是产量极大化，而是利润极大化。利润函数是以生产函数为基础，引入产品与资源的市场价格因素，计算出产值、成本和利润。若以 $\prod$ 表示利润，P_y 表示产品价格，P_i 和 X_i 分别表示第 i 资源的价格和投入量，F 表示固定成本总额，则利润函数（在资源充分满足时）为

$$\prod = P_y Y - (P_1 X_1 + P_2 X_2 + \cdots + P_n X_n) - F \qquad (2-2)$$

式（2-2）说明，利润是产值减去成本的余额，换句话说，利润是产量、资源投入量、产品价格与资源价格的函数。

从价值形式看，经营系统的功能是降低成本，增加产值，实现利润极大化。要实现利润极大化，应对 X_i 求 Y 的偏导数，并令每种资源偏导数为零，就可找出获得最大利润的可变资源投入量，即

$$\frac{\partial \prod}{\partial X_i} = P_y \frac{\partial Y}{\partial X_i} - P_i = 0$$

即在边际收益等于边际成本（资源价格）时的资源投入量，能够获得最大利润。

第二节 现代化经营理念

一、经营思想

（一）经营思想的含义

1. 经营思想 经营思想是企业从事经营活动、处理各种经营问题的指导思想，也可以说是兴办企业的基本思路或基本观念。它对企业的全部经营活动，包括经营目标的制定、经营要素的择用与组合、经营过程的运行，以及上述活动所形成的人与人之间、人与物之间和物与物之间关系的处理，都起着指

导作用。经营思想作为一种意识形态，要通过企业的经营活动而体现出来。

2. 经营观念 现代化的经营思想一般包括以下几种观念。

（1）整体观念。企业是国民经济的基本单位。相当于国民经济各系统、器官的细胞。所以，企业的经营活动必须自觉地在国家计划和政策、法令指导下进行，与国家整体利益协调统一起来。当企业利益与国家利益发生矛盾时，企业利益应服从国家利益，处理好企业与国家的关系，减少盲目性与风险性。

（2）市场观念。市场是企业求生存、发展的场所。走向市场、占领一定的市场，不断扩大新市场是企业生存和发展的必由之路。市场观念，重在"占领"二字，面对浩瀚的国内外市场，不仅要占有一席之地，而且要不断发现并占领新的市场。

（3）效益观念。每个企业都要树立不断提高经济效益的经营思想，即以最少的投入获得最大的产出，把提高经济效益作为企业的中心工作。这里所指的效益还包括社会效益，既要提高经济效益，又要提高社会效益。

（4）竞争观念。竞争是商品生产的产物，哪里有商品生产，哪里就有市场竞争。故企业必须树立主动竞争和善于竞争的思想，根据不同的条件和要求，确定竞争策略和竞争对手。在竞争中求生存、求发展。

（5）时间观念。企业经营中，时间有两个含义：一是时点，二是时间的长度。也就是在企业经营管理活动中，一要树立用户至上观念，一切为了用户，一切从顾客出发，严格执行计划，信守合同，按时、保质完成任务；二要节约劳动时间，提高工作效率和劳动生产率。"时间就是效益"及用户至上的观念，体现了社会主义生产的目的和要求，同时也是企业在市场竞争中求生存、求发展的要求。

（6）生态观念。生态平衡是人类赖以生存的基本要求。企业无论是制定经营方针，还是实施经营计划、组织生产活动，都必须从保护自然、美化环境的角度出发，因地制宜，合理布局，防治"三废"，促进生态的良性循环。此外企业经营者还要树立质量、服务、信念等经营观念。

（二）经营思想的特征

用唯物辩证的观点看，经营思想至少有以下三个特征。

1. 经营思想是办企业的哲学 哲学的根本问题是思维与存在、精神和物质的关系问题。把经营思想作为企业经营哲学看待，至少有三方面含义。

①如何认识、处理企业中两类要素之间的关系。第一类是人才、技术、资金、设备等；第二类是思想、精神、信念、机制、方法和手段。前者往往是"看得见的要素"。后者往往是"看不见的要素"。大量的事实表明，"看得见的

要素"固然是重要的,但"看不见的要素"更加重要。

②如何处理经营活动中的人与人、人与物、物与物之间的矛盾。即以人为本还是以物为本?作为被管理者的人是经济人还是社会人?这些都是企业经营不能回避的问题。

③经营思想最终要靠经营者、组织者和领导者来培植,培植的基本方式还是"看得见的要素"与"看不见的要素"的恰当结合。

2. 经营思想表明企业经营活动的价值取向和企业家的价值观 具体地表现在如何处理使用价值与价值的关系,经济效益、社会效益与生态效益的关系,追求利润与社会贡献的关系等方面。在激烈的市场竞争中,有些企业注重新产品开发,有些企业注重产品质量、花大力气创名牌产品和保名牌产品,有些企业在物质文明建设的同时狠抓精神文明建设。这些都反映了企业家价值观的差异。

3. 经营思想是发展变化的 经营思想会随着社会生产力、社会经济制度和经济体制的发展而发展,同时也受企业领导人的认识水平、实践经验、思想方法和工作作风等主观因素的影响。经营思想是解决各种生产经营问题的指导思想,贯穿于经营的全过程,是企业经营者首先要解决的问题。企业经营者在商品生产条件下树立现代化的经营思想,不仅事关企业的社会形象,而且直接影响着经营决策的效果,对企业的发展起着决定性的作用。

随着社会主义市场经济体制的确立,企业由生产型转变为经营型,这就需要转换经营思想,并应符合以下客观要求。

(1) 正确处理经营与市场的关系。企业是市场的主体,市场是企业活动的空间,二者犹如鱼水关系。随着社会主义市场经济体制的确立,企业的市场经营观念必须由生产导向转变为销售导向、顾客导向,依据市场需求即顾客需求安排生产经营。不了解市场需求变化,生产经营就会陷于盲目性。

(2) 正确处理经济效益、生态效益和社会效益的关系。企业在追求利润以提高经济效益的同时,还要兼顾国家、社会的整体利益,保护和创建良好的生态环境。

(3) 正确处理国家、企业和企业内部的各种利益关系。即严格执行国家的税收政策和其他有关政策,按时缴纳税款,用合理的分配手段处理好企业内部的积累和消费的关系。调动投资者、经营者和劳动者的积极性。

(4) 正确处理物质文明和精神文明的关系。在现阶段加强企业文化建设,是处理好二者关系的有效举措。企业文化是企业成员创造并渗透在企业一切行为里的观念体系和价值体系,以及与之相应的精神文明的总和。实践证明,重视企业文化建设,有利于增强群体的内聚力,提高成员的士气和群体意识,使企业按照社会主义的基本原则搞好经营。

(三) 现代化经营思想对企业管理的影响

1. 正确的经营思想直接关系到企业的命运　当前我国先进企业一条重要的经验是，经营思想转变得及时、正确，经营观念符合时代精神和国情。但有不少企业的经营思想落后于实际；或者习惯于只按国家定购任务安排生产，不善于按照市场供求变化而调整产业结构；或者只顾企业利益，而忽视社会效益。以致经济效益低下，这种经营思想是不符合社会主义市场经济要求的。

2. 正确的经营思想是向商品经济转化和提高经济效益的重要条件　经济管理体制改革以后，国家制定了一系列旨在促进企业发展商品生产的政策，如允许企业在完成国家有关任务后进入市场自销产品，开辟了农产品市场，疏通了流通渠道等，这就把企业推进到市场经济之中。如果企业在经营思想上仍没有转变，仍然受着安分守己、知足常乐、听天由命、重生产轻经营等旧观念的束缚，不能从产品经济的思想转到商品经济和市场经济的思想上来，就会不知所措、寸步难行，更谈不到经济效益。只有更新观念，以市场为导向，才能在经济上取得成功。

3. 正确的经营思想是企业坚持社会主义方向和发展社会主义经济的前提　我国企业也是社会主义经济的重要组成部分，它与资本主义企业有着本质上的区别。企业发展商品生产是要学习资本主义企业管理中合乎科学的东西，学习组织社会化生产的方法，发展商品生产，追求利润，但最终目的是要满足人民的需要。要把劳动力看作是企业的主人而不是进行剥削的对象，企业经营要着眼于社会经济的发展。企业经营应引导劳动者合法经营，勤劳致富，决不能违背国家的政策，损害国家的利益。企业只有把经营思想扎根于社会主义思想体系上，才能与国民经济发展相协调，把企业经营引向正途。

二、经营目标

(一) 经营目标的概念

经营目标是经营思想的具体化。有什么样的经营思想，就有什么样的经营目标。正确的经营目标，可以引导企业员工奋发向上，使企业不断发展壮大；不正确的经营目标，将导致企业生产不景气，在市场竞争中处于不利地位。企业在确定经营目标时，要考虑企业的经营环境、企业内部的经营能力和企业经营的追求。

1. 经营目标　企业在一定时期内生产经营活动的方向和所要达到的目的

和水平，或者说是一定时期内期望获得的经营成果和预期达到的目标。企业经营目标分为：①社会效益方面的追求；②企业经济效益方面的追求；③生态和环境方面的追求。

企业的经营目标具有阶段性。一般说来，企业最初主要是追求利润目标，求得自身的生存；到发展中期则不仅追求利润目标，更主要是追求成长性的目标；到了高级阶段则是在企业不断成长的基础上，力争企业经济效益和社会效益的统一。经营目标的意义表现在促使企业全面提高素质。

2. 企业素质 企业素质是一个整体概念，主要通过其装备水平、技术高低和成员的知识与智能结构来表示。我国企业的素质相比其他行业尚存一定的差距。实现既定的经营目标，将促进企业提高素质，促使企业与外部环境实现动态平衡，增强企业生存和发展的活力。企业素质直接反映着企业追求的价值，是企业经济活动的标准，对企业经营活动起指向、统帅的作用。

(二) 经营目标的构成

企业经营目标一般由市场、利益、发展和贡献四方面内容所构成。

1. 市场目标 企业是市场主体的重要组成部分。其市场目标应该包括以下四个方面：

(1) 销售收入增长率。多销才能多产，提高销售收入增长率是首要的市场目标。

(2) 市场占有率。指本企业某种产品的销售量占该种产品市场总需求量的百分比，它是反映市场竞争能力的主要指标。一般而言，随着市场占有率的提高，销售收入也随之增加。

(3) 价格目标。价格不仅关系到企业的利润，更重要的是关系着产品的市场竞争能力。因而，企业必须努力降低成本，分析竞争态势，确定既有竞争能力又能获取一定利润的价格目标，这对于提高销售收入增长率和市场占有率至关重要。

(4) 售后服务。售后服务不仅体现了为用户服务，也是市场竞争的一种手段，对提高市场占有率具有重要的作用。

2. 利益目标 这是企业生存和发展的基本条件，又是市场目标的必然结果和衡量经营效益的重要尺度。随着企业化经营的全面推进，企业的利益目标将出现多元化。

从投资者的角度考虑，利益目标应追求企业盈利能力、资本保值和增值，主要指标有销售利润率、资产报酬率、资本收益率以及职工的工资、奖金和集体福利水平等。

3. 贡献目标 指企业对国家和社会所作的贡献，主要表现在提供商品的质量与数量、交纳各种税金、承担有关社会负担和环境保护等方面。

4. 发展目标 发展目标体现企业的发展方向和长远利益。对经营者来说，发展是事业成功的标志；对其成员来说，能激励成员奋发向上，并为社会提供更多的就业机会；对投资者来说，发展则是原有资产的增值。具体内容包括：①自有资本金扩大的速度和数量；②生产能力提高的程度；③经营者和生产者素质提高的程度；④生产规模扩大的幅度等。

上述四种目标相互依存、相辅相成，利益目标和发展目标是经营目标的主体。

(三) 经营目标体系

企业是一个以人为中心的层级性经济组织，同时，也要承担一定的社会责任。因此，企业既有经济目标，又有非经济目标；既有基本目标，又有相辅相成的从属目标；还有总目标和可分解的层级性目标。它们形成一个有机的目标体系。这个体系的形成，应体现以下特性：

(1) *确定性*。每个指标都要有确切的内涵。

(2) *激励性*。能鼓舞员工的士气。

(3) *定量性*。以发挥标杆或尺度作用。

(4) *层次性*。能覆盖企业经营活动的各个方面，使经营活动协调而有效地运行。

第三节 企业经营管理

一、企业经营与管理

(一) 经营管理的基本问题

人类从事物质资料生产，必须在一定的生产关系下，由劳动者、劳动资料和劳动对象结合成为基本生产单位。经营管理是适应商品需要而产生，用于解决生产经营什么、生产经营多少、如何生产经营和为谁生产经营这些基本问题，提高生产经营的效果。

纵观历史，社会的基本生产单位大致经历了氏族公社、家庭、企业（含家庭农场）的演进过程。它们之间在生产力发展水平、生产关系性质、生产商品化与社会化程度等方面存在着很大的差异。

在生产力水平低下的原始社会和奴隶社会，几乎没有商品生产和剩余产品。这时经营管理很简单，管理者凭着经验或消费的需求，就能轻易地解决生产什么、如何生产和为谁生产的问题，经营管理较简单。

在自然经济仍然占统治地位的封建社会，作为基本生产单位的农户，大多是在租佃地主的土地上运用手工工具和畜力进行生产，产品的大部分以地租形式归地主占有和消费，小部分用于自身的消费，只有少量产品借助商品交换以获取生产和生活的必需品。这种自给性为主的生产同市场联系甚少，农户依据交纳地租和家庭消费的需要，结合资源占用状况，就可以作出生产决策，经营管理也较简单。

在商品经济高度发达的资本主义社会，作为基本生产单位的企业（含家庭农场），运用先进的技术进行专业化、社会化、商品化的生产，其目的不是满足自给性消费的需要，而是通过市场销售出去以追求利润。生产经营什么、如何生产经营和为谁生产经营的问题，均要受市场机制这只"看不见的手"的支配。正如美国经济学家保罗萨缪尔森说："生产什么东西取决于消费者的货币选票"；"如何生产取决于不同生产者之间的竞争"。为了应付价格竞争和获得最大利润，生产者的唯一办法便是采用效率最高的方法，以便把成本压缩到最低。而为谁生产取决于生产要素市场的供给与需求，取决于工资率、地租、利息和利润。因此，企业为了获得最大利润，就必须重视市场预测，依据市场信号，适时调整产品结构、经营规模和资源配置，并按照成本最小化与利润最大化的要求，选用新技术、新工艺来组织生产，有效利用资源，生产符合市场需要产品的经营管理工作，不仅涉及面广，而且复杂多变。

社会主义社会在实行计划经济体制下，全民所有制或集体所有制的企业基本上是按照国家指令性计划安排生产、配置资源和交售产品，缺乏经营自主权。这种僵化的经济体制严重阻碍了生产力发展。我国自20世纪80年代经济体制改革以来，以市场为导向的社会主义市场经济体制已经形成。在这一体制下，包括企业在内的所有企业都应是自主经营、自负盈亏、自我发展、自我约束的商品生产经营者，它们在国家宏观调控下，依据市场机制解决生产经营什么、如何生产经营和为谁生产经营的问题。随着宏观经济体制由计划经济转变为市场经济，企业经营机制必须转换，从而使企业经营管理面临着许多亟待解决的新问题。

（二）经营管理的含义

1. 经营与管理的概念 一般地说，企业经营管理是为了解决生产经营什么、生产经营多少、如何生产经营和为谁生产经营这些问题而进行的各项工作的总称。经营管理含义则是对上述各项工作的本质属性的概括。鉴于"经营管理"是一个复合词，首先应分别定义"经营"和"管理"。

何谓管理？顾名思义就是管辖、处理的意思。法国管理学家亨利·法约尔（Henri Fayol，1841—1925），从管理职能角度阐述了"管理就是实行计划、组织、指挥、协调、控制"。尽管人们对管理职能划分持有不同观点，但上述定义已成共识。鉴于任何管理活动必须由管理者、管理对象、管理职能和管理目标这些要素构成，故管理可定义为：管理者为达到一定的目标，对管理对象进行计划、组织、指挥、协调、控制等一系列活动的总称。

何谓经营？《辞海》析义为"本谓经度营造，语出《诗经·大雅·灵台》'经始灵台，经之营之'。引申为筹划运谋"。经营是指对企业各项活动的筹划运谋。

（1）经营是侧重于企业求生存、发展的筹划运谋。它主要解决如何依据市场信息确定与调整生产专业化方向、产品结构、经营规模、技术改造方案和市场竞争战略等重大问题，以实现企业内部条件、外部环境与经营目标之间的动态平衡，重在提高经济效益；管理是侧重于企业内部生产要素利用、生产过程组织、资金运作、成本核算等业务性活动，重在提高经济效率。

（2）经营与管理是相互渗透、相互依存的关系。经营指导管理，管理保证经营。这种观点同法约尔的观点不无联系，法约尔认为，经营是指引一个整体趋向一个目标，包括技术活动、商业活动、财务活动、安全活动、会计活动和管理活动六项职能，管理是实现其经营职能的手段。经营的重心在于解决企业生产方向、经济活动目标和内外关系等重大问题，侧重于企业外部环境的研究，旨在提高企业的经济效益。所以经营的使命在于决策，使企业生产适应社会的需要。而管理的重心则是在既定经营目标的条件下，着重于企业内部活动的计划、协调和控制，以实现经营目标，旨在提高生产效率。管理的使命在于组织和指挥，为实现经营目标服务。

（3）人们常将经营与管理联系在一起，称谓经营管理。经营管理是指根据企业内部条件和外部环境确定经营方针和目标，并对人、财、物诸要素，产、供、销各环节进行计划、组织、指挥、协调、控制，以提高经济效益为中心实现经营方针和目标的全部活动。

但应注意到，先有经营而后有管理，即经营比管理更为重要，经营是企业经营管理者面临的首要问题。如一个企业经营什么？主要生产什么？次要生产什么？各生产多少？怎样面向社会、面向市场发展企业的商品生产？要是这些问题不解决，即使企业管理水平再高，经营也无从着手。这些问题解决得不好，也会给今后的日常生产管理带来先天不足和后遗症。如产量低、质量差、成本高、销路不好等一系列问题，无法取得好的经济效益。随着我国经济体制的深化改革，在发展有计划的商品经济中，计划经济与市场调节相结合的运行机制正在完善。因此，企业经营管理工作者应该首先重视经营，把企业经营管理重心工作放在经营上，迎接商品经济发展的挑战。

综上所述，经营与管理是既有区别又相联系的两个概念。经营原意为筹谋、营划。在现代商品生产中，所谓经营是企业根据外部环境和本单位的自然条件、经营条件，确定生产经营活动的目标、内容、程序及实现这些目标的重大措施；管理则是为实现经营目标，对人、财、物等要素进行配置，对供、产、销、分配等环节进行计划、指挥、协调和控制等一系列活动的总称。

2. 经营管理的性质　企业经营管理的性质具有二重性，即生产力属性和生产关系属性。两者互相联系并寓于生产要素结合和供应、生产、销售、分配等环节运行之中。

（1）经营管理的生产力属性。指经营管理是一切共同劳动的要求，起着组织生产力的作用。如诸多生产要素结合的比例关系，不同生产部门、项目、工序占用劳动力的比例关系，生产工艺流程的划分与结合方式等。

（2）经营管理的生产关系属性。指经营管理是生产关系的体现，起着维护与巩固一定的生产关系的作用，因而具有阶级、阶层、不同利益集团间的关系。如企业产权制度、劳动管理制度和产品分配制度等。经营管理的权限为谁掌握，经营管理终极目的就要符合谁的利益，归根结底取决于生产关系的性质，取决于生产资料所有制。

包括经营管理在内的管理二重性理论，是马克思首先提出的。马克思在《资本论》中指出："凡是直接生产过程具有社会结合过程的形态，而不是表现为独立生产者的孤立劳动的地方，都必然会产生监督劳动和指挥劳动。不过它具有二重性：一方面，凡是有许多人进行协作的劳动，过程的联系和统一都必然要表现在一个指挥的意志上，表现在各种与局部劳动无关而与工厂全部活动有关的职能上，就像一个乐队要有一个指挥一样。这是一种生产劳动，是每一种结合的生产方式必须进行的劳动。另一方面，完全撇开商业部门不说，凡是建立在作为直接生产者的劳动者和生产资料所有者之间的对立上的生产方式中，都必然会产生这种监督劳动。这种对立越严重，这种监督劳动所起的作用也就越大。"

后来，列宁在揭示泰罗制的二重性时也指出："资本主义在这方面的最新发明泰罗制也同资本主义其他一切进步的东西一样，有两个方面，一方面是资产阶级剥削的最巧妙的残酷手段，另一方面是一系列的最丰富的科学成就，即按科学来分析人在劳动中的机械动作，省去多余的笨拙的动作，制定最精确的工作方法，实行最完善的计算和监督，等等。"

学习、掌握管理二重性理论，将使我们明确企业经营管理的任务，既要合理组织生产力，又要正确调节生产关系，认识不同社会制度下企业经营管理的共性和特性，正确地对待西方的管理理论与方法，从中吸取合乎科学的成果，以提高我国企业的经营管理水平和有利于企业经营管理学科的发展。

二、经营管理理论的形成及发展

人们对经济的管理历史悠久，随着社会化生产力的发展和社会的进步，经营管理理论经历了一个产生和发展的历史过程。这个过程大致可以分为四个阶段。

（一）劳动分工理论阶段

这一阶段理论的主要特征是劳动分工。主要代表人物是英国古典经济学家亚当·斯密（1723—1790）。他第一次分析了劳动分工的经济效益，指出分工的重要作用是能够提高劳动生产率，提出了著名的"生产合理化"的概念。即用同样多的劳动，通过分工协作可以完成比过去多得多的工作量。他从如下三个方面分析了分工的经济效益。

①分工可以是劳动者专门从事一种简单的操作，从而提高熟练程度和劳动效率，增进技能。

②分工可以减少劳动者的工作转换，节约供需转换所造成的时间损失，提高时间利用率。

③分工使劳动简化，可以使人们把注意力集中在一种特定的对象上，有利于简化工作方法，促进工具的改革和创新。

他的研究结论是：分工"是社会进步的杠杆"，"在不增加投资的情况下提高产品的生产能力"。他所提出的"劳动分工理论"，不仅促进了当时工业革命的发展，而且也成为近代管理理论中一条极为重要的原理。

（二）技术组织理论阶段

这一阶段理论的主要特征是强调技术组织。其主要代表人物是美国科学管理的主要创始人弗雷德里克·泰罗（1856—1915）和法国企业家、欧洲古典管理论创始人亨利·法约尔（1841—1925）。

弗雷德里克·泰罗通过"动作与时间的研究"制定工人的定额工作量，依据工人日完成工作量的多少和质量，确定工人所得报酬。他的理论包括五个方面的内容：操作方法标准化；工作时间科学利用；实行有差别的计件工资；按标准操作方法培训职工；实行管理与执行分离和分工。

亨利·法约尔把企业经营管理分成技术、商业、财务、安全、会计和管理六种活动，并给管理赋予了计划、组织、指挥、协调和控制五种职能。提出了著名的十四条管理原则：①实行分工与协作；②权利与责任要相适应；③命令要统一；④指挥要统一；⑤集权、分权要适当，要合理；⑥生产经营要有秩序；⑦纪律严明；⑧组织层次严谨，又要有必要的横向联系；⑨人员要稳定；⑩个人利益要服从集体利益；⑪报酬要合理、公平；⑫鼓励职工发挥创造力；⑬公开公正；⑭培养团体精神。

这些管理理论的重要内容，对经营管理学的发展做出了重大贡献。

（三）行为管理理论阶段

该理论的核心是研究经营管理中如何处理人际关系和人的行为问题。代表人物是美国哈佛大学教授、经营学者梅奥（1880—1949）和美国著名心理学家马斯洛（1908—1970）。

梅奥认为职工是"社会人"，企业中存在非正式组织，企业领导者的能力在于正确处理人际关系，通过提高职工的满意度来调动其士气。

马斯洛提出了西方最流行的"需求层次论"，他认为人类的行为是由动机驱使的，而动机是有需要确定的，需要是人类行为的原动力。他把人类各种各样的需求，按照重要性归纳为生理需要、安全需要、社交需要、尊重需要和自我实现五个基本层次。但在应用该理论时，应注意如下三个方面。

①人的需求能够影响他的行为，但人的需要是多方面的，且在一定阶段总有一个主导需求，不能把需求等量齐观，只能满足其主导需求；另外，只有非满足的需要才能够影响行为，满足了的需要不能充当激励工具。

②人的需要存在层次性，即从基本需求（衣、食、住、行）向高级需求（如自我实现）发展。一般来说，需求层次由低到高，逐层上升。但是不可否认，有时也会出现高层次下降到低层次的情况。如有位技术人员，本来是以成就需要占优势的，但由于各种原因未能如愿，误认为人际交往更重要时，需求层次下降到交往需求。优秀的管理者应引导需求者追求高级需求，并给予满足。

③当人的某一级需求得到最低限满足后，才会追求更高一级的需要。

（四）系统管理理论阶段

该阶段的理论特征是运用系统学原理。其代表人物是美国生物学家、哲学家伯塔兰夫。系统学原理最基本的观点是：把研究的事物作为一个整体、一个系统联系起来综合考虑，从事物的全局出发，而不是局部的考虑问题；从设想的多种方案中选择最佳方案去实施。

其理论依据是：企业是由许多相互联系、而共同工作的要素（子系统）组成的系统，但不是子系统的简单综合体；企业是一个与外界环境密切关联的开放系统；企业是一个投入—产出系统。

系统管理理论有如下三个显著特点：

①把技术组织原理和行为学原理结合起来应用，吸纳两大流派的优点。它既强调科学的组织和严格的规章制度，又强调调动人的内在动力，同时还采用现代管理技术和手段。

②把现代管理同民族传统、习惯结合起来，遇核心问题时从实际出发，发挥自己的优势。

③运用现代管理方法、管理技术、管理手段，包括计数机和数学方法的运用。把系统论、信息论、控制论三者结合一起运用到经营管理中去，是当代管理科学发展的一个趋势。

三、经营管理要素

（一）经营管理要素的种类

企业经营管理是由多个相互联系、相互区别、相互制约的因素所组成的。构成企业经营管理系统的诸因素称之为经营管理要素。构成农机企业经营管理系统的要素种类很多，主要包括生产要素、环境要素和经营管理者要素三大类。

1. 生产要素 生产要素也称生产条件或企业资源。它是指企业进行物质资料的生产、分配、交换所必须具备的人和物质因素。涉农企业必须具备如下三个最基本的生产要素：

（1）土地。土地是农业生产最基本的生产资料。它既是企业的生产场所，又是农业生产的主要劳动对象和劳动手段。作为劳动对象，土地以其所具有的肥力，直接参加农产品的形成；作为劳动手段，土地好似一部高度自动化的"机器"，以其机械的、物理的、化学的、生物学的属性，作用于种子、幼苗和植株。

（2）劳动力。劳动力是指人的劳动能力。人是物质资料生产过程中的决定性因素，一切物质因素都要靠人的劳动去推动，没有人的劳动，物质因素不过是一堆"死物"。因此，充分调动人的积极性、创造性和智慧是企业活力的源泉。

(3) 资金。资金是物质资料的货币表现。物质资料是企业从事生产经营活动所不可缺少的条件。劳动者只有借助于劳动资料，作用于劳动对象，使其发生预期变化，才能生产出人们所需要的农副产品。因此，企业在充分调动劳动者积极性的同时，必须重视物质资料的利用与管理，充分发挥企业资金的作用。

2. 环境要素　环境要素是指企业周围的情况和条件。企业的环境由企业外部环境和企业内部环境两个部分组成。企业外部环境并不是对企业都有直接影响或直接的作用。企业管理的环境要素指的是企业的内部环境和对企业有直接影响或起直接作用的那一部分外界环境。企业的环境要素主要包括如下五个方面：

(1) 政治环境。政治环境主要指党在各个时期的总路线、总任务、具体的政治路线、组织路线，以及为实现党的总路线、总任务所制定的方针、政策和国家所颁布的各项法规、条例、规定等。

(2) 社会环境。社会环境一般是指在一定时期内，人们的处事态度、期望、信念、习惯、观念、伦理道德、科学文化和教育程度等。社会环境与政治环境是密不可分的，不同地方的社会环境是一种社会力量，往往依赖于特定的政治环境。

(3) 经济环境。经济环境是指整个社会物质资料的生产、分配、交换和消费的情况。经济环境包括的范围十分广泛，如国民经济发展的情况，整个社会的投资和消费水平，国家的经济管理体制，市场的供求关系等。

(4) 技术环境。"技术"一词是指人们所有行事方法的知识总和，它包括发明、技能以及一切知识宝库。就农机而言，技术环境主要指农业机械化的发展和应用水平。

(5) 自然环境。自然环境是指自然界内与农业生产有关的一切因素。它不仅包括光、热、水、土、气等资源性的自然条件，还包括非资源性的自然条件，如地形、地貌、地理位置、自然灾害等。

3. 经营管理者要素　管理者是指企业内部从事经营管理工作，以获得经济绩效的各级领导。企业经营管理者一般有两种类型：

①企业的所有者就是经营管理者。

②专门从事企业经营管理工作的人员。

对经营管理者的要求是：①具有一定的科学技术和经营管理知识及才能；②能遵循社会主义市场规则，善于经营、勤于管理开拓自己的事业；③能独立自主地经营企业，以不断地技术进步和制度创新推动企业前进；④具有战略眼光，有高尚的职业道德。

(二) 经营管理要素的作用

1. 经营管理要素是企业经营管理赖以存在和发展的基本因素 农机企业经营管理的存在和发展，取决于人和物，客观条件和主观条件两个方面因素。

(1) 生产要素是决定企业经营管理存在和发展的基本因素。没有土地、劳力、资金、设备、物资等人和物的因素，农机企业就无法进行物质资料的生产；没有人和物质因素的提高，农机企业的生产也难以发展；没有生产要素之间的合理组合，农机企业经营管理就不会取得较好的经济效果。

(2) 环境要素是社会主义农机企业经营管理不可缺少的客观条件。社会主义是有计划的商品经济，农机企业的生产经营活动不仅要以最优惠的条件从企业外部取得人、财、物等资源，为社会提供农副产品或劳务，而且必须服从国民经济发展的总体要求，服从国家的计划与管理。就是说，生产要素的组合必须与客观的环境要素紧密地结合在一起才能充分发挥其作用。没有环境要素农机企业经营管理就无法存在和发展，经营管理者要素是农机企业经营管理的主观条件。生产要素的组合，生产要素与环境要素的结合是靠经营管理者的计划、组织、控制等活动才能实现。经营管理者的素质、能力、作风和管理方法及其管理艺术，直接决定着企业经营管理的成功与失败，存在与发展。

2. 经营管理要素之间的组合与结合决定着农机企业经营管理系统的功能 农机企业经营管理系统的功能是指该系统的具体作用或效能。主要功能是为社会提供足够的农副产品和工业原料，在发展生产的基础上，逐步地改善劳动者的物质文化生活。

经营管理要素的不同组合或结合，直接影响农机企业经营管理的效能。经营管理要素之间组合合理，结合密切，经营管理效果就好；反之，经营效果就差，甚至会没有效果。随着农村商品经济的发展和经济体制改革的逐步深入，经营管理要素之间的组合或结合已日趋完善，从而有力地促进了农机企业的发展。

四、经营管理要素的主要特征

(一) 经营管理要素的整体性

经营管理要素的整体性反映了经营管理要素与经营管理系统之间的关系。但要素与系统之间的区分是相对的。例如，农机企业经营管理系统，对更高一级的国民经济管理系统或地区性经济管理系统来说，其本身只是这些系统的一个组成要素；构成农机企业经营管理的诸要素，又各自构成为一个完整的子系统，它由若干个更小的要素所组成。

1. 经营管理要素整体性的内涵 经营管理要素的整体性，一般包括两层含义。

（1）经营管理各子系统（要素）与总系统是不可分割的。一方面经营管理各子系统的存在和变动依赖于经营管理总系统。不同类型的经营管理系统，有不同的组成要素；同一类型的经营管理系统，在不同的地区，不同的时期，其组成要素也不尽相同。另一方面，经营管理各子系统的存在和变化，反过来，也会直接影响着经营管理总系统。某一种经营管理要素的变动，会引起其他经营管理要素的相应变化和功能的发挥，甚至会改变整个经营管理总系统的运行方向和功能。

（2）经营管理系统的整体功能是各要素功能的有机融合。虽然经营管理系统的整体功能是建立在经营管理要素功能的基础上的，没有经营管理要素的个别功能，就不会有经营管理的整体功能。但是，经营管理的整体功能绝不等于经营管理要素功能的简单相加，经营管理要素之间组合合理，协调一致，经营管理的整体功能就会大于经营管理要素功能之和；反之，经营管理的整体功能就可能低于经营管理要素之和，甚至会出现负功能。

2. 经营管理要素整体性的特性 经营管理要素的整体性，具体表现在两个方面。

（1）经营管理要素各有各的作用，缺一不可。经营管理要素在经营管理过程中的作用情况，显然因时、因地有很大的不同。有的作用大些，有的作用小些；有的有时起有益的作用，有的有时起有害的作用；有的在这个地方起的作用不大，在另一个地方可能起很大的作用。但是，在农机企业经营管理系统中都各有各的位置，是不可缺少的。

（2）经营管理各要素不能单独发挥作用，必须合理地组合在一起，才能发挥其应有的作用。经营管理要素，无论生产要素，还是环境要素或经营管理者要素，它们各自的作用，必须通过一定的组合才能实现。没有要素之间的组合，也就没有要素的作用。农机企业经营管理要素之间的组合，一般有合理组合与不合理组合两种。合理组合又可分满意的组合与最佳组合两种。农机企业经营管理的目标，不是各个经营管理要素的个别作用，而是经营管理的组合功能。

（二）经营管理要素的相关性

经营管理要素的相关性反映了经营管理要素之间的相互关系。经营管理要素之间既相互联系，又相互制约。但是，这种联系和制约很难用一个固定的函数式确切地表达出来，这种不确定的关系称之为相关关系。把经营管理各要素间具有相关关系的特性，称之为经营管理要素的相关性。

经营管理要素之间具有相互联系，相互制约的关系，主要表现有以下三种形式：

1. 因果联系　因果联系是指经营管理要素之间，作为结果的要素必然会随着原因要素的变化而有规律的变化。经营管理要素的因果关系，一般有两种情况：一种叫做积极相关，它指的是结果要素随着原因要素的增强而增强，随着原因要素的减弱而减弱；另一种叫做消极相关，它指的是结果要素随原因要素增强，反而减弱，随着原因要素的减弱，反而增强。

2. 统计联系　统计联系是指经营管理某一个要素的变化有时会引起另外一个要素变化，有时又不会引起另外一个要素变化；在引起另一个要素变化时，有时是正相关，有时是负相关。

3. 模糊联系　模糊联系是指边界不清的经营管理要素之间的联系。有些经营管理要素之间的界限是不清楚的，如企业的环境要素与环境要素之间的界限、固定资产与低值易耗品之间的界限，都不很清楚，在这种界限不清时发生的联系，往往是模糊的。

认识经营管理要素具有相关性，有利于克服实际工作中的片面性。如只注重某一个要素的作用，而忽视其他要素的作用，盲目追求最优化，而不注意条件的可行性等；有利于探寻和运用经营管理要素的组合规律，提高经营管理工作水平。

（三）经营管理要素的时空性

经营管理要素的时空性，反映了经营管理要素的动态变化情况。时间和空间是物体的运动形式，也是运动着的物体的存在形式。经营管理要素无论在种类、数量、质量和利用程度及其组合形式上，在不同的时期里，不同的空间范围内，都有着明显的不同。在经营管理的实践中，不可能、也不存在一个固定模式，必须根据当时、当地的实际情况，灵活多变地处理问题。

经营管理要素的时空性表现在如下两个方面：

（1）经营管理要素的分布和利用、组合程度，在不同的地区，在同一地区的不同地方有着明显差异。例如，在沿海大城市、郊区和交通便利的地方，经营管理要素密集、利用程度高，组合较合理；在其他地方相对就差。

（2）经营管理要素在不同的时期具有不同的价值。多数经营管理要素的价值随着时间的延续而增加，个别的经营管理要素随着时间的延续而逐渐降低；随着时间的推移、科学技术的进步，可利用的经营管理要素将会越来越多，经营管理要素之间的组合将会越来越好。

经营管理要素是随着时间和空间而变动的，经营管理工作必须因时因地制宜，不能迷信以往的经验，不能抄、搬别人的模式。认识经营管理要素的时空性，有利于树立动态观点，防止静止地无区别地看问题；有利于树立时间观念，充分考虑经营管理要素的时间价值，向时间要效率，向时间要效益，努力提高单位时间的价值和利用率；有利于树立时机观点，抓住"关键时刻"，抓住经营管理的"转折点"，实现企业的预期目标。

第四节 农机经营组织与服务

一、农机社会化服务组织

（一）农机社会化服务体系

农机化服务体系是农业社会化服务体系的重要组成部分，它包括农机管理、供应、维修、研制、推广、培训、监理、工程建设等一整套完整的内容。它为农业机械优质、高效、低耗、安全地进行农业生产，提高劳动生产率，提高土地产出率，推进农业现代化提供可靠的保障。农机化服务体系的宗旨是为农业服务，即为农业增产和农民增收服务。农机化服务体系纵向分为县、乡镇、村和户这四个层次。

1. 县级服务体系 县农机化服务中心，是整个农机化服务体系的龙头，其功能包括两个方面：一是直接为农业生产提供农机供应、机具维修、人员培训、技术推广、试验示范和农机作业；二是负责统筹、协调、组织和管理整个农机化服务体系建设，运用行政、经济等手段调控和指导农机化服务工作的正常运转，包括行业技术指导、拟定宏观规划、合理安排资金，加强检查监督、协调外部关系等。县级农机化服务体系组成简图如图2-3所示。

县农机化服务中心（农机管理局（站））
- 农机管理、监理所
- 农机化技术推广站
- 农机化学校
- 农机供应公司

图 2-3 县级农机化服务体系组成

农机监理所的任务是负责发放拖拉机牌照和驾驶员证，对拖拉机及农机具进行定期检查，对农机作业和农机运输的安全生产进行管理。

农机化技术推广站的任务是推广新技术、新机具和新工艺，进行技术咨询与服务。

农机化学校的主要任务是为全县区培训农机技术人员、驾驶员、管理干部等。

农机供应公司的主要任务是为全县区提供各种农机具和农机配件及其供应服务。

2. 乡镇级服务体系 乡镇农机管理服务站是整个农机化服务体系的核心，既有管理职能，又有服务功能。一是通过农机安全监理和管理等手段，承担管理本地区各种农机服务和组织服务的功能；二是承担直接为农业生产和农民生活提供服务的功能，如代耕、代灌、植保、收割，农田基本建设和农业运输等服务项目；三是为农机经营者提供服务的功能，如农机供应、油料供给、机具维修、机手培训、租赁、技术咨询等。

3. 村级服务体系 村是农机社会服务体系的基础，直接为农业生产提供全方位、全过程的农机服务，包括耕整、开沟、播种、植保、中耕、收割、脱粒、农运、排灌和农田基本建设等农业生产主要环节。在以家庭联产承包为主的经营责任制的基础上，村农机服务队可以发挥出集体服务功能的优势，促进农业生产的发展。

4. 户 包括营机联户、农机专业户以及家庭机械化农场。这个层次的服务项目较多，既能完成田间作业，又能为生产、商品流通服务。

农机化服务体系包括四个层次，每个层次各有其自己服务功能和服务内容，形成一个以县为龙头、乡为骨干、村为基础、户为补充的完整农机化服务体系。

（二）农机化服务体系组织结构与功能

农机化服务体系主要由农机化管理、农机技术推广、安全监理、教育培训、农机产品供应、农机维修、农机化生产服务等子体系组成，各子体系又由不同层次的部门和服务组织所组成。

1. 农机化管理服务子体系及其功能 农机化管理服务子体系是由省、市、县农机管理局、乡镇农机管理（服务）站、村农机管理员所组成的多级网络。省、市、县农机管理局是政府的职能部门，负责农机的使用管理、农机化队伍的教育培训、农机技术推广、农业机械的维修、安全监理以及农机供应的业务管理等工作；此外，还负责制订农机化发展规划，负责农机化服务体系建设的管理、组织、协调、信息交流等宏观管理。

县农机管理局的主要功能除上述外，还要合理组织基层企、事业单位的力量，积极开展县和县以下的农机化服务体系建设，切实抓好乡镇农机管理服务站。乡镇农机管理服务站属于事业单位，但属企业化经营，因而也属于具有双层性质的基层农机化管理服务部门。村农机管理员是乡镇站的派出人员。

2. 农机技术推广服务子体系及其功能 农机化技术推广服务子体系由各级政府主管农机化工作的行政部门、专职推广机构、有关院校和科研单位的推广机构，以及农机管理服务站（队）、农机科技示范户等多方面、多层次地有机结合而组成。农机化技术推广子体系的主要功能是根据农、林、牧、副、渔各业生产以及农村建设、农民生活和发展商品经济的需要，推广新机具、新技术，普及农机化科学技术知识。

行政部门的主要职责是制订和贯彻技术推广工作条例和办法；编制技术推广规划，拟定推广项目和审批年度推广计划；检查技术推广计划的实施情况和组织评定验收工作；管理推广经营和技术承包基金；组织经验交流和科普宣传；组织推广工作的评比和奖励；对下属推广机构进行业务指导。

专职推广机构是指省、地、县各级农机化技术推广站。未设农机化技术推广站的地区，其业务可由省一级农机鉴定站和地、市农机化研究所承担。县级农机化研究所主要承担农机化技术推广工作。院校及科研单位的农机化技术推广部门是农机化技术推广的重要力量。农机服务站（队）和农机科技示范户是技术推广的试验示范点和新机具、新技术的主要使用单位或技术承包单位。

3. 农机监理服务子体系及其功能 农机监理服务子体系是由省农机监理站、地（市）农机监理所、县农机监理站、乡镇农机管理服务站内的安全监理员所组成。其主要功能是：贯彻执行国家有关农机化和安全生产的方针、政策，制定农机安全生产各项具体政策、法规；负责农业机械安全技术检验，驾驶、操作人员考核、核发牌证；对农业机械及驾驶、操作人员进行年检、年审、季节性检验和其他安全生产检查，纠正违章；勘查、处理道路以外发生的农机事故并提出防范措施；受公安机关委托负责拖拉机上公路行驶的安全技术检验、驾驶员考核、核发道路行驶牌证等项工作；负责农业机械及驾驶、操作人员、农机事故的技术档案管理和农机事故统计报表等工作；开展农机安全生产宣传教育。

4. 教育培训服务子体系及其功能 农机教育培训服务子体系主要由省、市农机化学校，县农机校，各级农机（技）干校以及乡镇农机管理服务站所组成。省、市农机化学校是纳入国家和省招生计划的学校，开展不同学历教育。学历分为本科、专科、中专等几个层次。

县农机校的主要任务是：为农村培训拖拉机驾驶员、农用汽车司机、农机维修工、农机管理人员、农民农机技术员、农机具的使用操作人员以及站（队）办企业的机械操作和维修人员，并负责有关农机化技术咨询工作。乡镇农机管理服务站主要是受县农机校的委托，承担一部分培训任务。具体分工为：国家（部）负责培训省、地、市农机局局长和处级以上领导干部、中级以上专业技术骨干以及农机校的部分师资；省、自治区、直辖市（含计划单列市）农机化主管部门负责培训县农机局（站）长和科级干部、中级专业技术人员与农机校师资；地（市）农机化主管部门负责培训乡镇农机管理服务站长、农机技术员及其他各类干部；县农机化主管部门负责培训拖拉机和农用汽车驾驶员、维修和经营管理人员以及农民农机技术员；乡镇农机管理服务站负责培训农机具操作手等。

5. 农机产品供应服务子体系及其功能 农机商品供应服务体系主要由国家、省、市、县农机供应公司所组成，个别地区的乡镇也可设立农机供应公司经营农机零配件。农机商品供应服务体系的主要功能是供应农业机械以及农用机电产品，有条件的公司还要开展信息咨询、组装、租赁、技术传授等服务项目。

6. 农机维修服务子体系及其功能 农机维修服务子体系主要由县农机修造厂、乡镇农机管理服务站、村农机维修站、个体或联户兴办的农机维修点等组成。农机维修服务子体系的主要功能：一是农业机械技术状态检测；二是农业机械的维修；三是对动力机械的非正常耗油向当地农机管理部门提出建议；四是建立当地农机维修技术档案，以便合理使用、定期检测、按需维修。

7. 农机化生产服务子体系及其功能 农机化生产服务子体系主要由乡镇农机管理服务站和村、社集体兴办的农机队、机耕队、运输队、加工厂等生产性服务组织以及向他人提供生产性服务的农机专业户或联户所组成。农机化生产服务子体系的主要功能：一是向农村广大非农机户提供生产性服务，如代耕、代种、代收获、代加工、代运输等；二是乡镇农机管理服务站及其下设的供油点负责供应油料；三是公用设施建设，如兴修水利工程、修筑公路、桥涵、平整土地等。

（三）农机化服务体系的作用

农机化服务体系的作用主要表现在下述几个方面：

①提高经营者的技术知识、操作技能和经营管理水平，改善机器的技术状态，提供必要的物质条件；从而更好地发挥农业机械效率，保证机械的正常运用，推动农业机械化事业的健康发展。

②提高农业机械化作业水平和在农业生产中贡献率，改善农业生产条件，增强抗灾夺丰收的能力，促进农业生产力的提高，巩固和发展农业联产承包责任制。

③农机化服务体系的建立和完善在促进农业生产的同时，推进商品经济的

发展，在增加农民收入方面发挥重要作用。

④农机化服务体系把社会效益和经济效益统一起来，不断扩大服务领域和服务项目，为发展农村经济提供有效的服务。

⑤在农机化服务体系建设中加强组织建设和思想建设，巩固农机阵地和稳定队伍，为机械化事业的进一步发展奠定稳固的基础。

二、农机经营组织与服务

(一) 基层农机服务组织

基层农机服务组织是指县、市、乡或其以下的农机管理监督、技术培训、推广及从事农机作业的组织体系，包括县、市、乡级农机管理部门主办的服务实体，以县、市、乡、村级为主，主要由农机部门的专业管理人员和技术人员组成，一般属国家或集体所有。

基层农机服务组织任务是宣传贯彻国家有关农业机械化发展的方针、政策和法规，承担农机管理安全监理，农机新机具和新技术的推广、人员培训，农机作业、经营与维修等社会化服务任务，同时为农机经营户提供新机具推广、新技术培训、配件供应、机具维修、业务介绍等系列服务。从不同的角度、按照不同的标准，农机社会化服务的组织可分为不同形式。

按照农机社会化服务组织主体的组成要素，现有农机社会化服务组织形式又可分为以下几种类型。

1. 农机户　农机户包括专营型的农机服务专业户、兼营型农机户和自营性农机户（拥有小型农业机械，仅满足自家作业的农户）。

农机户主要由一批懂技术、善经营、会管理的农机手组成，是以家庭经营为主的一种服务组织形式。该经营形式的特点是独户购机、独户经营，主要用于提供专业服务或兼用服务。

专营型的农机服务专业户是指购买农业机械主要为其他农户代理耕、耙、播、收、加工、运输等服务，通过服务作业收取作业费用，实行自主经营、自负盈亏，经过多年的相对积累形成的以家庭为基本经营单位的农机服务经营体，由于受自身经济实力限制和农村整体生产组织落后的影响，农机具配套比较低，落后的独户经营生产组织方式并没有改变。

兼营型农机户同时拥有自用和服务两项功能，是指农机户自身拥有的土地规模无法满足家庭机械满负荷作业的要求而出现了剩余作业量时，使该农户为其他农户进行代耕服务成为可能，具备了自用和为他人提供服务的双重性质。

与专营型农机户相比，兼营型农机户在作业机械的保有量、规模化等方面要相对弱小一些，但由于投资小，面临市场风险较小，其作业形式、费用收取等操作方式更加灵活、机动。

2. 农机服务联合体　农机服务联合体是一种农户自发联合形成的组织形式。为了共同的经济利益，两个以上农机经营主体按协议或契约组成临时性的松散联合体。农户将现有农业机械以一定方式组合在一起，合作者必须以具有农业机械为合作前提，机械归个人所有，合作经营，实行产权户有，联而不合，单机核算，有偿服务。由联合体负责油料配件的采购和供应，负责作业项目组织和费用核算。这种形式可以是国家、集体、个体进行的联合，也可以是农机户之间自发地进行的联合。

3. 农机合作社　农机合作社组织是农户之间为满足生产和经营的需要自愿组合起来，以劳力、技术、资金和机械设备等入股，购置大型农业机械或农机股份实体，按股受益分红。这种类型分布较广，适用性强。农机合作社既是一个专业服务的组织，又是一个由农民自愿合作的经济实体。本着入社自愿、退社自由、民主管理、民主监督、政府引导的方针，坚持资本技术和劳动要素相结合，本着对内服务、对外开拓的发展思路。在内部服务方面，负责合作社成员及周边区域常规农业机械化作业任务，同时合作社还可以向林业绿化、农村道路养护、农田土方工程等方面进行延伸；在对外服务方面，根据作物时间差，可以有计划、有组织、有步骤地进行跨区作业，提高经济效益，壮大自身实力。

基层农机服务组织的服务方向，包括了农业生产的产前、产中及产后的各个环节，技术水平较高，管理也较规范，具有旺盛的生命力。随着农机社会化服务体系的进一步发展，基层农机社会化服务组织的服务功能也将越来越完善。

联合体合作经营形式有效地克服了独户经营机械利用率低、作业半径小、后勤服务无保障的弊端，经济效益明显好于独户经营。但由于其松散的组织经营形式及追求农户自身个体利益的最大化而不是联合体组织利益的最大化，同时又缺乏有效的契约机制及法律保护，农户个体之间易产生纠纷，合作形式不稳固，因此不利于经营的长远发展。

农机合作社是股份经济与合作经济相结合的产物，兼容了股份制的资本联合与合作制的劳动联合等优势为一体的新型经济组织制度，它既吸收了股份制筹资的方式，又实现了资产所有权与经营权的明确与分离，保持了合作制中股东既是劳动者又是所有者的基本特征；在经营目标上，既追求合作劳动的规模效益，又追求资金联合的资本效益。因此，它能够切实解决我国家庭小规模经营与农业社会化大生产、大市场的矛盾。这种共同使用农业机械的新型合作形式将是我国农机社会化服务组织形式未来发展的重要方向。

(二) 农机服务形式

基层农机服务组织通常有以下几种服务形式：

(1) 合同管理服务。乡镇与村农机管理服务站队组织有机户与用机户签订农机作业合同，议定作业任务、质量要求和收费标准。有机户负责机械作业，站队为机械化作业提供代收作业费、检查作业质量、维修农机具、供应油料等统一服务。

(2) 作业合同服务。由各类农机服务组织与农机户直接签订农机作业合同，派机手向农户提供机械耕整、排灌、植保等专项机械作业服务。

(3) 驾驶员承包服务。有经营管理能力和技术水平较高的驾驶员，承包乡镇农机服务站或村委会、村民小组集体所有的部分或全部机械，或各项农机作业任务。

(4) 集团承包服务。以乡镇农机站为龙头，联合分散经营的农机户，组成松散型的农机服务队，实行集团承包，在统一领导下开展大面积耕作或大型工程项目、水利建设的机械作业服务。

(5) 单项流动服务。由乡镇农机站或专业户牵头，组织农户购买某些小型专用机械，建立统一调配、单机核算、自负盈亏的流动式服务组织，向农户提供单项机械作业服务。

(6) 机具租赁服务。由乡镇农机站或专业户购买农业机械或配套农机具，出租给农户进行农田作业；或由村、组合作经济组织购置必需的机具出租农机户，组织他们为农民服务。

(7) 农机户组成的合作服务。由农机户自愿组成各种松散的或紧密的、季节性的或常年的农机服务专业联合体，通过合作形式为农户提供机械耕作、植保、机械收获等服务。

三、农机经营体制及发展

(一) 农机经营体制

农机经营体制取决于社会经济和农业生产条件，随着农村经济体制的改革，农机经营体制也发生了很大的变化。由于全国各地区经济条件的差异，装备水平、经济管理水平的不同，农机出现了国家、集体、个人多种所有制和多行业、多层次的经营管理形式。

根据我国目前农机所有制及经营形式的不同，可以分为如下几种体制。

1. 独户所有，独户经营　该经营形式的特点是独户购机，盈亏自负。按经营的专业化、社会化、商品化程度，又可分为三种类型。

（1）自用型。一般种植业大户（养殖业大户或兼业农户）自营自用农业机械，仅为满足自身需要的一种形式。这种经营形式有明显的自给性，农业作业无直接收入，作业费用计入农业生产总成本，其经营效益视生产规模的大小、经营者能力的高低而异。优点是农业生产者与农机生产资料的紧密结合，实行了责、权、利的最佳结合，因而显示了较旺盛的生命力。这种形式将随着产业结构的调整、生产规模的扩大而发展。

（2）服务型。指个人自备农业机械，以为社会生产服务为主的一种形式。实行自主经营、自负盈亏的基层最小农机化企业单位，具有农机经营者和农业生产者有机结合，责、权、利明确的优点，达到了"择优选取"、"自由竞争"，经济效果好的目的，促进了商品生产的发展。

（3）兼用型。一般是农忙务农，农闲搞运输或其他服务的有机户。他们经营农机，既自用又开展营业性服务。此种经营形式更富有自主性和选择性，对机具更加爱护，完好率较高。

独户经营普遍存在的问题是：国家不便于宏观管理，经营者很少考虑社会效益，故其发展有一定的盲目性；资金有限，知识水平不高，不能很好地掌握农机使用技术，机具利用率低；经营规模和服务范围较小。

2. 联户所有，联户经营　这种经营形式是指几家农户联合经营农机。一般出现在经济条件较差、独户集资购机困难的地方。它解决了资金和农机技术不足的矛盾，也有利于互通有无，调剂余缺，节省投资，提高了机具设备的利用率。

该经营形式普遍存在的问题是管理不严密，联户中各自用机，但都不注意机具的保养与维修，致使机具的技术状态差；为了抢农时，经常出现争机等矛盾。因此，这是一种很不稳定的易于解体的形式，将日益减少。

3. 独户所有，合作经营　在种植业劳动力转移率较高，工、副业发展较快的少数农村，由于作业质量和作业项目的增加，独户、联户都难于购买成套农业机械，且有机户与无机户签订作业合同、费用结算、配件供应、油料保管、交纳税款等都需要有个联系组织。因此，为了共同的经济利益，按自愿互利方式组成了多种形式的农机合作经营联合体。如农机服务队、站、公司、协会等。有综合性的、也有专业性的，并确立了产权户有、互通有无、联而不合、组织协调、有偿服务等原则。由服务队（站）安排主要作业，各户单机核算。其经营具有自用与服务相结合，以营业性为主的双重特征。经营者有充分的自主权，多劳多得，能较好地调动经营者的积极性，机械利用率高，服务半径大。因此，此种形式有旺盛的生命力。

4. 集体所有，集体经营 乡镇企业发达、集体经济力量雄厚、经营管理能力较强的大中城市郊区和少数乡村，农机保留了原集体所有、集体经营的形式。这些集体农机经营组织不仅以农机专业队的形式承包全村的商品粮田，同时又为全村的种植专业户和一般户的粮田提供有偿服务。农闲时则经营运输、维修、加工等业务。此种经营形式的机具、人员配合较合理，机械化水平较高，因而有利于提高劳动生产率和综合经济效益，有利于稳定粮食生产和产业结构的合理调整，有利于解除务工、经商的兼业农户的后顾之忧，是一种值得推广的经营形式。

5. 国家所有，国家经营 近年来，国营农机单位，除劳改农场、部队农场和少数地方国营农场仍得到保留外，多数地方国营农场经营的农机，随着家庭联产承包责任制的实行而解体。除一部分大型拖拉机及其配套机具、联合收获机、排灌设施等仍属于国家所有，承包给机务队（或农户）为场内家庭农场和附近农户进行营业性服务外，大部分中小型农业机械均折价卖给了家庭农场。

（二）我国农机经营体制的发展

农机经营体制应与农村生产力和农村经济发展水平相适应，以提高经济效益为中心，要有利于新技术在农业生产上的应用及自身积累。因此，农机经营体制也要向专业化经营发展，开展专业性、社会化服务。经营形式包括国家、集体、合作、个体等多种层次。

1. 农户分散经营的形式 农户分散经营的形式将随着产业结构的调整、农村经济的发展、土地的集中、生产规模的扩大而进一步分化，组成新的形式。主要有四种可能：

一是种植业农户继续保留和经营各自所需的基本机械设备，主要作业由专业农机经营单位提供服务；二是部分农户拥有自己需要的主要作业项目的大部分机械，特殊作业靠专业经营单位提供服务；三是部分农机户或农机专业户由于种种原因逐步失去作业市场而转为从事其他产业；四是部分农户将变成以机械为主要生产资料，为社会提供服务的专业公司或合作经营的专业联合股份公司。

2. 国家、集体经营形式 国家、集体经营形式将向专业化经营发展，不断开辟新的作业领域。从管理科学化、服务社会化、生产现代化的观点看，国营、集体经营规模大、技术力量强、资金雄厚、设备齐全，利于按社会化、现代化方式组织生产，充分发挥机械效能，是一种有较强生命力和发展前途的经营式。其发展趋势是向能发挥当地资源优势的项目发展,建立各种专业化服务公司(如灌溉租赁、农产品加工、饲料加工、技术咨询服务公司等)为社会提供服务,使农业机械化向专业化、社会化、现代化发展。

3. 合作经营形式 合作经营形式将是我国农机经营形式的主体,主要有三种类型。一是机械联合。农机经营者按自己的意愿,将机械组合在一起,形成一定规模的联合体。二是资金合作。若干农户(单位)自愿集资入股、实行股份合作。这种合作包括国家、集体、个人之间的相互合作,除劳动报酬外,实行按份分红、利益均享、风险共担。三是集体经营转轨变型而成的合作经营。这种合作基础好,组织结构合理,有较强的服务机能。由于合作经营克服了农户分散经营规模小、机械利用率低、效益差等弊端,与国营、集体相比,具有关系简单、自主性强、利益直接等优点,可以预料,这种形式具有较强的生命力。

4. 农机社会化服务中介人(经纪人) 经纪人的概念有广义和狭义之分。广义的经纪人是指从事为农机经营提供中介服务的个人和组织机构(如信息咨询机构、农机专业协会等);狭义的农机经纪人则是指专门从事为农机经营提供中介服务的个人。服务中介的特征是:经纪活动中的经纪人既不占有商品,也不拥有货币;经纪人只提供服务,不从事经营;经纪活动是有偿的。

在农机社会化服务组织形式中,经纪活动作用是:加快了市场信息的传播与交流;有利于农业机械的区域化布局,理顺农机商品流通渠道;促进了服务市场的规范和发展。农机经纪业属于第三产业,其发展的关键取决于从业人员的素质和经纪行为的规范。经纪人只有在国家有关法律、法规的指导下和国家相关部门的监督下,才能进行合法活动。根据国家工商局颁布的《经纪人管理办法》规定,只有符合经纪从业人员条件,通过经纪从业人员的培训、考核、资格认定后,才能取得经纪人资格。

5. 农机协会初步形成网络 农机协会是指农机经营者(包括从事农机科研、制造、推广、销售、培训、监理、作业、运输、维修、零配件供应、油料供应、信息咨询及与之有关的企事业单位和个人)自愿结成的民办性组织,从事农机经营的公益型专业协会。农机协会将农机科研、生产、供应、营销、服务等诸环节联为一体进行市场化运作,是农机社会化服务体系建设的重要组成部分。

从管理学的角度看,由具有管理功能的基层农机服务组织、具有执行功能的农机社会化服务组织、具有中介职能的经纪人和具备协调功能的农机协会组织形成了农机社会化服务组织体系。

(三) 机械化规模经营模式

1. 经营规模　概括讲经营规模是指一个基本经营单位的大小。具体讲，对一个农业的基本经营单位而言，经营规模通常是指它拥有土地、劳力和其他生产资料等要素的多少，所形成生产能力的大小，以及一定时期内生产的总产量和总产值的大小。

规模和经营是个统一体，既没有离开规模的经营，也没有离开经营的规模。企业经营规模的大小受限于多种因素，但在一定条件下选择最适合的规模从事经营活动，将会取得最佳的经济效果。经营规模过小或过大，会使企业人员安排不当、劳动组织不合理、机器设备利用不合理、管理效率下降等。由此而引起企业成本上升，收益递减，带来经济利益的损失，称为规模不经济。

经营规模的选定，就是研究适度的经营规模。其实质是研究规模经营效益问题，即比较在不同规模的条件下从事经营所得的经济效益，从中选出经济效益最高者为最适宜规模。

2. 机械化经营模式　为解决土地经营规模过小与使用大中型农业机械以提高劳动生产率不相适应的矛盾，充分发挥农业机械的效能，必须使机械化作业形成一定的规模。各地应根据当地的条件采取不同的经营模式。

（1）模式1（统种分管）。这种机械化经营模式是在家庭联产承包责任制基础上发展起来的。在保持农户对原有土地承包方式不变的情况下，通过加强社会化服务的手段，把分散的农户组织起来，使土地连片，为实现农业机械化生产创造有利的条件，在不同程度上解决农户分散经营和农业机械化大规模生产之间的矛盾。农业机械化生产服务通常由乡村的农机服务站、队或农机专业户承担，完成的作业项目也因具体情况而异，有的只进行耕整地作业，有的还包括播种、中耕、打药、灌溉、收获、运输、脱粒等作业。在服务组织健全的情况下，经过统筹规划，可实现较高水平的机械化。

在统种分管的情况下，农民在不同程度上摆脱了常年束缚在小块土地上进行繁重的体力劳动，腾出大量的劳动力和剩余劳动时间来从事家庭副业，搞庭院经营或从事第二、三产业来增加其收入，而所付的服务费用一般都低于自己耕种所花的费用。由于初步实现了土地规模经营和集约化经营，有利于采用先进的科学技术，使农业实现了高产稳产。

（2）模式2（家庭农场）。随着农村经济的发展，部分农村劳动力脱离种植业转向其他生产领域，使部分耕地逐渐向种田能手集中，于是在有些地方形成了家庭农场。家庭农场规模的大小取决于耕地资源、地理位置、经济条件、政策、社会化服务等因素，其可能形成的最大规模主要受农业机械化水平的限制。在人、畜力耕种的条件下，由于受家庭劳动力人数的限制，一般规模不会大，随着农业机械化水平的不断提高和社会化服务的逐步完善，种植业劳动力可能负担的耕地面积也将不断扩大。家庭农场一般都自己拥有部分农业装备，部分作业则依靠社会提供服务。

（3）模式 3（集中经营）。大城市郊区或经济发达地区，在乡、村集体经济基础雄厚的地方，采取以工补农的方式向农业投资，在专业化分工的基础上，实行土地集中，有一部分劳动力专门从事种植业生产。在这种情况下有可能采用先进的农业机械化装备进行从种到收的机械化生产，因而具有较高的劳动生产率、土地产出率和商品率。它是规模经营中层次较高的一种模式，必须在经济基础、农机化水平和组织管理水平等方面条件较好的情况下才能取得良好的效果。虽然这种模式目前还是少数，但是它代表了发展的方向。

第三章
经营预测

农机经营预测是掌握市场需求动态变化的科学，它以准确的统计资料和调查搜集的信息为依据，从市场发展的历史和现状出发，运用科学方法，对未来一定时期的农机市场发展趋势和前景做出一定置信度的预计、测算和判断，为经营战略、经营计划、经营决策提供科学的依据。

第一节 农机市场概论

一、我国农机市场的现状

近几年的农机市场得到了很大的发展，各种型号的动力机、作业机发展很快，也成就了一批农机制造企业。但深入探讨目前农机供应市场，仍存在以下几个方面的问题：

(1) 有效供给不足，产品适应性不强。目前，市场上的农机供应存在的问题是：质次价低、品牌杂乱，技术含量高、实用耐用、性价比高的农机少。农机市场不是没有需求，而是现有产品不对路，不能满足农民的需要。

(2) 农民收入增长缓慢，实际购买力有限。在农民收入中，出售农产品的收入占很大比重，而农产品普遍出现销售与价格的矛盾，使农民收入呈现不稳定状态。另外，受下岗职工二次就业、国内市场需求不足等影响，非农就业机会减少，农民收入增幅相对不大。而农民负担不断加重，各种乱集资、乱收费、乱罚款等费用占农民纯收入的比重远远超过国家规定的5%。另外，农民防灾、防病、防老的意识增强，对消费持十分谨慎的态度。这些都严重阻碍了农机市场潜在需求向现实需求的转化。

(3) 市场信息不通畅。市场信息不灵，首先影响到农民的生产，由于农民不能及时了解市场需求，所以往往农民生产的农产品不能够适销对路，使收入减少。其次，市场信息不灵也影响到农村居民的消费。不少地区农民反映，由于不太了解农机市场信息，常常不知道买什么农机好，怎么买，如何用。条件好的农村也只是依靠电视了解一些市场信息，消费观念远远落后于城市居民，一些农民有了钱也不知道怎么投资。

（4）流通体系不健全。我国农村商品组织体系上，目前形成了国有商业供销系统和农村集体、个体商业并存竞争的局面。而个体私人流通企业已成为农机流通经营的主体，但个体经销有一定的局限性，如实力不强，经营分散，服务意识淡薄，难以适应社会化大生产、大流通的需要。另一方面，农机市场发育不健全，仍属于初级市场，市场秩序和管理比较混乱，并且农机的行业垄断、地域封锁，地方对外省优质产品进入市场层层设卡，这些都严重影响了农机市场的健康发展。

（5）售后服务不及时。农机市场由于利润薄、维修网点少，交通条件差，通讯设施落后，造成了农机企业在售后服务、维修方面的被动。农机出了质量问题难以及时得到解决，增加了农民消费技术含量较高的农业机械的心理负担。

二、我国农机市场需求的特征

中国是一个农业大国，相对发达国家来说，机械化水平还很低，随着农村产业化进程的加快，一些科技含量高的农业机械将成为未来一个相当长时期的消费热点。但是，我国的农机市场特点与发达国家又有所不同，主要表现在以下几个方面。

1. 分散性 分散性一方面是指地域上的分散，我国农村分布广、居住散，难以形成像城市那样的人口和需求的集中；另一方面是购买力的分散，虽然农村居民购买力总体规模很大，但平均到每户居民的购买力水平则很低；同时，广大居民消费的范围也比城市居民广，也造成了购买力的分散。

2. 差异性 差异性是农机市场最突出也是最重要的特点。一是地区间购买力水平的差异，富裕地区、发展地区与贫困地区，在需求的质和量方面表现出较大的差异；二是地区间消费环境的差异，除了基础设施状况不同外，更主要表现在不同地形的地区即便对同一农机产品的要求也会有所不同；三是同一地区内不同农户之间的购买差异，改革开放以来，农村居民之间的收入差距已经加大，收入不同的农民对农机的需求也存在差异。

3. 层次性 农机市场的层次性，一是指我国沿海、中部与西部地区消费的梯度性，即农机产品的消费具有从沿海到中部再到西部逐步辐射的趋势和特性。二是农民消费结构的层次性，在重要商品需求方面，农民选购的次序大致为：首先是生产需要，如化肥、农药、种子、农用薄膜、农用机具等；其次是建房需要，如建筑材料、装饰材料等；然后才考虑耐用消费品等方面的需要。三是农民消费观念、心理的差别，有的地区农民重物质需要，轻文化、服务需要，重积累、轻消费，有的地区则不同。

4. 示范性 农民具有比较浓厚的从众和攀比心理，由于农村居住特点，使得邻里之间、亲朋之间经常走户串门，信息非常开放，且口头传播是信息传播的主要方式。某家买了什么好农机，很快就能为其他家所知道，并能带动一大批农户效仿，形成良好的"示范"效应。从营销角度看，利用这种示范性是很好的策略。

5. 功能性 我国农机市场基本上还处在比较典型的功能性需求阶段，即比较强调产品的实际使用价值和物质利益，而不太注重产品的附加价值和精神享受。如要求农业机械的实用性、耐用性远胜于鲜艳美观、个性展示。这种功能性特点对产品的要求主要表现在如下几个方面：一是价廉，在保障产品基本功能的前提下，价格越低越好；二是实用，强调产品的使用功能，并适应农村的消费环境，而对产品形式要求不高；三是简便，要求产品实现其基本功能，而勿需奢侈功能。

6. 季节性和突发性 由于农业生产具有强烈的季节性，对农事季节需要的农机商品的要求表现出比较集中和紧迫性。农业生产受天时气候变化影响极大，部分地区可能会受到突发自然灾害（水、旱、虫、雹等灾）的侵袭，为了抗灾防灾对有关机械有突发性的需要。

7. 政策性 农机市场受政策影响很大，例如有关农机销售、使用政策、银行信贷政策、收费政策、供油政策以及农村经济政策等的变化，都会直接影响农机需求的波动。

农机市场的特点不是一成不变的，随着我国农村经济的发展与农民收入的增加，一些农民对农机的消费观念和需求就会发生相应的变化。对企业而言，把握这些特点对制定农机市场的营销策略是至关重要的。

三、影响农机市场需求的因素

在农机市场中，影响农机需求的因素很多，各个因素之间往往存在相互联系又相互制约的关系，而在不同时期、不同地区、不同产品，这些因素又会起到不同的作用。影响农机市场的主要因素有：

1. 国家的政策与法规 政策和法规主要体现在两个方面：一是国家的政策，例如产业政策、产品指导政策、鼓励类产品等，特别是党和国家一贯对农业的支持，出台的扶持政策等都会对农机市场的发展产生决定性的影响。近年来,国家实施的西部大开发、鼓励"三退"(即退耕还林、还湖、还草)、免耕播种、秸秆还田等政策,都对农机销售总量产生了较大的影响。例如,1998—1999年,农业部在全国15个省市推行"秸秆还田"项目,使36.8 kW以上的拖拉机销售增幅达到30%。二是国家对农机产品各类限制性法规的颁布,如拖拉机限制进入省际公路、提高排放的标准等也在短期内对农机需求产生影响。

2. 农民收入与购买力　农民的收入和购买力是所有要素中最重要的因素。农民的收入主要可分为从事农业生产劳动的收入和非农业来源收入。农业收入中,除了卖粮食的收入外,有相当一部分是投资农业机械经营所获得的收入,这部分收入直接影响农民购买农机的积极性。

3. 政府对农机的补贴力度　国家采取各种补贴政策来推动农业机械化的发展,目的是按照国家在各个时期推广农业机械和为农业服务的工作重点,鼓励农民投资购买农机,发展农业。例如,1997—1999年连续三年国家财政每年拨款2 000万元,通过农业部下达各省补贴给农民,实施大中型拖拉机更新换代。这些政策极大地激发了农民购买农机的积极性。政府对农机补贴的力度越大,对农机市场产生的正面影响也越大。

4. 自然灾害的影响因素　自然灾害不但对农业生产有直接影响,而且间接影响到农机市场及农业机械化事业的发展。如1998年洪水泛滥,湖北、湖南、江西、两广一带农田大批被淹,不仅当年农机销售急剧下降,而且影响到第二年的销售;2003年上半年的"非典",造成外出打工的农民的非农业收入锐减,也造成下半年拖拉机销售额急剧下滑,给生产大中型马力拖拉机企业造成很大的影响,库存急剧上升。

5. 农业产业结构的调整与耕作习惯的变化　改革开放以来各省为了推进农业生产现代化,纷纷推出用5~10年,甚至更长时间来调整农业的产业结构,不仅保持产业带横向之间的平衡,同时在结构上更趋于合理,有利于综合发展,提升本省的优势农业产业。例如,中马力拖拉机需求全国第一的山东省以特色农业为主,发展多种经营,随着蔬菜和经济作物种植面积的扩大,导致拖拉机需求下降。同时,套种农艺的逐步推广,由原来一年两耕,改为一年一耕,由于耕作习惯的变化,也使得拖拉机及农机具需求下降,这些都直接或间接地反映在当年和第二年的市场需求上。

6. 农机保有量和更新速度的影响　中国有广阔的市场,各地区经济水平的差异对农机发展的速度和水平的要求也各不相同。"九五"初期,如浙江、江苏两省,每年大中型拖拉机需求总量达到3 000~5 000台,达到一定的保有量后需求减少。"十五"期间,山东、河北、河南有了新的进展,从1996年起已连续几年每年的需求量三省总计为 1.5 万台，但 2005—2006 年出现了下滑势头。同时国家对农机化程度较高的地区，如东北三省、内蒙古、华东等地采取更新补贴的政策，推进了农机的及时更新，补贴力度越大，更新越快，数量也越多。

7. 金融环境和信贷政策对农机购买的影响　各地区的金融环境、信贷政策以及企业所采取的灵活的利息补贴营销策略对农机销售和农民的购买力都有直接的影响。

四、农机经营预测的作用和内容

1. 农机经营预测的作用　经营预测在企业的经营管理中占有重要的地位，其重要作用可用图 3-1 表示。

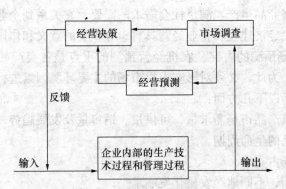

图 3-1　企业经营管理系统

图 3-1 所示的企业经营管理系统，包括输入—输出系统和信息反馈系统。前者包括资源、劳动力、管理指令等的输入，通过企业内部的生产技术过程和管理过程，将产品向企业外部输出；后者是企业与外部市场环境的联系，它反映的是企业经营管理效果。即通过准确、及时的市场信息反馈，借助预测，可为企业决策者提供正确决策的重要情报和科学依据，为建立企业和市场环境之间的平衡，为调整企业的经营目标和经营战略做出贡献。企业缺乏良好的信息反馈和在这个基础上的预测，对企业各项经营管理活动的控制就是主观的和盲目的，企业就不能很好地适应环境，从而影响企业的发展和取得良好的经济效益，严重时甚至会危及企业的生存。

农机市场预测对企业经营管理的重要作用可概括如下：

（1）农机市场预测是企业进行经营决策的重要依据。掌握农机市场需求变化和发展趋势，为农机企业进行经营决策和编制营销计划提供了重要依据；有助于正确决策,编制企业生产、供应计划,协调进、销、调、运、存各项经济活动,做到品种对路、库存适当、分布合理,充分及时地满足市场多方面需求,既不脱销,也不致造成产品积压。

(2) 市场预测有助于确定产品生命周期,进行技术储备,增强企业活力。通过市场预测能比较准确地确定不同产品所处的生命周期,并根据其生命特征,有针对性地采取有效的营销策略,开拓潜在市场,激励诱导需求,加快产品更新换代、推陈出新,适时选择投入市场的最佳时机。

(3) 经营预测有利于提高企业及其产品的竞争能力。注重市场预测,有助于正确估量市场各方面的竞争能力。特别在多种渠道并存的情况下尤为重要。促使企业扬长避短、提高质量,加强经营和技术服务,提高应变能力,创信誉、争名牌、求发展,不断提高市场占有率。

总之,市场预测是振兴经济,搞活经营,加强管理,提高效益的需要;是扩大流通、发展商品生产,满足社会需求的需要。它关系到企业的前途、生存和发展,对国民经济建设和企业经营具有十分重要的意义和作用。

2. 农机市场预测的内容 农机经营预测的重点是各类产品的需求量、可供量、销售量,为此,必须对影响农机市场的主要环境因素进行预测。按具体内容,一般包括以下几方面:

①各类农机产品市场需求量、可供量、销售量及发展趋势。
②农机产品的生命周期。
③农机市场占有率。
④不同时期、不同地区农机化发展水平。
⑤农机购买力水平及消费者的购买意向、需求等级变化。
⑥政策对市场的影响等。

预测要有明确的地域范围,如全国、省、市、自治区、地、县;要有明确的时间范围,如 2009 年、2010 年,某年某季度等。一年以内的短期预测以现实需求为主,适当考虑潜在需求的开拓程度;中、长期预测要着重考虑需求的发展变化,对潜在的需求,对诱导需求向现实需求的转化可能性应予以充分注意。

第二节 预测原理和方法

一、预测的概念

预测是根据事物过去和现在的实际资料,通过一定的科学方法和逻辑推理，对事物未来发展局势做出的预计与推测，定性或定量地估计事物发展的规律，并对这种估计加以评价，进而指导和调节人们的行动，以减少对未来事件的不肯定性，预测的方法和手段总称为预测技术。

预测是由预测者、预测对象、预测资料、预测方法和预测的目的等要素构成。预测者是预测的主体，可以是个人，也可以是集体；预测对象是预测的客体，它可以是社会现象、科学技术发展水平和农业问题等；预测资料是预测的科学依据；预测方法是预测的手段；预测的目的是预测事物的未来。因此，预测将要对事物的过去和现在进行调查研究，从而获取实际资料，为预测提供科学的依据，利用预测方法，对预测对象未来发展的趋势做出预计和推测，并对预测结果进行分析和评价，修正预测误差，进而达到预测的目的。

二、预测的分类

（一）按性质分类

1. 定性预测　定性预测是指依靠人的直观判断能力，对预测对象未来的趋势和性质进行直观判断的方法。这种方法主要是对预测对象未来状况的性质作预测。进行定性预测时，主要是通过对历史资料的分析和对未来条件的研究，凭借预测者的主观经验和逻辑推理能力，对事物未来表现的性质进行推测和判断。常用方法有历史分析法、调查法、德尔菲法（亦称专家法）、类推法、主观概率法、集思广益法等。

2. 定量预测　定量预测是指用数学模型对预测对象未来状况进行定量描述的方法。如预测某年拖拉机的拥有量、农用动力数等。预测者利用历史和当前的数据，运用数学方法或其他分析技术，建立可以表现数量关系的模型，并利用它来计算预测对象在未来可能表现的数量。常用方法有时间序列法、回归法、马尔可夫转移概率矩阵法、投入产出法、经济计量学方法等。

3. 定时预测　主要是对未来新技术出现的时间进行预测。例如农机新产品的出现时间、生物技术可能出现的重大突破等。采用的方法可用专家调查法、类比法和生长曲线法等。

（二）按预测期限分类

企业经营预测期限的长短，完全取决于经营目标的确定。就企业经营而言，预测期限越长、范围越广、则预测内容越粗、难度越大、精度越低。短期预测是服从于企业在年内的生产和经营计划的，内容较细，具有较强实施性，也属于实战性预测。按预测期限可分为以下几类：

1. 短期预测　一般来说，预测期限在一年内称短期预测。如预测当年的农作物产量、农业生产资料的需求量等。这种预测涉及当年工作安排，要求有较高准确度，大多属于定量预测。

2. 中期预测　一年至五年的预测称中期预测，主要是为中期决策服务的。它的准确度比短期预测要求低，属定量与定性相结合，以定量为主的预测。

3. 长期预测　五年以上的预测称长期预测，这类预测主要是为制定长远发展规划或战略发展规划服务的。如对 2015 年玉米联合收割机需求的前景研究等。这类预测要求采用定性与定量相结合的方法。

(三) 按限制条件分类

1. 条件预测　是指在某些限制条件下预测对象的发展状况。这类预测实际上是为决策者提供的多种选择方案，均附加了某些限制条件。按各种不同方案实施时各自产生的历年效益就属于条件预测。

2. 无条件预测　是与条件预测相对而言的。它是在不考虑决策条件或决策方案对预测对象发展的影响时所进行的预测。如农业上对某种农作物品种推广种植的"生命周期"的预测，即对该品种从试种、推广、直到被淘汰所经历时间长短的预测。而作物品种生命周期的长短基本上不受具体种植单位决策的影响。

(四) 按目标限制分类

1. 规范性预测　预先确定某一事物的发展目标，并作为事物的规范。例如，到 2010 年我国粮食产量和农村经济社会总产值可能达到的水平等。这些目标能否实现？实现这些目标应采取哪些措施？应做出哪些决策？对上述各问题进行预测即为规范性预测。目前各地、县进行的"2010 年经济、社会和科技发展规划"中的预测多属于规范性预测。

2. 探索性预测　是对未来发展的可能前景进行预测。规范性预测和探索性预测的主要区别是前者是从需求出发预测实现的可能性，而后者则是根据客观实际发展的规律预测未来的前景。

在选择使用哪种预测方法时，应从预测对象和预测技术本身的特点出发，并要权衡所需费用和结果的应用价值。在面对具体对象时，还应该考虑以下问题：

①所要预测的对象，是处于其自身历史情况的继续，还是基本情况发生变化的转折点。

②预测精度与所需费用正相关，在达到相同精度的情况下，要尽可能选择

简便、费用较低的方法。

③要考虑历史资料的多少和收集资料所需的费用,通常应从所需资料不多的方法入手。

④必须考虑预测允许的时间,在选择预测方法时,一定要注意事情的紧急性和收集资料的时间规定。

三、预测的特点和原理

(一) 预测的基本特点

1. 科学性　预测是根据过去的统计资料和经验,通过一定的程序、方法和模型,取得事物诸因素之间相互联系的信息,从而对未来事物发展的趋势做出判断。这样,基本上反映了事物发展的规律性,所以预测具有科学性。

2. 近似性　预测是对未来事件的估量和推测,走在事物发展之前,预测的结果总会与将来事物发生的实际情况存在一定的偏差。预测的数值,同未来事物发生的数值不可能完全一致,仅仅是一个近似值,所以预测具有近似性。

3. 局限性　预测对象的许多因素,往往受到外部各种因素的影响,带有随机性;加上人们对未来事物的认识总有一定的局限性,或者由于掌握的资料不准确、不全面;或者对复杂因素事件进行预测时,为了建立模型而简化了一些因素和条件,使得预测结果往往不能表达事物发展的全体。因此,预测具有一定的局限性。

(二) 预测的基本原理

预测的原理就是关于人们为什么能够运用各种方法来对事物进行预测的道理。它是科学认识预测以及各种预测方法的基础。有关预测的原理可以表述如下。

1. 可测性原理　从理论上说,世界上一切事物的运动、变化都是有规律的,因而是可预测的。人类不但可以认识预测对象的过去和现在,而且可以通过它的过去和现在推知其未来。这里的关键是要掌握事物发展的客观规律,注意事物发展全过程的统一,即过去、现在和未来的统一,它是一条最根本的原理。

2. 连续性原理　预测对象的发展总是呈现出随时间的推移而变化的趋势,这就是预测的连续性原理。它是利用时间序列方法进行预测的理论基础,但连续性原理不适合于个人因素起很大作用的场合。例如,某种农产品的价格,可能会因决策者的主观意志而大幅度的提升或下降,这时若用基于连续性原理的时间序列方法来预测，就会造成预测严重失真。

3. 类推性原理　世界上的事物都有类似之处，可以根据已出现的某一事物的变化规律来预测即将出现的类似事物的变化规律。在类推性预测中，要注意避免"一叶障目，不见其它"的错误倾向。

4. 反馈性原理　反馈是控制论的一个重要概念，就是由控制系统把信息输送出去，又把其作用结果返送回来，并对信息的再输出产生影响，起到控制系统运转的作用，以达到预期的目的。预测未来的目的在于指导当前，但为了更好地指导生产，就必须及时搜集信息的变化，并适时修订决策。只有这样，才能保证系统运转的顺利进行，提高其经济效益。

5. 系统性原理　系统是由相互关联的子系统构成。农机作为一个独立的系统，它是由人、财、物、环境等要素所组成。同时农机这个独立的系统又是农业系统的一个子系统，农业系统又是社会大系统中的一个子系统。要使农机经营达到最佳目标，就必须协调好农机子系统与农业系统及社会大系统的关系。缺乏系统观点的预测，必将导致决策顾此失彼。

四、预测的原则

要进行全面而有效的经营预测，必须遵循如下原则：

1. 实事求是的原则　预测或经营预测都应该科学地反映经营环境变化的规律，一切资料以事实为根据，尽可能全面地映射客观事物本身。为此，预测之前必须深入调查或实验，并进行细致的分析和运算，取得真实可靠的第一手资料。

2. 同构原则　又称相关性或系统性原则。预测正是以反映客观事物自身的规律为根本出发点。纵观客观世界，任何事物都是一个有机系统，且系统内各元素之间、系统与外部环境之间又都存在着较强的相关性，互相依赖、互相影响、互相制约。因此在设计预测模式时，就要充分考虑被预测对象的同构特点，对影响因素进行分类，找出彼此关键性的联系，采取相应的约束手段和调控办法，以提高预测的精度。

3. 连续与类推的原则　这一原则要在预测时把同一事物发展变化的时间关系与不同类事物之间的相似特性综合考虑。在搜集预测资料时既要注重同一事物在不同时间内的连续发展特征，又要考虑与之相联系的两类事物之间在某些变化内容上的相似特点，加以全面的分析与研究，避免走弯路，从中归纳出详实的数据，以服务于预测计算和推断。

4. 定性分析与定量分析相结合的原则　经营预测涉及因素较多，因此欲使各项预测准确，就要对预测数据进行分析处理。由于人们对数据和经营经验认识的深度不一，有些资料可以全部依靠对数据的处理结果，但有些资料在进行数字计算处理时，还必须参考历史积累的经验，即所谓的经验性数据，所以就涉及定性分析与定量分析的结合问题。这一原则既可用于预测之中，也可用于预测之后的结果评价上。

五、预测的基本步骤

在预测研究中，由于预测对象、预测范围、预测时间区间、预测精度和预测方法的不同，具体的预测过程细节不可能完全相同。但一般都经历以下几个步骤：

1. 确定预测目标　明确需要预测的对象，规定通过预测希望达到的目标。预测的目标是根据决策的要求提出的。例如，当决策只需要知道产品销售发展趋势时，只要能够预测出销售量是增加、减少或不变就行了；而当决策要了解产品销售量能达到什么水平时，则需要对销售量的增加或减少的具体数值进行预测。因此，当对一个事物的发展变化进行预测时，首先要了解决策的要求，并据此确定属于哪类预测和应满足的标准等。

2. 收集原始资料和数据　根据已确定的预测目标，在调查研究的基础上，尽可能全面地收集与预测目标有关的各因素的原始资料、数据。数据资料应包括历史资料和当前的信息，并对收集到的资料进行认真地分析、整理和选择。资料信息是进行预测的基本依据和成功的保证。因此，资料信息要力争做到全面、及时、准确，同时，对资料、数据的分析和整理是十分重要的。收集资料的主要方法是进行社会调查、市场调查、家庭调查和企业调查。预测资料的来源主要有：国家政府部门的计划与统计资料；本系统（公司、企业）的计划、统计和活动资料；国外技术经济情报资料；物资及商业部门市场统计数据资料；各研究单位、学术团体研究成果、刊物资料等。

3. 选择预测方法　预测方法的种类很多，各种方法都有其特点和适用范围。选择哪种方法应结合预测的目的和要求、预测对象本身的特点和占有资料的情况而定。在一项预测中，一般都可以用多种预测方法求得预测结果，但由于人力、物力、财力、时间等条件的限制，不可能也不需要将每种可用的方法都试一下，往往只需选择其中的一种或几种就可达到目的。实际工作中，主要是根据决策和计划工作对预测结果的要求，结合开展预测工作的条件和环境，本着经济、方便、效果好的原则，合理选择预测方法。

4. 建立预测模型　预测模型是对预测对象发展变化规律的近似模拟。因此，应在资料收集齐全、处理以及选定预测方法的基础上，科学地确定或建立可用于预测的模型。建立预测模型时既要考虑主要因素的影响，又要考虑其他因素的影响，特别是限制因素的影响。

5. 评价模型　由于模型是利用历史资料得出的，它反映的是客观事物发展的历史规律。因此，根据收集到的有关未来情况的资料，对得到的预测模型加以分析和研究，评价其是否能够应用于对未来实际的预测。如果认为事物在未来的发展中将不再遵循预测模型所反映出的规律性，即预测模型不再适用于未来情况，则应舍弃该模型，重新建立可用于进行未来预测的模型。只有认为该模型适用于预测未来的实际，才能利用它去进行预测。

6. 利用模型进行预测　根据搜集的历史资料，利用经过评价所确定的预测模型，就可以计算或推测出预测对象的未来结果。这种计算和推测实际是在假设过去和现在的规律能够延续到未来的条件下进行的，也就是说，预测对象在预测期间内的发展变化不会发生大的异常。

7. 分析预测结果　得出预测结果后，要采用一定的检验方法对其进行评价。利用预测模型得到的预测结果有时并不一定与事物发展的实际结果完全相符。这是由于建立的模型是对实际情况的近似模拟，有的模型模拟效果可能好些，而有的模拟效果则可能差些。同时，在计算和推测过程中也难免会产生误差，再加上预测是在一定的假设条件下进行，所以，预测结果与实际情况难免会有较大的偏差。因此得到预测结果后，都应对其加以分析和评价。通常的办法是根据常识和经验去检查、判断预测结果是否合理，与实际可能结果之间是否存在较大的偏差，未来条件的变化对实际结果产生多大的影响，预测结果是否可信，等等。此外，在条件允许的情况下，可以采用多种方法，将各种预测结果相互比较或征询专家意见，确保预测结果的准确性。

8. 实施与应用　预测的结果是提供给有关决策部门应用的依据。因此，应注意系统运行的信息监测与反馈，及时修正原来的预测结果。同时，从积累的预测误差中寻找预测系统的校正量，用以修正模型，改进预测方法，为今后进行的类似预测研究提供依据。

预测过程是一个搜集资料、选择技术和综合分析相结合的过程。资料是基础和出发点，预测技术的应用是核心，分析则贯穿了预测的全过程。可以说没有分析，就不成其为预测。

第三节　定性预测技术

利用直观材料，依靠预测人员的经验、判断能力和综合分析能力，对事物未来的发展趋势、性质和特点，可能估计到的发展程度和规模及其实现概率进行研究分析的预测方法与手段，统称之为定性预测技术。定性预测技术特别适用于统计数据、原始资料缺乏的场合，需要对很多因素做出判断的场合，以及经济发展过程是和工业企业活动中那些人的主观因素起主要作用的场合。定性预测理论经过不断地演化，已形成了多种方法，本节主要介绍专家意见法、德尔菲法、主观概率法等几种常用定性预测方法。

一、专家意见法

专家意见法是以专家为索取信息的对象，是专家运用自己的知识和经验，直观地对过去和现在发生的过程进行分析综合，从中找出规律，并对发展远景做出判断，然后对专家的意见进行整理、归纳，得出预测结果。专家意见法包括专家个人判断法和专家会议法两种。

1. 专家个人判断法 专家个人判断法是企业有关的经营管理专家凭个人的自觉经验，对企业的经营问题进行预测。

专家个人判断法的主要优点是可以最大限度地利用个人的创造力，不受外界影响，没有心理压力。但是，由于仅仅依靠个人的判断，容易受到专家知识面、知识深度、各人所占有的资料以及对所预测的问题是否有兴趣等影响，因此，也就难免带有片面性。

2. 专家会议法 专家会议法也叫集体判断法，它是由预测主管人员召集与预测对象有关的各方面专家的会议，专家们畅抒所见，充分讨论，找出问题的中心焦点，做出比较完整的预测结论。

专家会议法有助于交换意见，相互启发，集思广益，弥补个人不足，通过内外反馈把思想集中于战略目标，为重大决策提出预测。在企业进行重大经营预测时，专家会议法是被经常采用的一种重要预测方法。但是，专家会议法也有严重缺陷，主要表现在易受心理影响，如屈服于权威和大多数人的意见，预测趋势往往受外界的形势左右等。

二、德尔菲法

德尔菲法是运用系统的调查程序，采用匿名的形式征询专家意见。请一些事先物色好的专家分别在各自独立的条件下回答一系列问题，从中归纳出预测结果。

(一) 德尔菲法的特点

1. 匿名性 德尔菲法是通过分别向专家发调查表的方式征询专家意见。被调查的专家们互不见面,以"背靠背"的方式接受调查,故具有匿名性。

2. 收敛性 在反复调查的过程中,要求参加的预测者参照上一轮结果回答问题,以使专家们的意见逐渐集中。如果回答者与大多数人不一致,要详细说明理由,这样可以较快获得一致的意见。

3. 定量化 作定量处理是特尔菲法的一个重要特点。为了定量评价预测结果,采用统计方法对结果进行处理。

4. 反馈性 调查采用多轮调查方式进行。即在每一轮调查表收回后,由调查小组人员将各位专家提供的意见和资料进行综合、整理、归纳与分类后,再随同下一轮调查表一起发送给各位专家,通过意见的反馈来组织专家之间的信息交流和讨论。

(二) 德尔菲法的步骤

1. 准备工作 准备工作包括三方面的内容:一是建立调查小组,负责调查全过程的组织协调工作;二是围绕需要预测的问题拟定调查提纲和征询表格,并收集与调查提纲有关的详细资料;三是物色一组具有各种专门知识和经验,能为解决预测问题提供某些方面有较为深刻见解的专家。

2. 正式调查 一般经过三轮完成。

第一轮:将拟好的提纲、表格和有关信息资料以书面的方式提供给每位专家,让他们在各自独立的条件下,运用他们的知识和经验,按照社会需要,实现可能和时机选择,回答调查提纲的全部问题。

第二轮:将第一轮征询的意见和见解进行分类,整理出若干独立的或具有较大差异的见解(不提供专家姓名)。再将整理结果发给每位专家,进行第二次征询。让每一位专家进一步陈述或补充、修正自己的见解,以及还有哪些资料可以提供,并说明使用这些资料的方法。

第三轮:将分类、整理的第二轮征询结果,以及每一类见解专家人数所占的百分比(不能提供专家的姓名)信息发给每位专家,再次征询专家的见解及要求。

3. 确定预测结果 经过以上三轮的征询意见之后,如认为各种意见基本发表完毕,就可以由调查小组将最后一次征询结果的中间值作为预测结果。也可以进一步征求个别具有独特见解专家的意见,补充到预测结果中去,供企业经营决策参考。

上述德尔菲法的步骤可用图 3-2 表示。

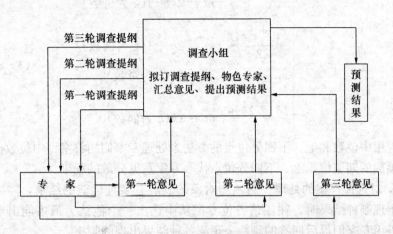

图 3-2　专家调查法应用程序图

（三）调查结果的处理方法

当专家们的意见不能趋于统一时，为了得出预测结果，需要对专家们的意见进行综合处理。由于对预测结果的要求不同，采用的处理方法有以下几种：

1. 对数量和时间答案的处理　当预测结果需要用数量或时间表示时，可采用中位数和上、下四分位点的方法来处理专家们的答案。为此，首先把专家们的最后回答按照从小到大的顺序排列。例如，有 m 个专家时，共有 m 个回答的数值 $x_i (i=1,2,\cdots,m)$，排列如下

$$x_1 \leqslant x_2 \leqslant x_3 \leqslant \cdots \leqslant x_{m-1} \leqslant x_m$$

其中位数是

$$\tilde{x} = \begin{cases} x_{k+1} & m = 2k+1 (k \text{ 为奇数}) \\ \dfrac{x_k + x_{k+1}}{2} & m = 2k (k \text{ 为偶数}) \end{cases} \tag{3-1}$$

上四分位点是

$$x_{上} = \begin{cases} x_{\frac{3k+3}{2}} & m = 2k+1 (k \text{ 为奇数}) \\ \dfrac{x_{\frac{3}{2}k+1} + x_{\frac{3}{2}k+2}}{2} & m = 2k+1 (k \text{ 为偶数}) \\ x_{\frac{3k+1}{2}} & m = 2k (k \text{ 为奇数}) \\ \dfrac{x_{\frac{3}{2}k} + x_{\frac{3}{2}k+1}}{2} & m = 2k (k \text{ 为偶数}) \end{cases} \tag{3-2}$$

下四分位点是

$$x_下 = \begin{cases} x_{\frac{k+1}{2}} & m = 2k+1(k \text{ 为奇数}) \\ \dfrac{x_{\frac{k}{2}} + x_{\frac{k}{2}+1}}{2} & m = 2k+1(k \text{ 为偶数}) \\ x_{\frac{k+1}{2}} & m = 2k(k \text{ 为奇数}) \\ \dfrac{x_{\frac{k}{2}} + x_{\frac{k}{2}+1}}{2} & m = 2k(k \text{ 为偶数}) \end{cases} \quad (3-3)$$

应用中位数和上、下四分位点的方法来处理专家们的答案。中位数代表专家们预测的期望值，上、下四分位点代表专家意见分散的程度。

2. 对选择答案的处理 当预测对象的发展有多种可能的结果，需要预测它会出现哪种结果时，往往请各位专家从中选出一个他认为最可能出现的结果。可用专家们最后回答的频率去预测各种结果出现的频率。

3. 对等级比较答案的处理 在利用专家调查法时，常常请专家对某些项目按其重要性进行排序，再采用评分法对应答结果进行处理。当要求对 n 项排序时，可给评分第一位的 n 分，第二位给 $n-1$ 分，……，第 n 位的 1 分。然后利用式 3-4 和式 3-5 计算出各个目标的重要程度。

$$S_j = \sum_{i=1}^{n} B_i N_i \quad j = 1, 2, \cdots, m \quad (3-4)$$

$$K_j = \frac{S_j}{M \sum_{i=1}^{n} B_i} \quad j = 1, 2, \cdots, m \quad (3-5)$$

式中：m——参加比较的目标个数；

S_j——第 j 个目标的总得分；

K_j——第 j 个目标的得分比重（$\sum_{j=1}^{m} K_j = 1$）；

n——要求排序的项目个数；

B_i——排在第 i 位的得分；

M——对该问题做出回答的人数；

N_i——赞同某一项目应排在第 i 位的人数（$\sum_{i=1}^{n} N_i = M$）。

4. 用记分法处理 这种方法是先规定事件可能的不同方案或不同结果的记分标准。由被调查的专家根据自己对可能性的预测，按标准打分，然后将各方案所得分数综合整理，即可得出预测结果。对分数整理常用的方法有以下几种：

(1) 平均法。就是求出各方案的平均得分值作为比较的依据。计算公式为

$$E_j = \frac{\sum_{i=1}^{m} X_{ij}}{m_j} \quad (3-6)$$

式中：E_j——方案 j 的平均分数值；

m_j——对方案 j 做预测（记分）的专家；

m——专家数；

X_{ij}——专家 i 对方案 j 的记分值。

这种方法的缺点是当对方案 j 只有少数人表态，而且记分值很高时，其平均得分也很高，这样实际上是听取了少数人的意见。为克服此缺点，可采用比重系数法。

(2) 比重系数法。就是求出各方案得分总数占全部方案总分的比重，作为各方案的比较依据，计算公式为

$$W_j = \frac{F_j \sum_{i=1}^{m} x_{ij}}{\sum_{j=1}^{n}(F_j \sum_{i=1}^{m} x_{ij})} \quad (3-7)$$

式中：W_j——方案 j 得分占全部方案总分比重；

F_j——积极性系数，表示专家对 j 方案的积极程度 $\left(\frac{m_j}{m}\right)$；

m_j——对方案 j 做出预测（记分）的专家数；

n——方案数；

m——专家数。

(3) 满分频率法。就是利用得到的满分频率作为各方案比较的依据，计算公式为

$$f_j = \frac{m'_j}{m_j} \quad (3-8)$$

式中：f_j——方案 j 的满分频率；

m'_j——方案 j 给满分的专家数；

m_j——对方案 j 做出预测（记分）的专家数。

(四) 运用德尔菲法应注意的问题

运用德尔菲法应注意以下几个问题：

①对专家调查法应做出充分说明。

②调查表格要简化，用词要确切。

③避免组合事件。
④调查小组的意见不要强加于调查表中。
⑤问题要集中。
⑥每次调查的时间间隔一般为1周或10天。
⑦专家人数不宜过少或过多,一般为20~50人为宜。

三、主观概率法

在利用专家的推测进行预测时,对于专家最佳推测实现的可能性,必须用主观概率法加以评定。主观概率法不同于客观概率法,客观概率法是统计分析的结果,主观概率法是建立在经验的基础上对未来某一事件可能出现的某种结果的置信程度,是某人对某一"试验"具体结果的个人看法的量度。主观概率法必须符合概率论的基本原理,即

$$0 \leqslant P(E_i) \leqslant 1$$
$$\sum_{i=1}^{n} P(E_i) = 1 \quad (3-9)$$

式中:E_i——"经验"的样本空间的某一事件;
n——这一组事件的数目;
$P(E_i)$——事件 E_i 的概率。

主观概率法能够更精确地反映个人对未来事件的直观判断及可信程度,其计算公式为

$$\bar{E} = \frac{\sum_{i=1}^{n} P(E_i)}{n} \quad (3-10)$$

式中:$\bar{E}$——事件预测概率的平均值;
$P(E_i)$——每一位专家预测的主观概率;
n——专家人数。

主观概率法通常与专家调查法或德尔菲法等配合使用,用以整理和综合各位专家的意见,用于未来事件发生的结果或成功的可能性预测。

第四节 定量预测技术

按照预测原理可将定量预测法分为时间序列预测法和因果预测法两类。时间序列预测法是根据预测变量历史数据的结构推断其未来值,而因果预测法则是利用预测变量与其他变量之间的因果关系进行预测。

一、时间序列预测法

将现象的指标值按时间先后顺序排列形成的数列,反映现象随时间变动的发展趋势,按观察到的变化趋势,确定未来现象的可能水平,称为时间序列预测法,也叫外推法。依时间变化的统计数据,可以分解成四种情况:

(1) 长期趋势变化。统计数据在依时间变化时,表现出一种倾向,它按某种规则稳步地增长或下降,或停留在某一水平上。

(2) 季节性的周期变化。即统计数据依一定周期规则性的变化,又称为商业循环。

(3) 循环变化。周期不固定的波动变化。

(4) 随机性变化。这种变化是由许多不可控制的原因所引起的,又称为残差变化。

使用时间序列预测法进行市场预测的步骤一般为:首先,搜集预测对象过去和现在的连续资料,经审核后绘制趋势图,确定变动趋势所属类型;其次,依据预测目的要求和预测对象变动类型,选择适合的预测方法;再次,进行预测运算,求出初步预测值;最后,对初步预测值进行性质和数量方面的差距分析,最终确定预测结果。常用的时间序列预测方法有直接平均法、移动平均法、指数平滑法和季节变动预测法等几种。

(一) 直接平均法

时间序列中各时间的指标值有多种表现形式,可以是水平量(总量),也可以是相差量、对比量、平均量。直接计算一定时期内各时间指标值的平均数,以此为基础确定未来预测值的方法为直接平均法。这种方法简便易行,不用建立复杂的预测模型和进行复杂的运算,在短期预测中常用。

1. 算术平均法 算术平均法适用于市场现象在各期变化不大,变动趋势呈水平直线状态、各观察值错落于某一直线上下的情况预测。该法主要对未来市场的水平量进行估计。根据计算平均数的要求不同,算术平均法又可分为简单算术平均法和加权算术平均法。

(1) 简单算术平均法。该方法就是用简单的时序平均值 $\bar{Y}$ 代替市场现象的预测值 $\hat{Y}$。设时间序列的各期观察值为 $Y_1, Y_2, \cdots, Y_t$,各期观察值的简单算术平均数 $\bar{Y}$ 的计算公式为

$$\bar{Y} = \frac{\sum_{t=1}^{n} Y_t}{n} \qquad (t = 1, 2, \cdots, n) \qquad (3-11)$$

该预测法十分简单,但是仅适用于只受个别偶然因素影响下出现轻微波动的市场现象预测。

(2) **加权算术平均法**。简单算术平均法的预测,将观察期的各期数据对预测值的影响等同看待,这不符合市场实际。实际情况是近期市场状态对预测值的影响要比远期大。据此,引入了加权算术平均法,赋予各期不同的权数 W_t,权数 W_t 可以用绝对数,也可以用相对数,表示不同期观察值对预测值的不同影响程度。时间序列的加权算术平均数 $\bar{Y}_1$ 的计算公式则为

$$\bar{Y}_1 = \frac{\sum_{t=1}^{n} W_t Y_t}{\sum_{t=1}^{n} W_t} \qquad (t = 1, 2, \cdots, n) \qquad (3-12)$$

2. 增长量平均法 时间序列中各期的近期增长量如果大体相等,则说明该市场现象的变动呈直线趋势上升或下降,即为线性增长趋势。若采用算术平均法预测此类现象,预测结果必然出现滞后性。趋势上升的,预测结果偏低;趋势下降的,预测结果偏高。用增量平均法可以纠正滞后偏差。

设时间序列各期水平为 $Y_1, Y_2, \cdots, Y_t$,从第二期起各期逐期增长量为 $\Delta Y_t (\Delta Y_t = Y_t - Y_{t-1})$,各期增量的平均值为 $\Delta \bar{Y}_t$,计算公式为

$$\Delta \bar{Y}_t = \frac{\sum_{t=2}^{n}[(Y_t - Y_{t-1}) + (Y_{t-1} - Y_{t-2}) + \cdots + (Y_2 - Y_1)]}{n-1} = \frac{\sum_{t=2}^{n} \Delta Y}{n-1}$$

$$(3-13)$$

则预测模型为

$$\hat{Y}_{t+1} = Y_t + \Delta \bar{Y}_t \qquad (3-14)$$

3. 发展速度平均法 时间序列中各期(第1期除外)的环比发展速度如果接近,说明该市场现象呈指数曲线的变化趋势,可采用发展速度的平均法进行预测。发展速度的平均数多采用几何平均法计算,故此法也称几何平均法。设时间序列的各期发展水平为 $Y_1, Y_2, \cdots, Y_t$,观察期各期的环比发展速度 G_t 计算为

$$G_t = \frac{Y_t}{Y_{t-1}} \times 100\% \qquad (3-15)$$

观察期各期环比发展速度的平均数 $\bar{G}_t$ 计算为

$$\bar{G}_t = \sqrt[n-1]{G_2 \cdot G_3 \cdot \cdots \cdot G_n} = \sqrt[n-1]{\frac{Y_t}{Y_{t-1}} \cdot \frac{Y_{t-1}}{Y_{t-2}} \cdot \cdots \cdot \frac{Y_3}{Y_2} \cdot \frac{Y_2}{Y_1}} = \sqrt[n-1]{\frac{Y_t}{Y_1}}$$

$$(3-16)$$

近期的预测模型为

$$\hat{Y}_T = Y_t \cdot G_t^T \qquad (3-17)$$

其中，T 是 $T=0$ 起的预测期末期序号。

[**例 3-1**] 设某公司近几年销售产品数量资料如表 3-1 所示。试用发展速度平均法预测 2008—2010 年可能销售的产品数量。

表 3-1　某公司 2001—2007 年销售产品数量统计　　　　　单位：台

年份	销售数量 Y	环比发展速度 G_t
2001	4 820	—
2002	5 400	112.03
2003	6 030	111.67
2004	6 750	111.94
2005	7 570	112.15
2006	8 480	112.02
2007	9 490	111.91

解　首先，计算各期环比发展速度。如 2004 年为 $\frac{Y_{2004}}{Y_{2003}}=111.94\%$，以此类推。从表中可见各期环比发展速度比较接近，可用发展速度平均预测法。

其次，计算环比发展速度的几何平均数 $\bar{G}_t$

$$\bar{G}_t = \sqrt[n-1]{\frac{Y_t}{Y_1}} = \sqrt[6]{\frac{9\,490}{4\,820}} = 111.95\%$$

再次，建立预测模型

$$\hat{Y}_T = Y_t \cdot \bar{G}_t^T = 9\,490 \times 1.119\,5^T$$

最后，进行预测。2008—2010 年的 T 分别为 1，2，3。预测值为

$\hat{Y}_{2008年}$：$9\,490 \times 1.119\,5^1 = 10\,624$（台）

$\hat{Y}_{2009年}$：$9\,490 \times 1.119\,5^2 = 11\,894$（台）

$\hat{Y}_{2010年}$：$9\,490 \times 1.119\,5^3 = 13\,315$（台）

（二）移动平均法

1. 移动平均数计算和意义　时间序列由 n 期观察值 Y_n，Y_{n-1}，…，Y_2，Y_1 组成。对连续 N 期（$N<n$）的观察值进行算术平均，可得其平均数 M_t，称 M_t 为移动平均数。由于 $N<n$，故一个时间序列有若干移动平均数，即

$$M_n = \frac{1}{N}(Y_n + Y_{n-1} + \cdots + Y_{n-N+1})$$

$$\vdots$$

$$M_t = \frac{1}{N}(Y_t + Y_{t-1} + \cdots + Y_{t-N+1})$$

$$\vdots$$

$$M_{n-N+1} = \frac{1}{N}(Y_N + Y_{N-1} + \cdots + Y_1) \quad (3-18)$$

移动平均数再按时间先后排列，形成新的时间序列，亦称移动平均数序列。移动平均数能较好地消除原序列中季节变动和不规则变动出现的高点和低点，有修匀数列的作用。所以移动平均数序列能反映市场现象的较长时间变化趋势，在市场预测中广泛应用。

计算移动平均数，要合理确定连续期 N 的大小。N 值大，修匀效果好，但会降低平均数序列对原时间序列反应的灵敏程度，当 N 接近于 n 的数值时，移动平均数项数大幅度减少，仅有 $n-N+1$ 项，很难反映现象变动趋势。N 值小，灵敏度提高，但修匀效果降低。一般说，当原时间序列波动频繁且幅度较大时，N 宜选大；反之则宜选小。要消除季节波动影响，N 应选一周年的时间数。

2. 一次移动平均法 也称简单移动平均法，一般只适用于没有明显的升降趋势和循环变动的时间序列，否则会出现预测值的滞后偏差。一次移动平均法之所以简单，是因为它用移动平均值 M_t 取代预测值 $\hat{Y}_{t+1}$。预测模型为

$$\hat{Y}_{t+1} = M_t \quad (3-19)$$

一次平均法表面上看与简单算术平均法的意义相同，其实不然。因为它有一系列平均值，能显示出市场现象的长期趋势。

[例 3-2] 某市 1997—2007 年的人均粮食需求量资料如表 3-2 所示，试用一次移动平均法预测 2008 年的人均粮食需求量。

表 3-2　某市 1997—2007 年的人均粮食需求量

单位：kg

年份	粮食需求量 Y_t	移动平均数 $N=3$	移动平均数 $N=5$
1997	206	—	—
1998	214	—	—
1999	208	209.33	—
2001	220	214.00	—
2002	230	219.33	215.6

(续)

年份	粮食需求量 Y_t	移动平均数 $N=3$	移动平均数 $N=5$
2003	212	220.67	216.8
2004	202	214.67	214.4
2005	210	208.00	214.8
2006	218	210.00	214.4
2007	206	211.33	209.6

解 从表中资料可见,该市人均粮食需求量在 10 年中变动幅度最大的为 $(230-206)\div206$,即 11.7%,标准差系列仅为 3.7%,升降趋势不明显,可用一次移动平均法预测。分别取 $N=3$ 和 $N=5$,计算一次移动平均数,如表 3-2 所示。

据公式(3-17)的模型预测:

当 $N=3$ 时,2007 年人均粮食需求为 211.33 kg;

当 $N=5$ 时,2007 年人均粮食需求为 209.6 kg。

应该取哪项预测值为好?如果各个预测值悬殊,则可计算各个移动平均数序列的标准差,选取标准差较小的对应预测值。标准差 σ 的计算公式

$$\sigma = \frac{1}{n-N} \sqrt{\sum_{t=N+1}^{n}(Y_t - \hat{Y}_t)^2} \qquad (3-20)$$

$N=3$ 时 $\quad \sigma = \frac{1}{7}\sqrt{909.96} = 4.31 \text{ (kg)}$

$N=5$ 时 $\quad \sigma = \frac{1}{5}\sqrt{332.16} = 3.65 \text{ (kg)}$

经比较,预测值取 $N=5$ 的 209.6 kg 为好。

3. 加权移动平均法 时间序列长期无增减变动是少见的,如果存在变化不大的趋势或循环的周期波动,仍可应用一次移动平均法预测。但是不宜用简单的算术平均法移动,而应采用加权移动平均法。即依据近期的现象指标值对未来影响大于远期的道理,将计算移动平均数的各期观察值,赋予不同权数 W_t,一般是 $W_N > W_{N-1} > \cdots > W_2 > W_1$,加权的移动平均数 M_{tW} 计算公式为

$$M_{tW} = \frac{W_1 Y_1 + W_2 Y_2 + \cdots + W_N Y_{t-N+1}}{W_1 + W_2 + \cdots + W_N} \qquad (3-21)$$

预测模型为 $\qquad\qquad\qquad \hat{Y}_{t+1} = M_{tW} \qquad\qquad (3-22)$

4. 二次移动平均法 二次移动平均法适用于存在明显的线性上升或下降的时间序列。它在一次移动平均的基础上,对新产生的一次移动平均序列,再作移动平均,以修正滞后偏差。二次移动平均法要依据两次移动平均资料,建

立线性趋势预测模型进行预测。具体步骤如下：

①据时间序列资料判断是否存在线性趋势特征，如存在，则对观察值做一次移动平均，平均数为 $M_t^{(1)}$，方法同前述。

②对一次移动平均后的新序列 $\{M_t^{(1)}\}$，再作移动平均。二次移动平均数 $M_t^{(2)}$ 的计算公式为

$$M_t^{(2)} = \frac{M_t^{(1)} + M_{t-1}^{(1)} + \cdots + M_{t-N+1}^{(1)}}{N} \quad (3-23)$$

一次、二次的移动平均期数 N 亦称移动步长，一般取相同的长度。为简便，计算平均数时可采用以下方法

$$M_t^{(1)} = \frac{Y_t - Y_{t-N}}{N} + M_{t-1}^{(1)} \quad (3-24)$$

$$M_t^{(2)} = \frac{M_t^{(1)} - M_{t-N}^{(1)}}{N} + M_{t-1}^{(2)} \quad (3-25)$$

③求解简单线性方程参数。二次移动平均数不能直接替代预测值，需要建立直线预测模型，求解方程参数。

预测模型 $\quad\quad\quad\quad \hat{Y}_{t+T} = a_t + b_t T \quad\quad\quad\quad (3-26)$

参数确定 $\quad\quad\quad\quad a_t = 2M_t^{(1)} - M_t^{(2)}$

$$b_t = \frac{2}{N-1}(M_t^{(1)} - M_t^{(2)}) \quad (3-27)$$

式中：T——时间序列末期后的期数；

a_t——当前数据水平量，亦称线性截距；

b_t——单位周期变化量，亦称线性趋势斜率。

④代入变量，求解预测值 $\hat{Y}_{t+T}$。

如时间序列呈曲线变动趋势，可用三次移动平均法，本节从略。

[例 3-3] 某县农机公司某种农业机械 1997—2005 年的销售额如表 3-3 所示，试用二次移动平均法预测 2006 年及后两年的销售额。

表 3-3 某县农机公司 1997—2005 年的销售额

单位：万元

年份	工商税金 Y_t	一次移动平均值 $M_t^{(1)}$	二次移动平均值 $M_t^{(2)}$
1997	820	—	—
1998	950	—	—
1999	1 140	970.00	—
2000	1 380	1 156.67	—

(续)

年份	工商税金 Y_t	一次移动平均值 $M_t^{(1)}$	二次移动平均值 $M_t^{(2)}$
2001	1 510	1 343.33	1 156.67
2002	1 740	1 543.33	1 343.78
2003	1 920	1 723.33	1 536.66
2004	2 130	1 930.33	1 732.22
2005	2 410	2 153.33	1 935.55

解 从销售额的观察值判断，该时间序列呈近似直线上升趋势，可用二次移动平均法预测。为了提高灵敏度，N 取 3。

根据公式（3-18）和公式（3-23）计算一次移动平均值、二次移动平均值，如表 3-3 所示。

参数 a_t、b_t 计算如下

$$a_t = 2M_t^{(1)} - M_t^{(2)} = 2 \times 2153.33 - 1935.555 = 2371.11$$

$$b_t = \frac{2}{N-1}(M_t^{(1)} - M_t^{(2)}) = \frac{2}{3-1}(2153.33 - 1935.55) = 217.78$$

2006—2008 年的 T 值分别取 1、2 和 3，带入 $\hat{Y}_{t+T} = a_t + b_t T$ 模型，则预测公式为

$$\hat{Y}_t = 2371.11 + 217.28\,T$$

由此计算的 2006 年及后两年的销售额为

$$\hat{Y}_{2006} = 2371.11 + 217.28 \times 1 = 2588.39 \text{（万元）}$$

$$\hat{Y}_{2007} = 2371.11 + 217.28 \times 2 = 2805.67 \text{（万元）}$$

$$\hat{Y}_{2008} = 2371.11 + 217.28 \times 3 = 3022.95 \text{（万元）}$$

（三）指数平滑法

移动平均预测法明显存在两个问题：一是计算移动平均预测值，需要有近期 N 个以上的数据资料；二是计算未来预测值没有利用全部历史资料，只考虑 N 期资料便做出推测，N 期以前数据对预测值不产生任何影响。1959 年美国学者布朗在《库存管理的统计预测》中提出了指数平滑预测方法，有助于克服上述缺点，并且计算简便，成为常用的市场预测方法。指数平滑法按平滑次数不同，分为一次、二次和三次指数平滑法，本书只介绍一次和二次指数平滑法。

1. 一次指数平滑法 适用于时间序列水平变动状态的短期预测，指数平滑值的计算采用加权平均法，基本形式为

$$S_t^{(1)} = \alpha Y_t + (1-\alpha) S_{t-1}^{(1)} \qquad (3-28)$$

式中：$S_t^{(1)}$——本期一次指数平滑值；

$S_{t-1}^{(1)}$——上期一次指数平滑值；

Y_t——本期观察值，亦即本期实际值；

α——平滑系数，亦即平滑的加权数（$0 \leqslant \alpha \leqslant 1$），由预测者自定 α 值。

一次指数平滑法适用于市场观察呈水平变动（无明显升降趋势）情况下的预测，它以本期指数平滑值作为下期的预测值，预测模型为

$$\hat{Y}_{t+1} = S_t^{(1)}$$

亦即
$$\hat{Y}_{t+1} = \alpha Y_t + (1-\alpha) \hat{Y}_t \qquad (3-29)$$

在应用一次指数平滑法进行预测时应注意以下问题：

①初始值的确定。当时间序列期数在 20 个以上时，初始值对预测结果影响很小，可用第一期观察值代替，即 $S_0^{(1)} = Y_1$；当时间序列期数在 20 个以下时，初始值对预测结果有一定影响，可用第一、二期的平均值代替，即 $S_t^{(1)} = \frac{1}{2}(Y_1 + Y_2)$。

②平滑系数的选定。平滑系数 α 的值在 0 和 1 之间，由预测者自定，α 的大小对平滑值的大小影响很大。当 $\alpha=0$ 时，平滑值等于原先时期预测值，远、近期不变；当 $\alpha=1$ 时，平滑值等于本期实际观察值，一次平滑预测的未来值总是初始期实际值。α 取大值，对时间序列观察值的修正幅度小，系数 $(1-\alpha)^t$ 的趋小快，原预测值对指数平滑值影响偏小。α 取值小，对各期观察值变动的修正幅度大，系数 $(1-\alpha)^t$ 趋小慢，前期预测值对后期预测值影响大。预测要求缩小误差，平滑系数 α 选多大为好，可根据时间序列各期实际值与预测值的误差大小判定抉择。一般情况下：观察值呈较稳定水平发展，α 取 0.1~0.3；观察值波动较大时，α 取 0.3~0.5；观察值波动很大时，α 取 0.5~0.8。也可以用不同的平滑系数分别计算指数平滑值，然后比较其误差大小，以此选定 α 值。无论如何，α 值都要对预测对象的变化特征、影响因素、变动规律做出定性分析判断后确定，以减少误差。

③实际预测时，用 Y_1 或 $(Y_1+Y_2) \div 2$ 取代 $S_0^{(1)}$，属于近似值，为了减少 Y_1 与 $S_0^{(1)}$（即 $\hat{Y}_1$）的误差影响，观察值宜取多项，至少在 10 项以上为妥。

2. 二次指数平滑法　对于有明显上升或下降趋势的时间序列，或进行中长期预测，则应该使用二次指数平滑法。二次指数平滑法是在一次指数平滑法基础上，对一次指数平滑值序列再作一次指数平滑处理，利用两次指数平滑值建立直线趋势预测模型，然后进行市场现象预测。二次指数平滑值计算公式为

$$S_t^{(2)} = \alpha S_t^{(1)} + (1-\alpha) S_{t-1}^{(1)} \qquad (3-30)$$

式中：$S_t^{(2)}$——二次指数平滑值；

α，$S_{t-1}^{(1)}$——含义同一次平滑公式。

二次指数平滑法的预测模型为

$$\hat{Y}_{t+T} = a_t + b_t T \qquad (3-31)$$

式中：$\hat{Y}_{t+T}$——$(t+T)$期预测值；

T——观察期 t 之后的时期序号；

a_t，b_t——t 时期点上截距与斜率。该参数的计算公式为

$$a_t = 2S_t^{(1)} - S_t^{(2)}$$

$$b_t = \frac{\alpha}{1-\alpha}(S_t^{(1)} - S_t^{(2)}) \qquad (3-32)$$

(四) 季节变动预测法

市场商品的供应与需求有的呈季节性变化。在农业生产和农机销售活动中，都有季节性的波动起伏。掌握供需的季节变动规律，预测市场的需求，是生产经营活动中十分必要的事情。季节变动是经济现象一年之中的周期变动，并且多年的季节变动又呈现出一定的规律性。预测市场现象未来各季或各月变动状况，需要以季节变动规律结合变动趋势来确定。市场现象按年度资料排列的时间序列，有升降趋势和水平趋势，故季节变动预测法也分为季节指数趋势法和季节指数水平法两种。

1. 季节指数水平法 存在季节波动的市场现象，如果各年同季、同月水平波动不大，可用此法进行预测。季节指数水平法的预测步骤一般为：

①收集 3 年以上各年的月或季资料 Y_t，形成时间序列。

②计算各年同季或同月的平均值 $\bar{Y}_t$，

$$\bar{Y}_i = \frac{\sum_{i=1}^{n} Y_i}{n} \qquad (3-33)$$

式中：Y_i——各年各月或同季观察值；

n——年数。

③计算所有年度所有季或月的平均值 $\bar{Y}_0$，

$$\bar{Y}_0 = \frac{\sum_{i=1}^{n} \bar{Y}_i}{n} \qquad (3-34)$$

式中：n——一年季数或月数。

④计算各季或各月的季节比率 f_i（即季节指数）

$$f_i = \frac{\overline{Y}_i}{\overline{Y}_0} \qquad (3-35)$$

⑤计算预测期趋势值 $\hat{X}_t$。趋势值是不考虑季节变动影响的市场预测期趋势估计值。其计算方法有多种：a. 以观察年的年均值除一年月数或季数；b. 观察年末年的年值乘预测年的年发展速度；c. 直接以观察年末年的年值除一年月数或季数。如果预测年数值变化不大，可用第三种方法。

⑥建立季节指数水平预测模型，进行预测。即

$$\hat{Y}_t = \hat{X}_t \cdot f_t \qquad (3-36)$$

2. 季节指数趋势法　市场现象的时间序列存在季节波动，但是各年水平或各年同月、同季水平呈上升或下降趋势，则不能采用指数水平法预测，应该用趋势法预测。季节指数趋势法预测的基本思路是将时间序列的长期线性趋势删除，然后分析其季节变化规律，接着是依据原序列的长期趋势特点，预测原时间序列的未来趋势值，最后按分析的季节变动指数调整趋势值，则为含有长期趋势、季节变动的现象预测值。应当明确原序列如包含有不规则变动因素，季节变动值和趋势值就不存在不规则的因素。

季节指数趋势法的预测步骤为：

①以一年的季度数（4）或一年的月数（12）为 N，对观察值的时间序列进行 N 项移动平均。由于 N 为偶数，应再对相邻两期移动的平均值再平均后对正，形成新序列 M_t，以此为长期趋势。

②将各期观察值除去同期移动均值为季节比率 $f_t(f_t = Y_t/M_t)$，以消除趋势。

③将各年同季或同月的季节比率平均，季节平均比率 F_i 消除不规则变动。i 表示季别或月份别。

④计算时间序列线性趋势预测值 $\hat{X}_t$，模型为：$\hat{X}_t = a + bt$。其中

$$b = \frac{M_{t2} - M_{t1}}{m} \qquad (3-37)$$

式中：M_{t2}——M_t 末项；

M_{t1}——M_t 首项；

m——M_t 的项数。

$$a = \frac{\sum_{t=1}^{n} Y_t - b \sum_{t=1}^{n} t}{n} \qquad (3-38)$$

⑤求季节指数趋势预测值 $\hat{Y}_t$，其预测模型为

$$\hat{Y}_t = \hat{X}_t \cdot F_i \qquad (3-39)$$

二、回归预测法

(一) 回归预测法的基本概念

1. 市场现象之间的数量依存关系 市场现象的各种依存关系通常可以表述为数量关系，在研究这些数量关系时，一般把被预测的市场现象称为因变量，把相应的影响因素称为自变量。

市场现象之间的数量依存关系可以分为函数关系和相关关系两类。函数关系是指现象之间客观存在的，在数量变化上按一定法则严格确定的相互依存关系，在这种关系中，自变量取每一数值，因变量必然有一个对应的确定数值，并可以用数学表达式表达出来。相关关系是指现象之间客观存在的，在数量变化上受随机因素影响的非确定性相互依存关系，在这种关系中，自变量取一数值时，因变量存在与它对应的数值，但这个数值是不确定的，无法直接用数学表达式表达。

2. 回归预测法的概念 实践中市场现象之间的依存关系存在函数关系的很少，更多地表现为相关关系。在判断市场现象存在的相关关系前提条件下，对它进行定量分析，建立回归方程，对市场现象进行预测的方法，即回归预测法。

在市场调查所得到的资料中，如果能找到影响市场预测对象的主要因素，并拥有足够的数量资料，一般都能够通过建立回归方程进行回归预测。

3. 回归预测的基本步骤 一般包含以下五个步骤：

(1) 判断变量之间是否存在相关关系及相关程度。分析判断变量之间是否存在相关关系，可以根据研究者的实践经验、专业知识做出定性判断，或通过绘制相关散点图，观察散点的分布状况和计算相关系数的方法来确定。同时，还需要判断变量之间的相关程度的高低，决定是否有必要进一步进行回归分析。

(2) 确定因变量和自变量。一般把市场预测的对象作为因变量，而因变量的发展变化往往受一个或多个自变量的影响，在选择、确定自变量时，必须选择与因变量存在较为密切相关关系的市场因素作为自变量。在多元回归预测中，还必须避免被选为自变量的各因素之间存在明显的数量关系。同时，还需注意到回归分析中的因变量与自变量不能互相倒置，回归方程变量的推算也不可逆。

(3) 建立回归方程。根据所收集到因变量和自变量资料，利用统计方法建立回归方程，用以表述市场现象之间的发展变化规律，并作为预测模型。

确定回归方程的回归系数是其中关键所在,如果对于因变量起决定性作用的因素只有一个,或者多个,但研究者只关心其中一个,则只需建立一元回归方程;如果对于因变量的影响因素多个,并且这些因素的影响作用各有侧重,研究者则根据需要建立多元回归方程。

(4)对回归方程进行检验。所建立的回归方程能否用于实际预测,还取决于对回归方程的检验和对预测误差的测定,回归方程只有通过了相应检验,且预测误差也在允许范围内,才能把回归方程作为预测模型进行预测。

(5)利用回归方程进行预测。利用回归方程可以对研究对象进行点预测和区间预测。点预测是以一个点的变量值表示市场预测对象的预测值,区间预测是以一定概率保证程度下,变量值可能变动区间表示市场预测对象的预测值可能存在的范围。点预测是区间预测的基础,但实践中更多是根据需要采用区间预测。

(二)一元线性回归预测法

一元回归预测法是由一个因变量和一个自变量拟合成一个一元回归方程,而后根据自变量代入方程去预测因变量的预测法。

1. 一元线性回归方程求解 一元线性回归预测方程的一般式为

$$y = a + bx \tag{3-40}$$

式中:y——因变量值;

x——自变量;

a, b——回归参数,分别表示是回归直线在 y 轴上的截距和回归直线的斜率。回归参数 a, b 的求解方程组为

$$\begin{cases} \sum_{i=1}^{n} y_i = na + b\sum_{i=1}^{n} x_i \\ \sum_{i=1}^{n} x_i y_i = a\sum_{i=1}^{n} x_i + b\sum_{i=1}^{n} x_i^2 \end{cases}$$

解方程得

$$\begin{cases} b = \dfrac{n\sum_{i=1}^{n} x_i y_i - \sum_{i=1}^{n} x_i \sum_{i=1}^{n} y_i}{n\sum_{i=1}^{n} x_i^2 - \left(\sum_{i=1}^{n} x_i\right)^2} \\ a = \bar{y} - b\bar{x} \end{cases} \tag{3-41}$$

其中

$$\bar{x} = \frac{1}{n}\sum_{i=1}^{n} x_i$$

$$\bar{y} = \frac{1}{n}\sum_{i=1}^{n} y_i \tag{3-42}$$

2. 相关性检验 相关性检验就是根据相关系数来判定 x 与 y 是否真的有近似的线性相关关系，从而确定预测模型是否合理。

相关系数计算公式为

$$r = \frac{n\sum_{i=1}^{n} x_i y_i - \sum_{i=1}^{n} x_i \sum_{i=1}^{n} y_i}{\sqrt{\left[n\sum_{i=1}^{n} x_i^2 - \left(\sum_{i=1}^{n} x_i\right)^2\right]\left[n\sum_{i=1}^{n} y_i^2 - \left(\sum_{i=1}^{n} y_i\right)^2\right]}} \tag{3-43}$$

查相关系数检验表，得 $r_{0.05}$ 值，当 $r > r_{0.05}$ 时，则说明回归方程是合理的。

3. 预测 以自变量值代入回归方程中直接预测因变量值。当 $x_0 = 1$ 时的因变量即为预测值。在点预测的基础上以一定的概率保证程度，预测因变量可能出现的区间范围。首先必须计算出估计标准误差，然后确定因变量的置信区间。在小样本条件下（观察期数据个数小于 30 时），预测值的置信区间必须引进一个校正系数。估计标准误差为

$$S = \sqrt{\frac{\sum (y - \hat{y})^2}{n - k}} \tag{3-44}$$

式中：S——估计标准误差；

n——观察期个数；

k——回归参数个数。

校正系数为

$$\sqrt{1 + \frac{1}{n} + \frac{(x_0 - \bar{x})^2}{\sum (x - \bar{x})^2}} \tag{3-45}$$

预测值的置信区间为

$$y_0 \pm tS\sqrt{1 + \frac{1}{n} + \frac{(x_0 - \bar{x})^2}{\sum (x - \bar{x})^2}} \tag{3-46}$$

其中，t 为置信度相应的 t 值。若以 95% 的置信度预测因变量 y 值，则显著性水平为 0.05，根据 $df = n - 2$ 可查表得 t 值。

（三）多元线性回归法

一元线性回归预测法是针对一个自变量对一个因变量的影响进行分析，但现实中市场现象往往是受到多方面因素影响。因此，在运用回归分析法对市场现象进行预测时，不能人为地只确定一个自变量进行研究，而应根据需要充分

考虑对该市场现象起主要影响作用的各因素，否则市场预测将会出现较大偏差。

对于某一具体市场现象起作用的有多种影响因素，但并不是每一影响因素都足以成为在数量上对因变量起相当作用的自变量，有些因素的影响作用较小，有些因素可能因无法量化而不能入选为回归分析的自变量，还有一些影响因素之间可能存在完全相关或高度相关的，不必同时入选为自变量，只得选其一即可。因此，在做多元回归市场预测分析时，必须在对影响因变量的诸多因素进行定性与定量分析的基础上，选择主要的、不可忽视的、可量化的影响因素作自变量，同时剔除自变量之间存在完全相关与高度相关的影响因素。

1. 多元线性回归方程的一般式为

$$y_t = a + b_1 x_1 + b_2 x_2 + \cdots + b_n x_n \qquad (3-47)$$

式中：y_t——第 n 个（期）因变量值；
$x_1, x_2, \cdots, x_n$——自变量；
$a, b_1, b_2, \cdots, b_n$——回归参数。

多元线性回归预测法分析步骤与一元线性回归预测法基本相同，需要通过建立回归方程、显著性检验、预测等步骤。

2. 二元线性回归预测法 二元线性回归预测法是根据两个自变量对一个因变量进行预测的方法。二元线性回归方程的一般式为

$$y_t = a + b_1 x_1 + b_2 x_2 \qquad (3-48)$$

根据最小平方法建立求解回归参数的标准方程为

$$\begin{cases} \sum y = na + b_1 \sum x_1 + b_2 \sum x_2 \\ \sum x_1 y = a \sum x_1 + b_1 \sum x_1^2 + b_2 \sum x_1 x_2 \\ \sum x_2 y = a \sum x_2 + b_1 \sum x_1 x_2 + b_2 \sum x_2^2 \end{cases} \qquad (3-49)$$

（四）非线性回归法

实践中许多市场变量之间的关系并非呈线性关系，而是呈各种各样的曲线关系。对于这种情况，运用回归预测法时通常首先把变量之间的曲线关系设法转变为线性关系，建立线性回归方程，然后逆向转变为曲线方程再进行市场预测。这种对非线性关系的市场变量建立回归方程进行市场预测的方法称非线性回归预测法。

1. 非线性回归模型线性化 非线性方程线性化方法有以下几种：

（1）指数曲线型。

$$y = ab^x \text{ 或 } y = ae^{bx} \qquad (3-50)$$

需要线性化时,方程两边同时取对数得

① $\lg y = \lg a + x \lg b$

令 $Y = \lg y$,$A = \lg a$,$B = \lg b$,则 $y = ab^x$ 可线性化为 $Y = A + Bx$

② $\lg y = \lg a + x b \lg e$

令 $Y = \lg y$,$A = a$,$B = b \lg e$,则 $y = ae^{bx}$ 可线性化为 $Y = A + Bx$

(2) 双曲线型。

$$y = a + b/x \tag{3-51}$$

令 $X = 1/x$,则 $y = a + b/x$ 可线性化为 $y = a + bX$

(3) 多项式型。

$$y = a_0 + a_1 x + a_2 x^2 + \cdots + a_n x^n \tag{3-52}$$

令 $x_1 = x$,$x_2 = x^2$,$x_3 = x^3$,$\cdots$,$x_n = x^n$,则原多项式方程可线性化为多元线性方程:$y = a_0 + a_1 x_1 + a_2 x_2 + \cdots + a_n x_n$

(4) 幂函数型。

$$y = ax^b \tag{3-53}$$

方程两边同时取对数得

$$\lg y = \lg a + b \lg x$$

令 $Y = \lg y$,$A = \lg a$,$X = \lg x$,则原方程可线性化为

$$Y = A + BX$$

(5) 对数曲线型。

$$y = a + b \lg x \tag{3-54}$$

令 $X = \lg x$,则原方程可线性化为

$$y = a + bX$$

第四章
经营战略

经营战略是企业面对激烈变化、严峻挑战的环境，为求得长期生存和不断发展而进行的总体性谋划。是企业的高层领导高瞻远瞩、深谋远虑，在复杂的环境中把握住企业未来的方向和命运的措施；也是企业战略思想、长远目标、经营方向的集中体现，同时又是制定规划（计划）的基础。

第一节 经营战略概述

"战略"一词原本是个军事术语，指"指导全局的谋划"。随着科学技术和社会经济的不断发展、客观环境的急剧变化以及市场竞争的日趋激烈，人们逐渐认识到要干一件大事，就必须使主观认识去适应客观环境的变化，特别要掌握未来的发展趋势，从而把"战略"一词由军事引入到了政治、经济、科学技术、企业经营管理等多学科领域。

经营是一种市场行为，经营者必须获得国家的批准，要在所在地的工商管理当局登记，获得经营执照。因此，一般意义上的经营指的是企业经营，经营战略是企业经营战略的简称。

一、经营战略的概念、特征及作用

1. 经营战略的概念 指为实现企业的经营目标，通过对外部环境和内部条件的全面估量和分析，从企业发展全局出发而做出的较长时期的总体性谋划和活动纲领。它涉及企业发展中带有全局性、长远性和根本性的问题，是企业经营思想、经营方针的集中表现，是确定规划、计划的基础。

2. 经营战略的作用 经营战略对企业经营活动和各项工作起着先导作用，具体表现在如下几个方面：

①制订经营战略可以对当前和长远发展的经营环境、经营方向和经营能力有一个正确的认识。全面了解自己的优势和劣势，机遇和挑战，利用机会，扬

长避短，求得生存和发展。

②有了经营战略，就有了发展总纲，有了奋斗目标，可以进行人力、物力、财力的优化配置，统一全体职工的思想，调动职工的积极性和创造性，实现企业生产经营战略目标。

③实行经营战略，既可以理顺内部的各种关系，又可以顺应外部的环境变化，强化管理活动。

④有利于企业领导者集中精力去思考和制定经营战略目标、战略思想、战略方针、战略措施等带有全局性的问题，提高领导者的素质。

3. 企业经营战略的特征 企业经营战略的特征可概括为以下几方面：

(1) 全局性。企业经营战略是一个关系到全局成败的战略谋划。因此，它以企业全局为对象，根据企业总体发展的需要而规定企业的总体行动，以全局去实现对局部的指导，使局部得到最优的结果，使全局目标得以实现。

(2) 长远性。企业经营战略考虑的不是目前利益，而是长远利益；坚持的不是维持现状，而是长期的发展，是短期行为的反证。它既是企业谋取长远发展要求的反映，又是企业对未来较长时期（五年以上）内如何生存和发展的通盘筹划。

(3) 系统性。企业经营战略本身就是一个系统。它由总体战略、职能性战略和具体战略等几个子系统构成一个有机整体。并按照事物各部分之间的有机联系，把整体作为研究对象，立足于整体功能，从整体与部分相互依赖、相互结合、相互制约的关系中，揭示整体的特征和运动规律，发挥战略的整体优化效应，实现预期的目标。

(4) 风险性。企业的外部环境和市场机会多是变化不定或难以控制的因素。故依靠企业高层领导者的经验、知识、判断能力来进行经营战略的决策，就难免会出现主观随意性。因此，每一个企业在制定经营战略的过程中，能否正确地预见和掌握客观环境的变化规律，就会有一定的风险性。

(5) 社会性。企业的经营战略虽有自己的直接目的性和倾向性，但它是国家整体发展战略的组成部分，既要体现经营者和职工的利益，更要服从全社会共同的长远利益，应正确处理国家、集体和个人三者的利益关系。

二、战略管理与经营管理的区别

战略管理是企业经营管理的发展。经营管理是战略管理的基础，经营管理又必须符合战略管理的要求。企业管理者必须同时承担战略管理和经营管理的职责。但是两者之间又存在一定的区别，正确区分两者的关系具有重要的意义，可以使管理者明确自己的双重职责，避免在管理活动中只注重解决目前紧迫的问题而忽略那些对当前虽不那么重要，但是战略上却非常重要的问题。企业战略管理与经营管理的区别主要在于以下几个方面：

1. 时间和范围的区别 经营管理侧重于如何使企业现有的经营目标、内部条件和外部环境相适应，处理好当前的问题；而战略管理是站在更高更长远的角度来谋划企业发展的道路，在时间和范围上扩大了。

2. 目标性质的差异 战略目标是企业的长远目标，它反映了企业组织存在的根本理由，战略管理者着重考虑的是企业生存和发展的问题，一般较为笼统和抽象，并且通常存在较大的争论，企业对战略目标框架下的战略实施也缺乏既定的经验；而企业经营目标一般较为具体和明确，更偏向于可操作性，且企业实施相应的经营方案也有一定的经验积累。

3. 信息反馈与控制的不同 一般来讲，企业经营管理中出现的问题能较快地反映出来，问题也表现得较为具体和清楚，管理者能依据一定的经验做出正确的判断、决策和处理；而战略管理中出现的问题不一定在较短时间内反映出来，一个原本就错误的战略或正确的战略在实施过程中出现的重大失误，很可能要若干年才显现出严重的后果，一般情况下人们很难对一项战略实施的影响做出十分准确的预测和把握，由于未来的许多不确定因素存在，很难做到有效的前馈控制。

三、战略管理过程

战略管理过程是由很多工作阶段和环节构成的动态系统，每个工作阶段和环节都服从于战略管理的总体需要和目标，同时又都有其特定的任务。一个完整的战略管理过程一般应包括战略环境条件分析、战略制定与选择、战略实施与控制三个环节或阶段，具体可分为以下五个主要步骤。

1. 战略环境分析 这一步骤的工作主要分为两大方面：一是分析企业的外部环境；二是分析组织的自身状况（内部条件）。对战略环境分析与评估，主要是为了充分认识组织中的优势、劣势与环境中的机会、威胁。通过把这两方面的分析结合起来，重新评价和定义企业的使命，并识别企业的新机会，以确定新的战略目标，如图 4-1 所示。

2. 定义企业使命 每一个企业要想生

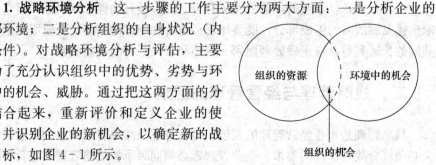

图 4-1 识别组织的机会

存和发展，都要履行一定的社会责任，满足某种社会需求，扮演一定的社会角色，否则便没有其存在的依据。所谓企业使命就是企业在社会经济中所担当的角色和责任，就是企业区别于其他企业而存在的理由。一般来说，企业使命主要有三方面的内容：企业生存目的、企业经营哲学和企业形象。绝大多数企业的使命是高度概括和抽象的，企业使命不是企业经营活动具体结果的表述，而是企业开展活动的方向、原则和哲学。

企业使命的定义有狭义和广义之分。狭义的企业使命定义是以产品为导向确定企业发展方向，如一家准备进入高技术产业领域的公司将其使命定义为生产计算机，这种定义较为清楚地表述了企业的基本业务，但是也限制了企业的活动范围，甚至在不断变化的市场竞争中会使企业丧失发展机会。而广义的企业使命定义是从企业的实际出发，以市场需求为导向确定企业发展方向，着眼于满足动态市场的某种需求。如果前述公司将其使命定义从生产计算机改为"向用户提供最先进的办公设备，满足用户提高办公效率的需求"，就为企业今后的经营业务发展指明了方向，即便计算机遭受市场淘汰也不至于找不到前进的方向和目标。可见能否准确地定义企业使命，是一个关系到企业战略路线选择和经营稳定性的首要问题。

定义企业使命时主要应注意以下几个问题：

(1) 坚持以市场需求为导向。只有坚持以市场需求为导向而不是以产品为导向来确定企业使命，企业经营才能更主动，更能胜人一筹。

(2) 注意使命的可行性。使命不要定得太窄，但也不能定得太宽，否则就会造成战略路线选择的盲目性，从而失去经营的连续性和稳定性。

(3) 强调使命的激励性。确定企业使命或经营战略方向，应依据组织分析确认的自身优势与劣势以及环境分析中找出的机会与威胁的因素，在组合象限中进行研究。战略构想原则组合出现了四种可能的组合，如图 4-2 所示。

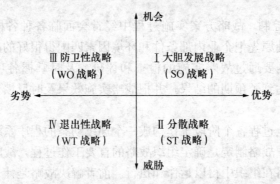

图 4-2 战略构想原则组合

第一种（Ⅰ）：环境中出现了机会，而组织本身又具有这方面的优势；
第二种（Ⅱ）：环境中存在威胁，但组织在这方面属于强势；
第三种情形（Ⅲ）：环境中存有机会，但组织在这方面力量薄弱；
第四种（Ⅳ）：环境中存在威胁，而组织在这方面又正好处于弱势。

大多数情况下企业应在第一种可能的领域中下工夫，把组织的使命定位于该领域。

3. 制定战略 使企业对未来发展的方向和经营扩展的路线有了根本性的认识。而在一定时间内企业要达到什么样的战略目标以及如何对战略资源进行配置等，就需要制定科学的战略方案。制定战略就是把组织的优势和劣势与环境中的机会和威胁相匹配，通过对内部优势和劣势的认识来利用环境中的机会，规避环境的威胁，使组织与环境相适应。制定战略的过程除了要制定企业的整体发展战略外，还应注重制定各个层次的战略，这些战略不仅应符合总体战略的要求并形成科学的战略体系，还应符合各层次的实际情况，能最佳地利用企业各方面的资源和各种环境机会。

4. 实施战略 再好的战略方案，如果不能有效地贯彻实施，那也只能是一种设想，它不会自行成功。所以战略实施是战略管理不可或缺的重要环节或阶段。战略实施的首要任务是组织落实，组织是实现目标和战略的手段。组织结构的调整优化是实施战略的重要保证，同时适应新战略的企业文化建设也是影响战略贯彻和实施的重要因素，必须把组织与文化建设作为战略管理过程的重要工作来抓紧抓好。此外，高层管理人员的领导能力是战略计划取得成功的一个重要因素，但中层和基层管理的作用也不可忽视。应根据整体战略计划方案制定层次分明、协调有序的战术计划方案和作业计划方案，然后进行有效的人员配置，使员工做到各尽所能，各司其职。这不仅意味着由某个人来从事某项任务，而且还意味着落实个人的责任，完成任务的时间以及用何标准来衡量成果等。

5. 评价和控制 战略方案实施过程中经常会面临各种各样的内部或外部环境的干扰，使原先把企业内部条件和环境因素匹配得很好的战略方案产生了不和谐。这就需要通过战略实施的检查和评价，及时掌握各项活动的进展情况，检查是否达到了预期的结果，并把战略实施效果及时反馈，以有效地控制战略实施过程。

战略管理全过程各个阶段工作构成一个连续动态的程序系统，具有相当严密的逻辑关系。战略制定是确定组织战略的首要工作过程，战略的贯彻与实施则是设法使战略在组织中得以运作和执行。前者解决战略是什么，后者则强调如何来完成它。而离开了恰当的实施与控制，整个战略则将可能成为一纸空文，不能产生应有的理想效果。

第二节 企业环境分析

一、企业外部环境分析

(一) 企业总体环境分析

企业战略管理的目的是为企业创造一个最佳的生存和发展空间，而要达此目的，其起始点是对环境的准确分析。企业所处的外部环境通常由三个层次构成，即总体环境、产业环境和竞争环境，其中总体环境是企业面临的最基本的环境。

企业总体环境包括经济、政治、社会、文化、法律、科技、人文风俗、自然等方面，其中最主要在于以下几个方面。

1. 经济环境 所谓经济环境，是指企业经营过程中所面临的各种经济条件、经济特征和经济联系等客观因素。在经济环境分析时，应从以下几个方面着手：

①企业要分析研究国家经济是处于何种发展阶段，是萧条、停滞、复苏还是增长，以及宏观经济正以怎样一种周期规律变化发展。在众多衡量宏观经济指标中，国民生产总值是最常用的指标之一。它是衡量一个国家或一个地区经济实力的重要指标，它的总量及增长率与市场购买力及其增长率有着密切的关系。

②要考察和研究宏观经济各项重要指标的变化趋势。如国内生产总值、社会总供给与总需求水平、价格指数、人口数量、人均收入等。人均收入是与消费品购买力成正比的经济指标，特别是生产消费品的企业要注意调研城乡人民生活水平提高的状况，针对不同地区和不同消费层次，开发和生产适销对路的产品，以满足他们的需求。

③企业对经济基础设施的考虑也是重要的一环，它一定程度上决定着企业运营的成本与效率。基础设施条件主要指一个国家或一个地区的运输条件、能源供应、通讯设施以及各种商业基础设施（如各种金融机构、广告代理商、分销渠道、营销调研组织的服务能力和效率）。这一点在跨国、跨地区经营中尤为更要。

④政府的宏观经济政策导向也是必须了解的重要内容，包括财政政策、价格政策、税收政策、劳动政策、社会保险和外汇管制、进口限制等。

2. 政治法律环境 主要包括政治法律和方针政策两大方面。

①政治法律环境，即政府从宏观上调控经济的行为。具体包括政治制度、体制、路线、方针政策、法律法规以及采用的经济杠杆等。这些因素对各个产业和企业都有极大的影响，或是起鼓励、支持的作用，或是起约束、限制作用。

②方针政策环境，主要指政府出台的相关方针政策。如党的十四届五中全会提出在经济和社会发展中的九条重要方针；党的十五大提出的"公有制实现形式可以而且应当多样化"，"抓好大的，放活小的"等一系列方针政策，为所有制结构的调整和完善以及国有资本经营创造了有利条件。

改革开放以来，我国陆续颁布实施了许多法律法规，同企业关系密切的有企业法、公司法、劳动法、经济合同法、产品质量法、消费者权益保护法、反不正当竞争法以及各类税法、各类银行法、各类工业产权法等。市场经济就是法制的经济，因此，在市场经济体制下，企业必须学法守法，并利用法律法规来保护自己的合法权益。

3. 技术环境 是指一个国家和地区的技术水平、技术政策、新产品开发能力以及技术发展的动向等。

现代社会的科学技术日新月异，产品更新换代速度空前提高，同时，新技术的产生会导致工作方式、消费方式和生活方式的重大改变。计算机及其网络技术的产生就是一个典型的例子。因此，企业应对技术水平和技术寿命周期变化进行考察。

另外，一种新技术的发明和应用，同时又是所替代技术衰退、甚至死亡的开始。因为一种新技术的发明和应用，既会促进一些新兴行业的发展，同时又会伤害乃至消灭另外一些旧行业。所以，企业在进行战略决策时，必须考虑技术因素，否则就会给企业带来重大失误。

4. 社会文化环境 是指一个国家和地区的民族特征、文化传统、价值观、宗教信仰、教育水平、社会结构、风俗习惯等。不同的宗教信仰会有不同的文化倾向和戒律，并导致不同的认知方式、行为准则和价值观念。这些都会影响人们的消费行为，进而影响市场消费结构。此外，教育水平的高低，社会结构的组合情况，都直接影响人们的消费行为和消费结构。社会文化环境的各个因素，对企业的经营战略有着潜移默化的影响，企业在制定战略时，也应充分注意。

（二）企业产业环境分析

产业环境分析是企业外部环境分析中的重点，也是难点。因为产业环境是影响企业战略选择的直接根源，所以，不研究和分析产业环境，就根本无法制定企业的发展战略。

要想搞清楚产业的现状与发展前景，主要应进行以下几个方面的分析。

1. 产业性质分析 由于产业划分标准和划分粗细程度不同，大产业包含了若干小产业，小产业又包含了若干小小产业，形成产业系列。在进行产业性质分析前，每个企业首先需要分清自己归属的产业系列。如某农场主要栽培水稻、玉米、大豆等，既属于第一产业，又属于农业、种植业等产业。其实，第一产业包含农业，农业又包含种植业。

企业在产业定位后，即可分析产业性质，这主要是考察产业所用生产要素的配合比例。任何产业经济活动，都需要投入生产要素，其中的劳动力和资本可视为基本要素。这两种要素的配合比例中，单位劳动力占用的资本数量较少的那些产业，称为劳动密集型产业；反之，单位劳动力占用的资本数量较多的那些产业，则称为资本密集型产业。

有些学者将资本密集型产业同技术密集型产业相提并论，这是认识上的一个误区。一般来讲，资本密集型产业往往就是技术密集型产业，但两者又各有特点。资本密集型程度的高低，和单位产品产量的投资量成正比，和它所需劳动力人数成反比；技术密集程度则和各个产业的机械化、自动化水平成正比，和它的手工操作人数成反比。

还有一些学者依据信息社会这一概念，又提出知识密集型产业的概念。这类产业依靠的是高素质的人才及其高科技的知识来发展，所占用的体力劳动者不多，所需技术装备的投资并不很多，生产过程的机械化、自动化程度也不一定很高，而主要是用知识来创造价值，所以它们与劳动密集型、资本密集型和技术密集型的产业不同。

上述几种类型的产业在生产要素配合比例和发展所依托的主要力量上是有区别的，这就要求企业考察所属产业的性质，以便准确地判断战略研究发展方向和所需主要条件。

2. 产业发展阶段分析 就是准确把握行业寿命周期发展情况。行业寿命周期是指从行业出现到行业完全退出社会经济活动所经历的时间，它包括幼稚期、成长期、成熟期和衰退期四个发展阶段。行业寿命周期各个阶段有不同的特征，识别行业寿命周期阶段的主要标志有市场销售增长率、市场需求增长率、产品品种、竞争者数量、进入退出壁垒、技术变革、用户购买行为等。其中，市场销售增长率、市场需求增长率、产品品种和竞争者数量是最重要的标志。

一般情况下，市场销售增长率和市场需求增长率这两个标志基本上是同步的。在幼稚期增长都较慢；在成长期增长都很快；到成熟期增长都变慢甚至停滞；到衰退期都逐渐下滑。

产品品种和竞争者数量这两个标志就不完全同步。在幼稚期，数量都少；在成长期，产品品种增加很快但并不是最多的时候，而竞争者数量则急剧增加并且是最多的时候；到成熟期，产品品种最多，但竞争者数量却开始减少；到衰退期，二者都趋向减少。

企业分析行业寿命周期，可以使企业对产业的现状及发展前景有一个基本了解，为企业选择适当的战略提供客观依据。一般情况下，企业进入某个行业的最佳时机是幼稚期。这一时期进入，一旦成功，就是行业的领导者，就能在较长时期内获得高额利润。不利因素是成本较高，风险较大。其次是成长期。这一时期进入，如能在最短的时间内，最快地挤入行业的前几名，企业就一定能获得成功。不利之处是这个时期往往是竞争者进入最多的时期，激烈的竞争有可能导致全行业利润率下降，甚至出现全行业亏损。

3. 产业规模结构分析 是为了弄清行业的发展与社会需求之间的关系，这对于确定企业的经营范围和规模具有重要意义。有关这方面的分析，重点把握以下内容：

（1）产品或服务的需求总量分析。即社会对本行业的产品或服务的需求总量是多少，从趋势上看是增加还是减少等。

（2）行业生产能力与行业需求总量比较分析。即本行业目前总的生产能力是多大，与社会需求相比是过剩还是不足等。

（3）行业集中度分析。这是指本行业前四名大企业的市场占有率的总和。总和越大，行业集中度就越高；反之，行业集中度就越低。

（4）企业与行业规模发展趋势分析。即本企业规模的发展趋势与行业规模的发展变化趋势是否相一致。

（5）行业与企业产品类型结构分析。即行业内产品类型结构是否合理；比例是否合适；发展趋势如何；本企业属于哪种产品类型；从行业的总体出发，企业应扩大还是应缩小等。

（6）企业规模结构分析。即本行业中的企业是规模实力悬殊型还是规模实力均衡型，尤其要重点分析行业内前几名大企业的经营状况、经营战略、技术水平和产品特色等。

（三）企业竞争环境分析

在外部环境研究中，竞争状况的调研是最重要或许也是最费力的部分，因为制定和实施企业战略的目的就是要使企业在参与竞争的一个或几个产业中获胜。企业在经营中不可避免地会遇到来自各方面的竞争挑战，准确地把握竞争来自何方,出于什么动机,哪个威胁最大,其随时间变化的趋势如何,这对企业的生存发展是至关重要的。

美国著名的战略学家迈克尔·波特指出,在任何产业里,无论是在国内还是国外,无论是生产一种产品,还是提供一次服务,竞争规律都寓于五种竞争力量之中,即新竞争者的进入、替代品的威胁、买方的讨价还价能力、供方的讨价还价能力和现有竞争者之间的竞争。五种基本竞争力量如图4-3所示。

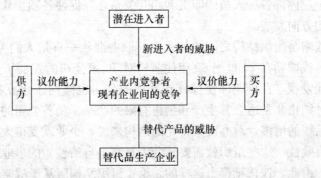

图4-3 五种基本竞争力量示意图

波特将五种基本竞争力量称之为五个谈判力,实质上就是指企业与竞争环境的市场比较优势。

就供应商和购买者的相对谈判力来看,假定某企业所处的产业,供应商数量多、规模大,竞争十分激烈,而该企业本身同行却相对较少,这样就可以认定,在这个产业中,该产业与供应商之间的相对谈判力强;反之,则可以说企业相对谈判力弱。对于相对谈判力强的企业,在与供应商和购买者之间就具有市场优势,其选择性就强。

从本企业与竞争者关系看,除了分析竞争者的相对谈判力外,还要了解和分析竞争的状况,包括市场占有率、品牌形象和新产品开发、企业规模等。

对替代品,研究相对谈判力的重点是比较企业产品和替代品的市场需求程度和价格水平。如果本企业产品价格相对较高,替代品就会为顾客所选择,从而对企业构成威胁。

对潜在进入者,研究相对谈判力就是对进入障碍分析。这是指潜在进入者进入产业时遇到的障碍或承受到的压力,如技术障碍、资金障碍、组织障碍等。对于一个进入障碍大的产业,潜在进入者的进入成本就高,已进入的企业受到的威胁就相对小;反之,如障碍小,壁垒低,潜在进入者就容易进入本产业,其威胁就大。同样,进入障碍大,其退出障碍也大;一旦投资进入,想退出也不容易,往往会造成巨大的损失。

二、企业的内部条件分析

(一) 企业组织状况分析

1. 企业组织结构分析 企业组织结构是指企业内部各个部门之间关系的构架。它通常根据信息沟通、权责分工和工作流程的情况来确定。企业组织结构决定企业内部各种人员的职责和相互关系,并促使各项工作朝着实现企业战略目标的方向发展。

在战略与组织结构之间的关系中,谁主谁从一直是人们关注的重要问题。美国学者钱德勒在 20 世纪 60 年代前后对 70 家公司的发展历史进行了考察和研究。他发现,在早期即使像杜邦这样的公司也倾向于建立集中化的组织结构,这种结构非常适合其生产和销售有限的产品。随着公司的发展,规模的扩大,产品线的增多,对高度集中化的结构来说,企业就变得太复杂。为了保持组织的有效性,这些组织就需要转变为具有半自治性质的事业部制的分权式组织结构。由此,钱德勒得出这样的结论:组织结构服从于战略,公司战略的改变会导致组织结构的改变。

企业在制定战略时,首先应对本企业现实的组织结构有一个明确的认识。诸如属于什么类型的组织结构,优点和不足之处有哪些,与未来战略的运行是否协调,等等。如果企业组织结构适应战略的变化,就会成为企业战略优势;如果企业现时组织结构与目前潜在的企业战略不相容,则意味着企业在组织结构方面存在着劣势。例如,按职能结构组织并采取集权制的企业,对于实施迅速增长的企业战略来说,很可能是一种制约因素。这是因为集权而导致遇事必自下而上地请示汇报,这就必然降低企业对于市场变化的反应速度,从而难以及时把握发展机会。

就目前常见的企业组织结构来看,有职能型组织结构、产品或服务型(事业部)组织结构、区域型组织结构和矩阵型组织结构。这四种基本的组织结构都有自身的优点,但又存在着不足之处。比如职能型组织结构,各职能部门的成员可能养成了专心一意地忠于职守的态度和行为方式,往往更重视所在部门的目标而不是整个企业的目标,这不仅可能引起职能部门之间的矛盾,如不谨慎处理,还可能对整个企业产生消极作用;又比如区域型组织结构,虽然有诸多的优点,但也存在增加了保持全公司方针目标一致性的困难,可能需要更多的管理人员,由于某些参谋职能的重复设置,存在增加开支等不足之处;再比如矩阵型组织结构,其诸多的优点显然更适合现代大型企业的运作,但它仍存在职能经理和经营单位(或产品)经理之间经常出现权力和责任相互矛盾的缺陷。这就使得成员必须接受双重领导，当两个部门意见不一致时，就会使他们的工作无所适从。

总之，企业内部的组织结构形式各有长短，应从企业实际情况出发，考虑生产性质、企业规模、品种多少、工艺特点、市场大小等因素，评价并调整组织形式，使企业组织结构对企业战略形成支持作用。

2. 企业组织分工状况分析 主要是分析管理层次和管理幅度的合理性。分析管理层次是为了考察它与企业规模、经营范围是否适应；管理层次的演变与企业的发展是否关联；管理层次的增减是否依据管理幅度的变化；企业的各管理层次能否形成等级链，等等。管理幅度是指一个领导人所能直接管辖下属的单位或人数。管理幅度与管理层次两者成反比关系，即横向分工的管理幅度大，就可以减少管理层次，管理幅度窄的，则要增加管理层次。

分析管理幅度的合理性，可以从影响管理幅度的下述具体因素着手：
①知识范围是否适应管理的横向分工。
②从担负工作的复杂程度和负担的工作量所占用的时间上看是否适应横向分工。
③体力和精力是否适应横向分工。
④人的性格是否适应横向分工所涉及的人际关系等。

依据上述因素，对每个管理部门领导人的管理幅度进行评价，并结合对管理层次的分析，从而发现企业管理组织的分工状况中存在的问题。

3. 企业组织结构的管理效率分析 管理效率是企业管理组织在运行过程中，执行其管理职能及实现企业组织规定目标的有效程度。分析企业组织结构的管理效率，主要从空间结构、时间结构和人员素质三方面着手。

组织空间结构指组织的横向分工和组合、纵向层次分工和组合以及合理布局。从管理效率要求看，要分析企业组织是否属于最大稳定结构。组织结构不稳定，管理活动就难以形成合理体系。从目前发展趋势来看，最稳定的结构是金字塔形，一般分为四个层次，如图4-4所示。

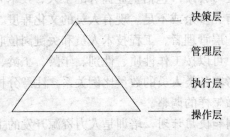

图4-4 管理组织的空间结构

在图 4-4 中，决策层的任务确定整个系统的大政方针，管理层是运用管理方法、手段、技术进行管理，执行层是执行管理命令，操作层是完成具体的任务。

组织的时间结构指组织的层次、部门、成员之间的沟通信息和工作衔接的时间性。在知识经济时代，企业每天涉及的信息量越来越多，信息沟通的时间性很强。因此，要分析企业内部的生产、经济、技术、人员等信息传递和企业外部的销售、市场、竞争等信息传递的及时性与准确性，调查时间延误的原因及对生产经营活动效率的影响。

对组织管理效率起主要作用的是人员的素质和恰当的数量。各个层次、各个岗位的人员，素质高，就能胜任本职工作；反之则必然降低管理效率。人员的素质高低又关系到人员的数量，素质越高，所需人员的数量就减少，反之则要求较多的人员数量。

（二）企业资源状况分析

企业资源是现代企业生存发展不可缺少的要素，也是体现企业内在经营能力的一个重要方面。企业资源的多寡、质量的高低，对战略管理活动的成败具有重要影响。从企业战略本质看，就是建立相对于竞争对手的经营优势，而经营优势的建立实际上就是充分利用自身资源并综合发挥各项资源作用的过程。因此，企业战略制定就必须建立在对企业资源条件的全面系统认识的基础上，识别企业资源的优势和劣势，找出资源条件的关键要素，以实现各项资源的最佳配置，保证企业战略目标的实现。

从一般企业来看，发挥主要作用的有四类资源，即人力资源、物力资源、财力资源和技术资源。企业资源状况分析主要从这四类资源着手。

1. 人力资源分析 人力资源是企业战略管理中最重要的资源，是一种活资源。由于人力资源管理的最终目的是要提高员工和企业的工作效率和效益，因此，人力资源分析主要从以下内容展开：

（1）人员的数量与素质。包括企业拥有的工人、技术人员、管理人员、服务人员等的数量，有无多余或不足。现有人员的文化程度、思想状况、业务素质，尤其要了解高中层管理者、工程技术人员和关键岗位职工的素质状况。

（2）人员结构。可以按工作性质、性别、年龄、工龄、技术等级等不同标准进行分类，然后考察各类人员的数量比例关系，注意分析这些比例是否适应企业发展需要，应做怎样的调整。

（3）人员的培训和使用计划。培训是人力资源开发的主要手段，企业要分析现有的培训方式和途径是否能满足企业发展需要，存在什么问题。企业现有的人才是否都得到了妥善安排，是否有大材小用或因人设岗的人才浪费现象。

（4）人事制度与人事机制。人事制度对调动人员的积极性和创造性有重要影响，企业应核查这方面的制度是否合理，是否健全。核查内容包括人员挑选、录用方式和标准、业绩考评的办法、工资奖励制度、职务升迁方式。人事机制主要是考察企业内部为创造一种公开、公平、公正的竞争环境，以及规范有序的工作秩序，是否形成了有力的激励机制和约束机制。

2. 物力资源分析 物力资源是企业完成战略管理所必须具备的资源，它包括各类劳动手段和劳动对象，具体有以下内容：

（1）机器设备。主要了解机器设备的配套情况、先进性和完好程度，尤其要有针对性地同竞争者所用设备作比较研究，掌握优势，找出差距。

（2）设备维修状况。包括维修所需人员、物质条件、维修制度和方法等。

（3）能源供应状况。主要了解企业所用的是哪几种能源，能源供应是否能保证，是否适应企业战略发展需要，其质量与费用对企业生产和效益有何影响。

（4）原材料供应情况。主要了解企业所需的原材料，是由集团或系统内提供，还是由协作企业提供；哪些原材料属于稀缺资源；长期供应的途径是否可靠；价格与运输费用在企业产品成本中的比重，有无可能开发代用材料以降低成本。

（5）存货状况。指原材料、在制品、半成品和产成品的储备。由于存货与企业产品成本、资金流动有密切关系，因此，这方面的调研主要是发现有无减少存货量的可能。

3. 财力资源分析 财力资源包括企业生产经营所需的各类资金，这方面的分析主要包括以下项目：

（1）资产结构状况。主要包括流动资产、固定资产、无形资产等，分析的重点是看结构上是否合理。

（2）负债和所有者权益结构。主要分析流动负债、长期负债、资本、公积金、留存利润等的数额及其比例关系，计算企业的资产负债率和资本结构，研究负债率过高或过低的原因。

（3）销售收入。主要考察近几年企业各种产品和总体销售收入及其增减情况，着重分析企业的重点产品和新产品，了解各种产品现实所处的寿命周期阶段。

（4）销售成本。分析各类产品的综合成本及近几年的增减情况。

（5）盈利状况。分析近几年企业各项盈利情况；各类产品盈利在企业总盈利中所占比重；以及各类产品盈利状况的趋势，是逐步增长还是逐步下降，并分析其中原因。

（6）企业可支配收入的强弱。主要指企业现金流量和融资渠道。主要考察企业在这些方面能力的强弱。

4. 技术资源分析 科技是第一生产力，技术是企业的一项重要资源，所要分析的方面有以下内容：

（1）专利的拥有情况。了解企业已拥有多少项专利，哪些是自行研制的，哪些是转让而来的；各项专利的有效期限；市场开发前景及获利能力；等等。

（2）新产品开发功能。着重了解企业已投入市场的新产品、已研制成功的新产品和正在研制中的新产品情况。从新产品开发的组合系列中，可预测企业市场竞争的持久力。

（3）工程技术力量。主要指为企业技改、设备更新、生产线调整服务的技术力量。

（4）环保能力。主要指贯彻绿色生产、治理"三废"（废气、废液、废渣）、保护生态环境的能力。

（三）企业经营管理能力分析

一个企业的人力、物力、财力总是有限的，经营管理的目的就是要使有限的资源发挥出最大能力。因此，对企业内部条件分析，关键就是要通过对现有资源的分析，寻求开发企业最大经营能力的途径和方法，这些能力包括以下几个方面。

1. 竞争能力 是市场经济条件下企业最重要的能力，是企业多种能力的综合反映。它集中表现为企业所生产产品的竞争能力。分析企业竞争能力主要是分析企业产品品种是否适销对路、质量是否符合顾客要求、成本和价格是否低廉、交货期是否迅速及时、顾客服务是否周到等因素。

2. 环境适应能力 也是企业的一项很重要的能力，是企业多方面能力的综合反映。企业作为社会经济系统的组成部分，必然生存于一定的环境中。而环境又是不断变化的，企业只有适应环境的变化，才能生存和发展。企业适应环境的能力越强，其生存能力也就越强。具体来说，主要考察企业是否适应国民经济发展的不同阶段、政府政策的重大变化、社会消费结构的变化和竞争对手的变化。

3. 企业文化构建能力 在企业各项资源中，人力资源是核心资源。企业通过有效管理，使人力资源得到充分发挥，进而使各项有形资源发挥最大效应。人的最大特征是其行为受思想支配，因此，作为全体成员共同拥有的信念、期望值和价值观体系的企业文化，理所当然地应成为企业经营能力的重要象征。企业文化指导企业及其员工的行为,对企业目标建立和战略选择产生巨大影响。当企业文化、目标和战略三者协调一致时,就能形成企业巨大的优势。分析企业文化构建能力,应着重考察以下内容:

(1) 文化特征。全体成员共有的信念和价值观包括哪些内容,是成文的还是不成文的,是早已形成的还是刚建立的,具有什么特点。

(2) 文化建设过程。企业是如何塑造企业文化并在全体成员中进行宣传贯彻的,是否已为员工所接受,是否已落实到行动中。

(3) 文化与目标、战略的一致性。主要从近几年实践情况来分析,查找是否有不一致的现象。

(4) 文化与环境的关系。分析企业文化是否同社会文化和产业文化环境相适应,尤其是在环境变化时,是否能随环境变化而变化。

第三节 企业总体战略

一、发展型战略

(一) 发展型战略的含义与特征

企业最重要的战略是总体战略,而在总体战略中,最重要的是发展型战略。只有追求发展,企业才能赢得更为有利的生存空间。发展型战略又被称为成长型战略、扩张型战略、进攻型战略。其含义是指现有企业积极扩大经营规模,或在原有企业范围内增加生产能力与产品供应量,投资新的事业领域,或是通过竞争推动企业间的联合与兼并,以促进企业不断发展的一种战略。

企业采用发展型战略,其主要原因在于以下几个方面:

①企业规模扩大,产销量的增长,可获得规模效益;降低单位产品分摊的固定费用,从而提高企业效益。

②企业实行多种经营、跨行业经营,可以创造新的盈利点,也有利于分散风险,增强企业竞争力,保证企业的持续发展。

③经营者在价值取向上都希望企业能尽快得到发展。因为只有企业发展了才能展现其领导者才华和成就,才能够获得最大的利益。

④对那些支柱产业,政府鼓励发展的政策会对企业发展形成许多有利条件,并转变为企业发展的良好机遇。

发展战略从其实施的过程来看,表现出如下阶段性特征:

(1) 准备阶段。主要是企业确定发展方针,明确实现目标的期限和途径,筹措必要的资源,尤其是在组织方面,应做好充分的人力资源准备。

(2) 启动阶段。此阶段会出现销售额突然提高、利润迅速上升等现象；内部压力和外部动荡加大，企业在管理上会暴露出许多薄弱环节，需企业加大宏观调控力度。

(3) 渗透阶段。此阶段销售、利润可望继续上升，企业尽力确保其市场竞争优势地位，由扩张而引发的矛盾、混乱，企业应尽快解决于萌芽状态，否则将积重难返。

(4) 加速增长阶段。是发展战略充分显示其效能的阶段。企业有一种冲过急流入平川的感觉，各方面工作都表现出与高速增长相适应。但是，不久之后，企业又会逐步感到有新的压力和矛盾降临，这可能正是扩张已达顶峰的象征，企业应谨慎行事，不能再一味追求突进。

(5) 转换阶段。也可称为过渡阶段，是两个阶段的转换，是一种暂时的停歇。企业通过总结反思，重新整合，积聚新的发展动力，便可进入下一轮发展期。

当然，企业发展战略表现出的上述阶段特征，仅仅是就一般情况而言，实际发展情况应更富有个性特点。一个企业家只有对上述一般特征有所了解，才能有充分的心理准备去应对各种复杂的情况，解决各种棘手的问题。

(二) 产品市场战略

企业的产品市场战略是最基本的发展战略，它是在产品与市场这两大基本要素的组合下产生的一系列战略。表 4-1 反映的是企业战略要素的四种组合。

表 4-1 产品市场战略组合

产品	现有产品	新产品
现有市场	市场渗透战略	产品开发战略
新市场	市场开发战略	全方位创新战略

1. 市场渗透战略 是由企业现有产品和现有市场组合而产生的战略。这一战略通常是通过竞争，从对手企业夺得产品销售阵地，从而提高企业的市场占有率；或通过增加现有客户对企业产品的使用量来扩大现有产品的市场销售。采用这种战略，企业要注意产品寿命周期所处的阶段。如果市场处于成长期，此战略在短期内会使企业利润得到增长；但在市场日趋成熟时，企业必然会面临激烈的竞争；而在市场衰退期时，企业运用此战略会陷入被动。

市场渗透战略看起来是风险最小的战略，但相对而言是一项较为保守的战略。因为它把管理者的精力集中到现有产品之上，很可能错过良好的投资机遇。企业采用这一战略，必须以自己在市场上处于绝对优势为条件，否则，在强有力的竞争对手反击下，将难以应付局面。

2. 产品开发战略　指企业在原有目标市场上推出新一代产品，以满足用户不断增长的需要。从某种意义上讲，这一战略是企业发展战略的核心，因为对企业来说，市场毕竟是不可控制的因素，而产品开发则是企业可以努力做到的可控因素。企业产品开发的范围比较广泛，如增加产品功能、改善产品性能、开发新技术等。企业无论进行何种产品开发，都必须考虑自身的科技、生产、财务和营销能力。当然，还要密切注意市场需求的变化趋势，力求踏准市场节拍。

3. 市场开发战略　指企业把原有产品投放到新市场中去，以扩大销售，实行这种战略可以有三种做法：

（1）扩大地理区域。即将本企业原有的产品打入别的市场中去，从区域性市场打入全国市场，再从国内市场打入国际市场。

（2）在市场中寻找新的潜在用户。如前些年计算机对普通家庭来说，购买者极少，主要市场是科研部门、学校和企事业单位。普通家庭只是一个潜在的购买群体。近些年，随着计算机的普及和广泛应用，这一巨大的潜在购买群体构成了一个大市场。

（3）开辟新的销售渠道。我国传统的销售渠道就是商业销售，形式单一。改革开放后，一些企业学习国外多渠道销售，受益匪浅。比如，饮料王国的"健力宝"，除加强间接销售外，十分注重扩大经销网络，在北京、广州等城市成立办事处，加强与各地联系，重点发展各地知名宾馆、酒楼、旅游景点、国际航班、外轮公司等部门的销售工作。通过这些窗口，使产品走向全国市场。此外，他们还积极参加中外有影响的各种展览、展销、交易、博览等活动，努力开拓国内外市场。

4. 全方位创新战略　是一种市场开发战略和产品开发战略的组合。这种战略在市场变化节奏特别快时，尤为见效。在具体运用时，有的企业属于技术推动型，有的则属于市场推动型。而将这两种融合起来，便成为全方位创新战略。这一战略在四种产品市场战略中，属于品位最高的战略，但并非所有企业都能运用，只有基础条件较好的企业才能运用。诸如资金较充裕，技术力量、开发能力较强等。此外，在实际运用中，还应注意两点：一是将技术开发导向与市场未来发展方向紧密联系起来；二是应拥有若干代生命周期不同阶段的新技术、新产品，能持久地领导市场新潮流，而不是昙花一现。

(三) 企业内部裂变战略

指企业从总体战略发展要求，以及组织结构各要素之间的相互作用和依赖关系出发，使企业内部各服务性职能部门（如采购部门、人事部门、销售部门以及研究开发部门等）由原来的成本中心变为利润中心，或者进一步发展成为附属于原公司的子公司，以此达到企业整体规模发展的战略。如将采购部门发展为商品贸易公司，将销售部门发展为销售公司，将科技部门发展为科技贸易公司。就销售部门来说，其传统的任务是负责本企业产品的销售，具体工作包括市场研究、广告、分销、促销等。发展成销售公司后，其服务对象就从本企业产品扩大到其他公司，既为本企业又为其他相关公司提供市场营销服务，并独立核算、自主经营，作为一个利润中心而隶属于企业。

企业内部裂变战略是从组织内部结构的角度去反映企业总体发展战略，而不是单纯地为了组织机构的扩大。也就是说，企业组织内部结构的扩大或收缩，取决于企业总体战略发展状况。当企业总体战略分别为发展战略、稳定战略、紧缩战略时，无论企业经营单一事业或经营多项事业，组织结构一般都会有相应的变化，如表4-2所示。

表4-2 企业内部裂变战略

战略类型	事　　业	
	单一事业	多项事业
发展战略	增加新的事业	扩展事业单位
稳定战略	保持单一事业	维持原有事业部门
紧缩战略	求得单一事业	有选择地放弃部分事业单位

由表4-2可见，企业内部裂变战略是从组织结构上去保证和推动企业发展战略的实施。如果企业尚未形成发展的势头，单纯地追求组织机构上等级，那就会变得毫无意义。

(四) 一体化经营战略

指企业充分利用自己在产品上、市场上和技术上的优势，从纵向或横向不断地使企业发展的总体性谋划。

1. 纵向一体化战略 又称为垂直一体化战略，它是将生产与原材料供应，或者生产与产品销售联结在一起的战略形式，也是使企业进入一种多种

经营事业,以求得迅速成长的战略。纵向一体化战略又有以下两种表现形态:

(1) 后向一体化战略。指企业利用自己在产品上的优势,把原来属于外购的原材料或零件改为自行生产的战略。如钢铁厂所需的矿石原料由钢铁厂自己建矿采掘。采用这种战略,一般是把后向的企业合并过来,组成联合企业或总厂,以利统一规划。后向一体化也可以将原来作为一个成本中心的原材料供应变为利润生产中心,尤其当供应商具有规模边际收益时,更具有吸引力。它可以使企业摆脱因依靠外部原材料供应而带来的不稳定,同时也可减少市场主要供应商利用市场机会抬高价格而造成的种种麻烦。

(2) 前向一体化战略。指企业根据市场需求和生产技术可能的条件,利用自己的优势,把成品进行深加工的战略。采用这种战略,是为获得原有成品深加工的高附加值。一般是把相关的前向企业合并过来,组成统一的经济联合体。如纺织印染厂与服装加工企业的联合。

2. 横向一体化战略 又称为水平一体化战略。指把性质相同或生产同类型产品的同行业竞争企业合并过来,发展成为专业化公司的战略。目的是扩大生产规模,巩固市场地位,提高企业竞争优势。横向一体化战略可以通过契约式联合、合并同行业企业两种方式实现。

横向一体化战略一般是企业在竞争比较激烈的情况下进行的一种战略选择。这种选择既可能发生在产业成熟化的过程之中,成为增加竞争实力的重要手段,也可能发生在产业成熟之后,成为避免过度竞争和提高效率的手段。

(五) 多角化战略

指企业同时生产和提供两种以上基本经济用途不同的产品或劳务的一种经营战略,是企业在新产品和新市场领域形成的战略。这一战略可分为同心多角化战略、水平多角化战略和混合多角化战略三种类型。

1. 同心多角化战略 又称为集中型多角化战略,指企业以一种主要产品为圆心,充分利用该产品在技术上的优势和特长,发展跨行业的新产品。如某制药企业利用原有制药技术生产护肤美容产品、运动保健产品。这是利用了生产技术、原材料、生产设备的类似性,不断向外扩展,获得生产技术上的协同效果。由于销售渠道、促销方法与原产品不同,在市场竞争中处于不利地位,是这一战略的薄弱之处。

2. 水平多角化战略 指企业利用原有市场优势,充分掌握顾客(用户)的需要和动机,同时生产不同技术的产品,发展跨行业的新产品。如某农机厂生产农用收割机，同时生产农用化工产品，如农药、化肥等。这一战略是利用企业原有的销售渠道、相同的顾客、共同的促销方法、企业形象和知名度，获得市场营销的协同效果。由于生产技术、生产设备、原材料等方面与原产品不同，在生产技术竞争方面处于不利地位，是这一战略的薄弱之处。

3. 混合多角化战略 指企业新发展的产品和业务与原有产品的技术、市场都没有直接的联系。实行这一战略的优点是，把多方向发展新产品与多个目标市场有机地结合起来，使企业提高了应变能力，但实行起来比较复杂，企业必须处理好原有产品生产与多角化经营的关系，最好能做到使两者相辅相成地发挥作用。此外，实施这一战略对领导者的经营管理素质与技术业务素质要求较高，否则难以应付局面。

(六) 企业并购战略

企业并购战略包含企业兼并战略和企业收购战略两种形式。

1. 企业兼并战略 是通过有偿转移和资本集中等途径，把别的企业并入本企业系统，使被兼并企业失去法人资格或改变法人实体地位的经济活动。

企业兼并不同于行政性的合并或组织调整。企业兼并的本质表现为：

①企业全部或基本部分资产的产权归属发生变动，实现有偿转移。

②企业的全部或主要生产要素，包括设备、厂房、资金及存储原材料、库存品等，发生整体性流动。

③企业生产要素不仅有量的扩张，而且有质的优化，即实现生产要素的优化组合。

④兼并双方实现资产一体化，形成一个新的企业实体。

2. 企业收购战略 指一个公司购买另一公司，并将其完全吸收为本公司的附属单位或事业部。近年来，随着全球一体化的进程，世界各国大型企业之间的收购已成为强化竞争优势的重要手段，而且收购的规模越来越大。

企业并购的形式是多种多样的，按照不同的分类标准，可划分出许多不同类型：

①按并购双方产品与产业的联系，可分为横向并购、纵向并购和混合并购。

②按企业并购双方是否友好协商，可分为善意并购和敌意并购。

③按企业并购的方式，可分为吸收并购、创立并购和建立母子公司关系。

在实施并购过程中，企业重点关注以下几个方面的问题：

(1) 对目标企业的分析。主要是为了全面了解目标企业是否与本企业的整体发展战略相吻合，目标企业价值如何，以及经营中的机会与障碍，分析重点应放在行业、法律、运营和财务等方面。

(2) 目标企业的价值评估。是为企业的出价提供客观依据，另外，通过估算目标企业的价值和其现金流量，可以决定相应的融资方法。目标企业的价值估算通常可采用净值法、市场比较法和净现值法等三种方法。

(3) 并购资金的筹措。并购资金的融资方式和途径主要有增资扩股、金融机构信贷、企业发行债券、卖方融资、杠杆收购等方式。在具体运用中，有些可单独运用，有些则可组合运用。

(4) 企业并购的风险分析。企业并购是一种高风险经营，风险的分析和预防十分重要。风险分析主要有营运风险、信息风险、融资风险、反收购风险、法律风险、体制风险等方面。

(5) 并购后的整合。企业并购的目的是通过对目标企业的运营实现企业的战略目标。当实现了对目标企业的控制权后，只是完成了并购目标的一半，更重要的工作是对目标企业进行整合，使其与企业的整体战略协调一致。整合包括战略整合、业务整合、制度整合、组织人事整合和企业文化整合等方面。

在西方工业化国家中，许多大公司或企业集团都将并购作为企业外部发展的最主要战略，企业并购战略至少有以下三点有利之处：

①可大大缩短企业发展所需的时间。
②可节约企业投入的资源和成本。
③可获得融资上的利益。

当然，并购也有不利之处。如在并购一个企业时，有时将对方多余资产一并购入，使企业耗费不必要的成本；此外，并购后的企业管理难度较大，许多人事组织、情感上的后遗症问题要经过相当长的时间才能消除。

(七) 企业集团战略

企业集团是指以一个大企业为核心，以资产和生产经营关系为纽带，联合一批具有共同经济利益，受这个核心不同程度控制和影响的企业，组成一个多层次的特殊经济联合体。

在我国的现实经济生活中，行政性公司、托拉斯式的紧密联合体、联合企业、松散的企业群体等，都曾被称为"企业集团"。不仅如此，有的还把企业集团与集团公司混为一谈，把企业集团当作法人，要求企业集团像法人一样去登记。其实，企业集团不同于行政公司，不同于集团公司，也不同于一般联合体。作为企业集团有以下特征：

①层次性。企业集团具有两种联结纽带，其一为股份化的资本联结；其二为合同协议联结。通常可划分核心层、控股层、持股层和固定协作层等四个层次。前三个层次建立在股份制基础上，是集团的正式成员，第四层次建立在具有法律效力的合同协议书上，但不作为集团正式成员，只是集团的影响范围。

②非法人性。从法律上看，企业集团的母公司、子公司和关联公司都是独立的企业法人，而集团总体则是一种建立在持股控股基础上的法人合伙。它既不是统一纳税、统负盈亏的经济实体，也不具备总体法人地位。

③建立在企业法人股份制基础上的相互持股与干部互派。企业集团成员企业间的持股权相互渗透，并导致干部互派。

④实行集团经理会与母公司董事会相结合的领导管理体制。在纵向持股的企业集团中，此种现象尤为突出。

⑤以一个大企业为"龙头"，实行多角产品和系列化产品经营，建立联合投资公司。

⑥具有强大的集团供销网络以及与集团名称一致的商标和符号。

(八) 企业跨国经营战略

跨国经营就是企业以商品、劳务、资本、技能等形式，从事超越一国主权范围的资源传递与转化活动。企业跨国经营战略是企业发展型战略中层次最高、难度最大的一种战略。它具有以下特性：

①面临双重环境因素，即国内经营的环境因素和东道国环境因素。

②在广度和深度上大大扩展了管理的每一职能的内容。

③企业发展潜力大、风险高，对管理者要求更高。

跨国经营有直接进出口、对外特许授权、契约制造（合同制造）、启钥工程、合资经营、独资经营等基本形式。

跨国经营战略是综合性的、难度很大的战略决策，围绕着进入某个目标国家经营，需要进行海外经营调查、目标东道国挑选、海外投资项目评估等准备工作。决策的重点是权衡和解决三方面问题：

①企业实行跨国经营的具体动机是什么？

②实现此动机的目标国家在哪里？

③应以何种方式进入目标国家？

这些问题的解决取决于企业目标、自身条件以及对有关国家环境、信息的了解与掌握。企业跨国经营战略如图4-5所示。

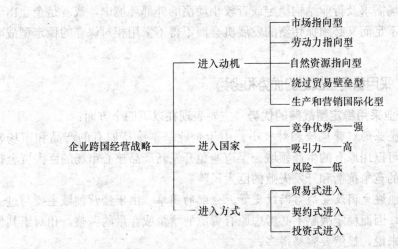

图 4-5 企业跨国经营战略图

二、稳定型战略

(一) 稳定型战略的概念和特征

企业稳定战略是指在内外环境的约束下，企业在战略所期望达到的经营状况基本保持在战略起点的范围和水平之上的战略。按照稳定型战略，企业目前所遵循的经营方向及其正在从事经营的产品和面向的市场领域，其产销规模和市场地位都大致不变或以较小的幅度增长或减少，从企业经营风险的角度来说，稳定型战略的风险是相对较小的。它具有以下特征：

1. 满足现状 企业对过去的经营业绩表示满意，决定追求既定的或与过去相似的经营目标。如企业过去的经营目标是在行业竞争中处于市场领先者的地位，稳定型战略意味着在今后的一段时期里依然以这一目标作为企业的经营目标。

2. 不求上进 企业战略规划期内所追求的绩效按大体的比例递增。实行稳定型战略的企业，总是在市场占有率、产销规模或总体利润水平上保持现状或略有增加，从而稳定和巩固企业现有的竞争地位。与增长型战略不同，这里的增长是一种常规意义上的增长，而非大规模的和非常迅猛的发展，是指在市场占有率保持不变的情况下，随着总的市场容量的增长，企业的销售额也相应的增长。

3. 不注重创新 企业准备以过去相同的或基本相同的产品或劳务服务于社会，这意味着企业在产品的创新上较少。所以，采取稳定型战略的企业，一般是在市场需求及行业结构稳定或者较小动荡的外部环境中，或者是企业由于资源状况不足而又必须抓住新的发展机会而不得不采用相对保守的稳定型战略态势。

（二）采用稳定型战略的优势和劣势

1. 企业采用稳定型战略的优势　主要表现在以下四个方面：

（1）企业的经营风险相对较小。由于企业基本维持原有的产品和市场领域，从而可以用原有的生产领域、渠道避免开发新产品核心市场的巨大资金投入、激烈的竞争抗衡和开发失败的巨大风险。

（2）能避免因改变战略而改变资源分配的困难。由于经营领域主要与过去大致相同，因而稳定战略不必考虑原有资源的增量或存量的调整，相对于其他战略态势来说，显然要容易得多。

（3）能避免发展过快而导致的弊端。在行业迅速发展的时期，许多企业无法看到潜伏的危机而盲目发展，结果造成资源的巨大浪费。

（4）能给企业一个较好的修整期，使企业积聚更多的能量，以便为今后的发展做好准备。从这个意义上说，适时的稳定型战略将是增长型战略的一个必要的酝酿阶段。

2. 稳定型战略的劣势　主要表现在以下三个方面：

（1）稳定型战略的执行是以市场需求、竞争格局等内外条件基本稳定为前提的。一旦企业的判断没有得到验证，就会打破战略目标、外部环境和企业实力之间的平衡，使企业陷入困境。因此，如果环境预测有问题的话，稳定型战略也会有问题。

（2）特定细分市场的稳定型战略也会有较大的风险。由于企业资源不够，企业会在部分市场上采用竞争战略，这样做实际上是将资源重点配置在几个细分市场上，因而如果对这几个细分市场把握不准，企业可能会更加被动。

（3）减弱风险意识。稳定型战略也会使企业的风险意识减弱，甚至形成害怕风险、回避风险的文化，这就会大大降低企业对风险的敏感性、适应性和冒风险的勇气，从而增加了以上风险的危害性和严重性。

（三）稳定型战略的类型

稳定型战略一般分为以下几类：

1. 无变化战略　无变化战略是指企业不用制定新的战略，也不需要进行战略调整，而是维持原有战略的一种形式。采用它的企业可能基于两个原因：一是企业过去的经营相当成功，并且企业内外环境没有发生重大变化；二是企业并不存在重大的经营问题或隐患,因而战略管理者没有必要进行战略调整,或者害怕战略调整会给企业带来分配和资源分配的困难。在这两种情况下,企业的管理者和职工可能不希望企业进行重大的战略调整,因为这种调整可能会在一定时期内降低企业的利润总额。

2. 维持利润战略 维持利润战略是一种牺牲企业未来发展来维持目前利润的战略。维持利润战略注重短期效果而忽略长期利益,其根本意图是度过暂时性的难关。因而往往在经济形势不景气时被采用,以维持过去的经济状况和效益,实现稳定发展。但如果使用不当的话,维持利润战略可能会使企业的元气受到伤害,影响企业长期发展。如企业为了满足董事会和股东增加分红的要求而减少新技术研发费用,虽然企业短期利润会上升,但是这种没有后劲的短期成功必然会导致企业长期停滞不前。此外,对已经没有发展前途的产品或业务,企业提取其产出的利润用于发展新产品,开拓新市场,而不增加对它们的投入,这也是维持利润战略的一种做法。

3. 暂停战略 暂停战略是指在一段较长时间的迅速发展后,企业可能遇到一些问题使得效率下降,这时就可以采用暂停战略,即在一定时期内降低企业的目标和发展速度,使企业的发展速度、企业资源、管理力量保持一致。暂停战略是企业进行临时性休整,可以充分达到让企业积聚能量,为今后的发展做准备的战略。

4. 慎重战略 慎重战略是企业根据外部环境中某一重要因素的变化或由于难以预测环境,而有意识地降低实施进度,步步为营,谨慎实施的一种战略。

三、紧缩型战略

(一)紧缩型战略的概念和特征

1. 紧缩型战略的概念 紧缩型战略是指企业偏离起点,而从目前的战略经营领域和基础水平收缩和撤退的一种经营战略,与稳定型战略和增长型战略相比,紧缩型战略是一种消极的发展战略。一般情况下,企业实施紧缩型战略只是短期的,其根本目的是使企业躲过风暴后转向其他的战略选择。有时只有采取收缩和撤退的措施,才能抵御竞争对手的进攻,避开环境的威胁和迅速地实行自身资源的最优配置,紧缩型战略是一种以退为进的战略。

2. 紧缩型战略的特征 主要表现在以下三个方面:

(1)主动放弃。对企业现有的产品和市场领域实行收缩、调整和撤退战略,比如放弃某些市场和某些产品品种。因而从企业的规模来看是在缩小的,同时一些效益指标（如利润率和市场占有率等）都会有较为明显的下降。

（2）紧缩开支。对企业资源的运用采取较为严格的控制和尽量削减各项费用支出，往往只投入最低限度的经营资源。因而紧缩型战略的实施过程往往会伴随着大量的裁员，一些奢侈品和大额资产的暂停购买，等等。

（3）蓄势待发。紧缩型战略具有明显的短期性，与稳定和发展两种类型的战略相比，紧缩型战略具有明显的过渡性，其根本目的并不在于长期节约开支，停止发展，而是为了今后发展积蓄力量。

（二）紧缩型战略的优势和劣势分析

1. 紧缩型战略的优势　主要表现在以下三个方面：

①能帮助企业在外部环境恶劣的情况下，节约开支和费用，顺利地渡过所面临的不利处境。

②能在企业经营不善的情况下最大限度地降低损失。在许多情况下，盲目且顽固地坚持经营无可挽回的事业，而不明智地采用紧缩型战略，会给企业带来致命的打击。

③能帮助企业更好地实行资产的最优组合。如果不采用紧缩型战略，企业在面临一个新的机遇时，只能运用现有的剩余资源进行投资，这样做势必会影响企业在这一领域发展的前景；相反，通过采取适当的紧缩型战略，将节约的资源转移到新的增长点，从而实现企业长远利益的最大化。

2. 紧缩型战略的劣势　主要表现在两个方面：

①实行紧缩型战略的尺度较难以把握，因而如果盲目地使用紧缩型战略的话，可能会扼杀具有发展前途的业务和市场，使企业的总体利益受到伤害。

②一般来说，实施紧缩型战略会引起企业内外部人员的不满，从而引起员工情绪低落，因为实施紧缩型战略常常意味着不同程度的裁员和减薪，而且实施紧缩型战略在某些管理人员看来意味着工作的失败和不利。

（三）紧缩型战略的类型

紧缩型战略也是一个整体战略概念，它一般包括抽资转向战略、调整战略、放弃战略、清算战略。

1. 抽资转向战略　指企业在现有的经营领域不能维持原有的产销规模和市场的情况下，采取缩小规模和减少市场占有率，或者企业在存在新的更好的发展机遇的情况下，对原有的业务领域进行压缩投资，控制成本以改善现金流，为其他业务领域提供资金的一种战略。

2. 调整战略　指企业试图扭转财务状况欠佳的局面，提高运营效率，而对企业组织结构、管理体制、产品和市场、人员和资源等进行调整，使企业能渡过危机，以便将来有机会再图发展的一种战略。

企业财务状况下滑的主要原因可能是工资和原材料成本上升、暂时的需求下降或经济衰退、竞争压力增大和管理出现问题等。实施调整战略可采用的措施有：

（1）调整企业组织。包括改变企业的关键领导人，在组织内部重新分配责任和权力等。调整企业组织的目的是使管理人员适应变化了的环境。

（2）降低成本和投资。包括压缩日常开支，实施更严格的预算管理，减少一些长期投资的项目等，也可以适当减少某些管理部门或降低管理费用。在某些必要的时候，企业也会以裁员作为压缩成本的方法。

（3）减少资产。包括出售与企业基本生产活动关系不大的土地、建筑物和设备；关闭一些工厂或生产线；出售某些在用的资产，再以租用的方式获得使用权；出售一些盈利的产品，以获得继续使用的资金。

（4）加速回收企业资产。包括加速应收账款的回收，派出讨债人员收回应收账款，降低企业的存货量，尽量出售企业的库存产品等。

3. 放弃战略 指转让、出卖或停止经营企业的一个或几个经营单位、生产线、事业部，将资源集中于其他有发展前途的经营领域，或保存企业实力寻求更大的发展机遇。

实施放弃战略对任何企业的管理者来说都是一个困难的决策。在放弃战略的实施过程中通常会遇到一些障碍，主要包括以下几个方面：

（1）结构上或经济上的障碍。即一个企业的技术特征及其固定和流动资本妨碍其退出，例如一些专用性强的固定资产很难退出。

（2）企业内部依存关系上的障碍。如果准备放弃的业务与其他的业务有较强的联系，则该项业务的放弃会使其他有关业务受到影响。

（3）管理上的障碍。企业内部人员，特别是管理人员对放弃战略往往会持反对意见。因为这往往会威胁他们的职业和业绩考核；放弃对管理者的荣耀是一种打击；放弃在外界看来是失败的象征等。

可以通过在高层管理者中形成"考虑放弃战略"的氛围、改进工资奖金制度，使之不与放弃战略相冲突、妥善处理管理者的出路问题等方式克服这些障碍。

4. 清算战略 指为了减少股东的损失，通过拍卖其资产或停止整个企业的运行而终止企业全部经营活动的一种战略。它分为自动清理和强制清理。显然，只有在其他战略都失败时才考虑使用清算战略。但在确实毫无希望的情况下，应尽早地制定清算战略，使企业可以有计划地逐步降低企业股票的市场价值，尽可能多地收回企业资产，从而减少全体股东的损失。因此，在特定的情况下，及早地进行清算较之追求无法挽回的事业要明智，对企业来说也是一种明智的战略。

第四节 企业竞争战略

企业竞争战略所涉及的问题，是在给定的一个业务或行业内经营单位如何竞争取胜的问题，即在什么基础上取得竞争优势。在经营单位的战略选择方面，波特提出了成本领先战略、差异化战略和集中化战略等三种可供采用的竞争战略。

一、成本领先战略

成本领先战略亦称低成本战略，其核心就是在追求规模经济效益的基础上，通过在内部加强成本控制，在研究开发、生产、销售、服务和广告等领域内把成本降低到最低限度，使其成为行业中的成本领先者，并获得高于行业平均水平利润的一种战略。企业凭借其成本优势，可以在激烈的市场竞争中获得有利的竞争优势。

成本领先战略的理论基础是规模效益和经验效益，它要求企业的产品必须具有较高的市场占有率。规模效益是指单位产品成本随生产规模增大而下降；经验效益是指单位产品成本随累积产量增加而下降。

（一）成本领先战略的优势

1. 形成进入障碍 企业的生产经营成本低，可以为那些欲进入本行业的潜在进入者设置较高的进入障碍，使那些生产技术尚不成熟，经营上缺乏规模的企业很难进入此行业。

2. 增强企业的讨价还价能力 企业的成本低，可以使自己与供应者的讨价还价能力增长，降低投入因素变化所产生的影响。同时，企业成本低，可以提高自己对购买者的讨价还价能力。

3. 降低替代品的威胁 企业的成本低，在与竞争者竞争时可以凭借其低成本的产品和服务吸引大量的顾客，降低或缓解替代品的威胁，使自己处于有利的竞争地位。

4. 保持价格领先的竞争地位 当企业与行业内的竞争对手进行价格战时，由于企业的成本低，可以在竞争对手毫无利润的水平上保持盈利，从而扩大市场份额，保持绝对竞争优势地位。

(二) 成本领先战略的劣势

1. 不利于竞争优势的稳固 如果竞争对手的竞争能力过于强大，拥有开发更低成本的生产方法。例如，竞争对手利用新的技术，或更低的人工成本，形成新的低成本优势，使得企业原有的优势成为劣势。

2. 自我保护能力差 当企业的产品或服务具有竞争优势时，竞争对手往往会采取模仿的办法，形成与企业相似的产品和成本，给企业造成经营困境。

3. 应变能力弱 当顾客需求改变时，如果企业过分地追求低成本，降低了产品和服务质量，会影响顾客的需求，结果会适得其反。企业非但没有获得竞争优势，反而会处于劣势。

企业在采用成本领先战略时，应及早注意这些问题，采取防范措施。

(三) 开发成本优势的途径

成本领先要求建立高效、规模化的生产设施，在经验的基础上，紧缩生产成本与管理费用，最大限度地减小研究开发、服务、推销、广告等方面的开支，尽力降低产品成本。为了达到这一目标，就要在管理方面对成本给予高度的重视。尽管质量、服务以及其他方面也不容忽视，但贯穿于整个战略之中的是使成本低于竞争对手。该公司成本较低，意味着当别的公司在竞争过程中已失去利润时，这个公司依然可以获得利润。要获得成本优势，企业价值链上的累积成本必须低于竞争对手累积成本，达到这个目的有两个方法。

1. 控制成本驱动因素 即比竞争对手更有效地开展内部价值链活动，更好地管理推动价值链活动成本的各个因素，其主要途径有：

(1) 实现规模经济。价值链上某项具体活动常常会受到规模经济或规模不经济的约束。某些活动的开展，规模大比规模小成本更显得低，如研究与开发费用，分配到更大的销售量之上，就可以获得规模经济。对那些容易受到规模经济或规模不经济制约的活动进行敏锐的管理是节约成本的一个主要方法。

(2) 经济时段效应。开展某项活动的成本可能因为经验和学习的经济性而随时间下降，选择经济时段可以降低成本。

(3) 强化外购成本控制。开展价值链活动的成本部分取决于公司购买关键的资源投入所支付的成本。对于从供应商那里购买的投入或价值链活动中所消耗的资源，各个竞争厂商所承担的成本并不完全相同。所以，公司对外购投入成本的管理通常是一个很重要的成本驱动因素。

(4) 利益协调降低成本。如果一项活动的成本受到另一项活动的影响，那么，在确保相关活动以一种协调合作的方式开展的情况下，就可以降低成本。例如，当一个公司的质量控制成本或材料库存成本同供应商的活动相关的时候，就可以通过零配件的设计、质量保证程序、及时送货以及一体化材料供应等方面与关键的供应商合作来降低成本。

(5) 资源共享降低成本。同一业务单元可共同使用一个订单处理和客户账单处理系统；使用相同的销售力量、共同使用仓储和分销设施；依靠相同的客户服务和技术支持队伍等。这种类似活动的合并和兄弟单位之间跨部门的资源分享，可以极大地节约成本。

(6) 垂直一体化协作降低成本。部分或全部一体化进入供应商或前向渠道联盟，可以使一个公司绕开有谈判权利的供应商或购买者。如果合并或协调价值链中紧密相关的活动能够带来重大的成本节约，那么前向或后向一体化就有很大的潜力。相反，有时对某些职能活动进行外部寻源或业务外包，让外部的专业厂商来做或许更划算，因为他们利用了现有技术和规模，开展这些活动的成本会更低。

(7) 提高生产能力利用率。生产能力利用率是价值链的一个很大的成本驱动因素，因为它本身附带了巨大的固定成本。生产能力利用率的提高可以使得承担折旧和其他固定费用的生产量扩大，从而降低单位固定成本。业务的资本密集度越高或固定成本占总成本的比重越高，这个成本驱动因素的重要性就越明显。因为生产能力利用不足就会使单位成本遭受很大的损失，在这种情况下，寻找生产运作在接近年度满负荷运转的途径是获取成本优势的又一个源泉。

(8) 科学决策。公司内部的各种管理决策可以使得公司的成本降低或者上升。

2. 改造企业的价值链 省略或跨越一些高成本的价值链活动，其主要途径是在主要的环节采取相应的措施。

(1) 决策环节。将各种设施重新布置在更靠近供应商和消费者的地方，以减少入厂和出厂成本；再造业务流程，去掉附加价值很低的活动；利用电子通信技术传播信息，减少打印、复印成本，通过电子邮件、电视会议减少差旅成本；只提供基本无附加的产品或服务，降低附加成本。

(2) 设计生产环节。利用计算机辅助设计技术、减少零部件，将各种模型和款式的零配件标准化，转向"易于制造"的设计方式。抛弃那种"针对每一个人"的经营方式，将核心集中在有限的产品或服务之上，消除产品或服务中的各种变形所带来的活动和成本；寻找各种途径来避免使用高成本的原材料和零部件；采用更简单、资本密集度更低、更灵活的生产技术。

（3）销售环节。使用"直接到达最终用户"的营销和销售策略，从而削减批发商和零售商那里通常很高的成本费用和利润；加强客户关系管理，通过网站同顾客建立联系。

二、产品差异化战略

（一）产品差异化战略的概念

产品差异化战略亦称特色经营战略，指企业向市场提供与众不同的产品和服务，树立在全行业范围中具有独特性的东西，满足顾客特殊的需求，从而形成竞争优势的一种战略。企业形成这种战略主要是依靠产品和服务的特色，在客户中建立品牌与信誉优势，而不是产品和服务的成本。但是应该注意，差别化战略不是指企业可以忽略成本，只是强调这时的战略目标不是成本问题。

产品或服务的特色可以在产品设计、生产技术、产品性能、服务、网络、商标形象等方面。当企业进行价格竞争不能达到扩大销售的目的时，实行差别化就可以培养顾客的品牌与信誉优势，降低对价格的敏感性。差别化战略是企业获得高于同行业平均水平利润的一种有效战略。

（二）产品差异化战略的优势和劣势

1. 产品差异化战略的优势　主要表现在以下几个方面：

（1）形成进入障碍。由于产品的特色，顾客对产品或服务具有很高的忠实程度，从而该产品和服务具有强有力的进入障碍，潜在的进入者要与该企业竞争，则需要克服这种产品的独特性。

（2）降低顾客敏感程度。由于差别化，顾客对该产品或服务具有某种程度的忠实性，当这种产品的价格发生变化时，顾客对价格的敏感程度不高。生产该产品的企业便可以运用产品差别化的战略，在行业的竞争中形成一个隔离带，避免竞争者的伤害。

（3）增强讨价还价能力。产品差别化战略可以为企业带来较高的边际收益，降低企业的总成本，增强企业对供应者的讨价还价能力；同时，由于购买者别无选择，对价格的敏感程度又降低，企业可以运用这一战略削弱购买者的讨价还价能力。

（4）防止替代品的威胁。企业的产品或服务具有特色，能够赢得顾客的信任，便可以在与替代品的较量中比同类企业处于更有利的地位。

2. 差异化战略的劣势　主要表现在以下几个方面：

（1）生产成本高。企业形成产品差异化的成本过高，大多数购买者难以承受产品的价格,企业也就难以盈利。竞争对手的产品价格降得很低时,企业即使控制其成本水平,购买者也不再愿意购买价格较高的产品。

(2) 差异的诱导性。主要表现在两个方面,一是竞争对手推出相似的产品,降低产品差异化的特色;二是竞争对手推出更有差异化的产品,使得企业的原有购买者转向了竞争对手的市场。

(3) 差异的时效性。购买者不再需要本企业赖以生存的那些产品差异化的因素。例如,经过一段时间的销售,产品质量不断地提高,顾客对电视机、录放机等家用电器的价格越来越敏感,这些产品差异化的重要性就降低了。

(三) 实行产品差异化战略的途径及可能性

1. 实行产品差异化战略的途径　可以从以下几个方面考虑:
①产品质量差异化。
②产品可靠性差异化。
③产品销售差异化。
④产品创新差异化。
⑤产品品牌差异化。

2. 实行产品差异化的可能性　实际上在行业价值链中的每一项活动之中都存在创造差异化的可能性,其中最常见的有:

(1) 采购环节。那些最终会影响公司终端产品的质量或者性能的采购活动。

(2) 产品开发环境。改善产品设计和性能特色、改善产品外观、扩大产品的最终用途和应用范围、缩短新产品开发的提前期、增加产品种类、增加用户安全设施、提高回收能力、加强环境保护。

(3) 生产制造环节。降低产品缺陷、防止成熟前产品失败、延长产品的寿命、改善产品的保险总额、改善使用的经济性、增加最终用户的方便、改善产品的外观等。

(4) 销售环节。加快交货、提高订单完成的准确性、减少在仓库中和货架上的产品脱销现象;为顾客提供卓越的技术支持、加快维护及修理服务、增加和改善产品的信息、增加和改善产品的信息、增加和改善为终端用户所提供的培训材料、改善信用条件、加快订单处理过程、增加频繁的销售访问次数、提高顾客的满意程度等。

公司的管理者必须能够充分地理解创造价值的各种差别化途径以及能够推动独特性的各项管理活动,从而制定优秀的差别化战略和评价各种不同的差别化方式。

三、集中化战略

(一) 集中化战略的概念

集中化战略亦称专门化战略，指把经营战略的重点放在一个特定的目标市场上，为特定的地区或特定的购买者集团提供特殊的产品或服务。集中化战略与其他两个基本的竞争战略不同，成本领先战略与差异化战略面向全行业，在整个行业的范围内进行活动；而集中战略则是围绕一个特定的目标进行密集型的生产经营活动，要求能够比竞争对手提供更为有效的服务。企业一旦选择了目标市场，便可以通过产品差异化或成本领先的方法，形成集中化战略。也就是说，采用集中化战略的企业，基本上就是特殊的差异化或特殊的成本领先企业，由于这类企业的规模较小，采用集中化战略的企业往往不能同时进行差异化和成本领先的方法。与差异化战略不同的是，采用集中化战略的企业是在特定的目标市场中与实行差异化战略的企业进行竞争，而不在其他细分市场上与其竞争对手竞争。在这方面，集中化的企业由于其市场面狭小，可以更好地了解市场和顾客，提供更好的产品与服务。

(二) 集中化战略的优势和劣势

采用集中化战略的优势是：可以防御行业中的各种竞争力量，使企业在本行业中获得高于一般水平的收益。这种战略可以用来防御替代品的威胁，也可以针对竞争对手最薄弱的环节采取行动：形成产品的差异化；或者在为该目标市场的专门服务中降低成本，形成低成本优势；或者兼有产品差异化和低成本的优势。在这种情况下，其竞争对手很难在目标市场上与之抗衡。这样，企业在竞争战略中成功地运用重点战略就可以获得超过行业平均水平的收益。

采用集中化战略的劣势有：以较宽的市场为目标的竞争者采用同样的集中化战略，或者竞争对手从企业的目标市场中找到了可以再细分的市场，并以此为目标实施集中化战略，从而使原来采用集中化战略的企业失去优势。由于技术进步、替代品的出现，价值观念的更新、消费者偏好变化等多方面的原因，目标市场与总体市场之间在产品或服务的需求差别变小，企业原来赖以形成集中化战略的基础也就失掉了。

(三) 集中化战略的适用范围

集中化战略特别适用于在下列情形中：
①市场上有显著不同的客户群，这些客户群或者对产品有不同的需求，或

者习惯于以不同的方式使用产品。

②没有其他竞争对手试图关注于同一市场面。

③企业现有资源不允许追求较宽的市场面。

④行业的各个市场面在规模、增长率、利润率等方面参差不齐，使得对于特定企业而言，某些市场面要较另一些市场面更具有吸引力。

集中化战略中的重点可以是成本重点，也可以是产品重点。实行成本重点时企业要在所处的目标市场中取得低成本的优势；实行产品重点时，企业则要在目标市场中形成独特的差异化。

四、三种基本竞争战略的实施条件

由于三种基本竞争战略的侧重点不同，所以三种战略的实施条件也不同，如表4-3所示。

表4-3　三种基本竞争战略的实施条件

竞争战略类型	需要的资源	组织与控制手段
成本领先战略	持续投资和增加成本； 拥有成熟的产品设计与工艺； 严格的管理系统； 低成本、市场面宽的分销网络	严格的成本控制与监督； 详尽及时的成本控制报告； 严密的组织结构与责任制； 推行目标管理
差异化战略	高效的市场营销能力； 具有产品设计的超前能力； 具有全能的生产工艺技术； 具有高质量领先技术的声誉； 具有良好的销售渠道系统； 具有引进技术并消化、吸收和创新	在技术开发、产品开发和市场营销中进行有利的协调； 用主观测评替代定量化测评； 以舒适的工作环境、丰厚的待遇吸引专家、技术人才和管理人才
集中战略	在特定的战略目标指导下综合使用上述政策	

第 五 章
经营计划与实施

经营计划是在市场经济条件下,企业根据自身的情况,对未来一定时期内的生产、经营等活动所做的部署和安排,是企业管理的重要组成部分,在整个国民经济和社会发展活动中处于十分重要的地位。因此,了解企业经营计划的概念、地位和作用,掌握经营计划的编制方法及如何实施,对于提高企业市场竞争力与健康发展,具有重要的理论意义和实用价值。

第一节 经营计划概论

一、基本概念

(一) 经营计划

经营计划也称为企业经营计划,是针对市场经济变化规律,并在国家宏观政策指导下,根据企业内外环境条件的变化,为企业在一定时期内的全部经营活动所做的安排。它具体规定了企业为了达到主要经营目标所需要的行动顺序,说明了在经营方针规定的限度内怎样实现目标、筹措所需资源,并提供衡量进度的动态指标。

在社会主义市场经济条件下,企业是市场经济运行的主体,企业的经营计划对企业的生存和发展具有非常重要的作用,主要表现在:

1. 经营计划是实现企业经营目标的行动纲领和有效管理方法 企业的经营计划是在对企业的内外环境分析研究之后,对企业在一定时期内的经营活动做出的决策、提出的最佳经营方案,旨在努力使企业经营活动达到最佳。

2. 经营计划有利于实现企业资源的有效配置 在经营活动中,企业资源配置的合理与否对企业的经营成本及经营成果影响很大,合理的资源配置有利于降低经营成本,并产生良好的经营成果。通过经营计划,有效地利用人力、财力、物力,不断提高企业经济效益,增加职工收入,有利于调动企业职工的积极性,使企业经济效益的增长和职工积极性的提高,始终保持良性循环,从而减少了资源的浪费,降低经营成本。

3. 经营计划有利于协调个体行为之间及个体行为与整体行为之间的关系

借助于宏观计划的指导、调节和必要的行政管理手段,协调各企业计划间的矛盾,从而保证企业整体的发展方向,使企业的经营活动达到效果最佳。

总之,企业的未来是以现在为基础的,只有实施科学的计划,才能促进企业的发展。

(二) 企业

企业是一个相对独立的经济实体,是依法取得法人资格的自主经营、自负盈亏、独立核算的商品生产和经营单位。

1. 企业是商品生产经营单位 不是所有商品生产经营单位均为企业。如个体商品生产,就不是企业。企业必须具有商品生产的特点,即必须向社会提供商品或劳务。如果企业的产品不为社会所认可,就不能成为商品进入市场,企业也就失去了存在的意义。企业应根据市场的变化,确定自己的产品或劳务,在千变万化的市场竞争中,提高自己的应变能力,才能求得生存和发展。所以,适应市场、占领市场和开拓市场,同市场紧密连接在一起,便成为企业的头等大事。

2. 企业有相对的独立性 因为企业同市场紧密连接在一起,企业要适应市场的变化,就必须有独立的决策权。尤其是扩大再生产、资源的获取以及投入和产出等,牵涉许多方面,企业只有具有相对独立处事的权限,才能具有生命力。另一方面,企业同每个职工的经济利益紧捆在一起,为职工的劳动付出酬劳,因此企业必须有必要的自主权。

3. 企业实行自主经营、自负盈亏 社会主义的基本经济规律,就是不断发展生产,满足人民群众日益增长的物质和文化生活的需要。作为国民经济的细胞——企业,只有遵循这个基本经济规律,才能避免被淘汰。而努力发展生产,不断满足市场需要,就要求企业必须能够自主经营,并对其经营效果承担全部责任,实行自负盈亏。这是社会主义市场经济对社会主义企业的基本要求。

4. 企业具有法人的资格 企业必须在工商行政部门领有营业执照,对企业经营生产承担法律责任。某些事业单位或行政机关的运输队、印刷厂等,虽然也从事生产和服务活动,也实行"企业化"经营,并在银行开户,但未经工商部门批准,没有法人资格,就不能算企业。

5. 企业还必须是一个独立核算单位 这是企业的一个重要特征。车间、工段虽然也提供相对的产品和劳务,并进行经济核算或内部核算,但它不是一个独立核算单位,没有法人资格,所以不能被称之为企业。

(三) 社会主义市场经济

我国的经济体制是社会主义市场经济,是以公有制为前提,实行社会主义制度,国家在政治上实行一元化领导,在经济上有意识、有目的、有计划地进行调控和引导的市场经济形式。社会主义市场经济的主要特征如下:

1. 社会主义市场经济是在以公有制为主体、多种经济成分共同发展和存在的条件下运行的 随着我国经济体制改革的深化,现代企业制度正在逐步建立,一元的国有产权制度将被多元的产权制度所取代,企业的破产以及相互间的联合、兼并等经济行为正在逐步实施。这将充分调动国有或国家控股的大中型企业的积极性,提高生产效益,促进经济市场的有序运作。

2. 社会主义市场经济的发展以实现人民的共同富裕为原则 由于资本主义市场经济以私有制为基础,国家对市场调控方向的确定、分配方式的选择、企业生产的目的、市场行为的主体等方面都是从财产占有者私人利益为出发点的,因此势必造成两极分化,贫富悬殊。而在社会主义公有制条件下的市场经济采用按劳分配为主的分配方式,减少了个人收入的差异,国家从宏观政策上,也注重协调地区间的经济发展,如西部大开发战略的实施,就是国家对西部经济的扶持,目的是从根本上改变我国西部地区经济落后的面貌,减少东西部经济发展中存在的差距。

3. 社会主义市场经济的目标是发展生产力,提高人民的物质和文化生活水平 只有生产力得到发展,人民的经济收益提高,才能有效禁止贩毒、赌博等违法活动和丑恶现象的滋生蔓延。

4. 社会主义市场经济在宏观调控上的优势作用更为明显 能更好地把当前利益和长远利益、局部利益和整体利益有机结合起来,处理好出资者、债权人、企业管理者及职工等各利益集团的关系,促进资源的合理配置和企业效率的提高,引导社会主义经济健康、有序、快速发展。

(四) 市场经济运行的一般规律

经济规律是指在社会经济发展过程中经济现象间的共同的、普遍的和经常起作用的本质联系。不同的社会经济发展阶段,有着不同的经济规律发生作用。因此,正确认识这些规律,对于发展社会主义市场经济十分必要。

1. 价值规律 价值规律是商品生产和商品交换的基本规律,商品的价值决定于商品生产所必需的劳动,商品的交换则必须遵循等价交换的原则,而围绕商品价值发生的价格波动是价值规律产生作用的基本形式。价值规律的作用主要体现在调节社会劳动在各部门间的分配、刺激企业生产技术的提高、实现生产者与消费者之间利益的分配、传递市场供求变化信息等方面。在市场经济条件下，企业的生产要靠市场的需求变化决定，而产品的价格又受到供求关系的影响。商品生产者为获取利润，一方面要生产出符合消费者需求的产品，并将产品销售出去；另一方面要不断改进技术，加强管理，降低生产成本，增加产品的竞争能力；还要保持各种商品间合理的比价关系，调动社会资金和劳动力的流动。这些都可以通过价值规律进行调节。

2. 供求规律 供求规律是指在价值规律发挥作用的过程中，商品市场的供给同有支付能力的需求之间所具有的内在联系。在市场交换过程中，当供给大于需求时，出现买方市场；当供给小于需求时，出现卖方市场；当供给与需求相符时，则出现均衡市场。一般情况下供给和需求都是不平衡的，但平衡是发展的必然趋势。买方与卖方市场都易造成社会经济运行的紊乱。因为在买方市场条件下，会造成生产企业产成品积压、资金周转缓慢、社会劳动浪费较大；而在卖方市场条件下，商品严重短缺，生产企业的商品无论质量高低均易出售，从而为劣质、高能耗产品提供了市场，不利于科技进步和经营管理水平的提高。可见，较理想的市场是供求动态相对平衡的市场。

3. 竞争规律 竞争是市场经济的基础特征之一，是商品自身使用价值和价值矛盾运动的产物，是不以人的意志为转移的客观规律。竞争的基本条件是竞争者要处于平等的地位，因为商品等价交换要求在平等的法律、平等的负税、平等的贷款及利率的条件下进行。市场竞争的原动力是企业对自身利益的追求，优胜劣汰是竞争规律的强制机制。竞争机制的存在，形成了参与商品生产与流通的各经济主体间的竞争态势，进而造成企业的外部压力，促使企业不断改进技术和管理，增强自身活力，提高服务质量和经济效益，引导社会资源的优化配置，推动社会经济的发展。企业与市场竞争的手段主要有三个方面：一是企业价格的竞争。企业制定价格的原则是要保护获取较高利润，并限制更多的企业进入市场，以提高企业的市场占有率。二是企业非价格竞争，即企业在技术和产品开发与销售行为方面的竞争。非价格竞争的目的在于建立企业的差别优势，形成限制其他企业进入的障碍。三是企业兼并，企业兼并是在竞争机制作用下，为实现规模经营而进行企业间的吸收合并，它是伴随企业产权有偿转让，以兼并企业的存续和被兼并企业丧失法人资格为直接结果的法律行为。实行企业兼并可以促进商品生产的发展和社会生产力水平的提高，并有利于在较平稳的条件下有效地解决长期经营性亏损企业的问题。

4. 比例发展规律 比例发展规律是社会化生产过程中国民经济按比例发展的必然要求。因为在社会大生产条件下，国民经济各生产部门和生产企业之间的生产活动既密切联系又相互制约，犹如一个环环相扣的整体，哪个环节出了问题都将影响全局。所以在市场经济条件下，为保证社会再生产的顺利进行，最大限度地节约社会资源，促进社会总劳动在各种商品生产之间的分配，国民经济的比例发展规律将起到重要的作用。比例发展规律所要求的内在比例关系，主要包括同类产品不同型号之间的比例关系；不同类产品之间的比例关系；农业、工业及交通运输业等之间的关系；生产能力和材料供应、基建的比例关系等方面的内容。这些比例关系的合理与否，直接影响到市场经济的健康发展。

5. 周期波动规律 经济的周期波动是经济运行过程中经济扩张和经济收缩的交替，是经济发展中循环出现的一种波动现象，对国民经济的发展具有一定的推动作用。一般用国民生产总值、工业生产指数以及就业和收入等综合经济活动指标进行表示。经济学家一般把经济的周期波动过程分为繁荣、衰退、萧条和复苏四个阶段。传统经济理论认为经济的周期波动只与资本主义经济相联系，认为社会主义已从根本上消除了资本主义经济危机的内在矛盾，其经济运行不会有周期波动。实践证明，社会主义经济运行和发展中还存在许多不稳定因素，它必将对经济运行产生影响。也就是说，在社会主义市场经济中也存在一定的经济周期波动的现象。

二、我国经营计划体制发展历程

我国企业经营计划体制发展的历史过程，大体可分为以下几个主要时期。

1. 奠定计划基础时期（1950—1952年） 我国建国后的最初三年是国民经济恢复时期。在经营计划史上，是我国国民经济计划工作创建时期，是经营计划奠定基础时期。这个时期计划工作的特点是：年度计划的编制和执行，紧紧围绕党和政府提出的恢复国民经济的中心任务，由分散管理为主过渡到统一管理为主，确定了国有经济对整个国民经济的领导权。在计划体制上，保持了适度的集中和分散，注意利用商品、货币和市场关系。尽管计划的内容包括不全，计划的基础工作还很薄弱，但由于重点明确，主要物资的供求组织得好，对我国国民经济的恢复和发展，对国家财政经济状况的根本好转和市场物价的稳定，都起到了积极的作用。

2. 国家集中管理计划时期（1953—1978年） 1953年第一个五年计划开始，特别是从1956年生产资料所有制社会主义改造基本完成以后，到1978年中共十一届三中全会以前的20多年中，我国企业计划基本上都处于国家集中管理时期。这个时期的基本特征是：经济计划的决定权集中于国家，企业只是国家计划的执行单位,产品的生产和流通统一按国家计划进行;各种经济联系,包括企业间、地区间、部门间以及国家和企业间的经济联系,都是通过统一的计划建立的。这是一种国家对国民经济进行直接计划调节和控制为主的体制。

3. 改革计划体制时期(1979年至今)　党的十一届三中全会以来,随着经济体制改革包括计划体制改革的进行,企业计划体制相应地进行了一系列的改革。

(1) 缩小了指令性计划范围,注意发挥市场机制的作用。从1982年开始,逐步缩小了指令性计划的范围。对大量的一般工业产品实行指导性计划,企业可以自行制订计划,产品可以自行销售;对一部分日用小商品价格放开,完全由市场调节。在计划工作中,更多地引入市场机制,国家运用经济手段和法律手段调控市场,以引导企业的经营生产活动。

(2) 对大型企业集团和重大的联合项目或集团项目,在国家计划中单列户头。为了更好地落实企业的经营自主权,对在国民经济中有举足轻重地位的一些大型企业集团和基建项目,在国家计划中单列户头或单独立项。

(3) 改进计划管理,支持企业发展横向经济联合。经济联合组织承担的生产计划,除在国家计划中单列的企业集团由国家直接下达计划外,可由各地区、各主管部门下达到参加经济联合的主体企业,由主体企业再分解下达到参加联合的企业。国家统配物资的分配计划,仍按隶属关系下达,但允许跨地区、跨部门划转计划指标,所在地区和主管部门不得从中克扣。

(4) 采用多种形式的计划承包责任制。为了克服原有计划体制中存在的投入产出不挂钩、缺乏严格的责任制、吃"大锅饭"的弊病,1981年前后,在许多部门实行了不同内容的投入产出包干责任制。由于采用多种形式的计划承包责任制,促进了生产,节约了投资,提高了经济效益,增强了自我发展的能力。

第二节　经营计划制定的原则与任务

一、经营计划的基础工作

要搞好企业的经营计划,首先要加强计划的基础工作。这不仅为编制计划提供必要的依据,而且对计划的组织、执行、控制、检查等都起着积极的作用。因此,必须予以足够重视。这些基础工作的内容主要包括原始记录、统计资料、定额和计量等工作。

1. 原始记录 是企业经营活动的真实写照和最初凭证，反映着企业经营计划的历史动态，是宝贵的第一手资料。它包括：原始报表、凭证、单据等，企业对生产、技术、人事、财务、销售等情况都要有详细记录。企业业务管理部门应依据原始记录建立相应的台账，并使原始记录具有完整、统一、及时、准确等特性。记录的完整性，要求记录全面和连续，如一件产品从投入到出厂的全过程都应有记录。由于原始记录涉及的范围很广，必须动员广大群众参加，要实行专职和群众管理相结合。原始记录主要靠工作群众自己填写，专职人员则要进行定期检查，掌握填写质量，以保持原始记录的统一性和完整性。及时进行记录，不仅可以保证资料的真实性，而且可以及时反映工作进展的状态，为计划工作提供有效的反馈信息。例如，工时卡片的填写，要随零件的加工和运转同时进行，出勤卡也要当日填写，有些工厂在周末或月终凭记忆填写，就不能称为原始记录，而是历史回忆了。对原始记录最重要的要求是准确性，切忌虚假。如填写领料单，必须注明材料的名称、规格、单位、数量、计划价格、领料单位和用途等。只有如此，才能保证信息的真实性，并为有关定额的修改提供科学的依据，使计划工作做得更好。搞好原始记录，不仅对计划工作有着重要意义，而且对做好统计工作，搞好经济核算，建立正常的生产秩序以及贯彻按劳分配原则等都有重要意义。这是一项直接关系到企业经营管理水平的重要工作，必须予以充分重视。

2. 统计资料 是企业的统计工作人员在原始资料的基础上，按照国家统计制度的规定和本企业管理工作的需要，运用统计原理和方法，对原始记录进行整理、汇总和分析的结果。统计资料将为企业经营计划的编制、检查，以及改进企业的管理提供可靠的依据。

由于企业的统计资料要逐级上报汇总，所以，要求数据准确、上报及时，绝不能虚报、瞒报和延期不报。原始记录和统计资料都是基础资料，是企业生产经营活动的重要反映，是制订、执行和检查计划的根据。因此，一定要以实事求是、严肃认真的科学态度，做好记录和统计工作。对那些弄虚作假、违反国家统计制度的人员，将根据情节轻重，给予教育、批评和处分，直到追究法律责任。

3. 定额 是企业在生产经营活动中应遵守和达到的各种标准。不同的企业有不同的生产经营条件，而不同的条件将给定额带来差别；即使同一企业，在不同时期内，定额也不一样。

定额在企业生产经营活动中起着积极的重要作用。定额水平就是指标水平，而计划是由各种指标组成的，所以，定额是编制计划的依据和基础。企业定额一般可分为三大类，即消耗定额、利用定额和占用定额。

消耗定额，规定了活劳动和物化劳动消耗数量的标准。主要有时间、物资、费用等定额。例如，工时定额，产量定额，原材料、燃料消耗定额，劳动消耗定额，工具消耗定额，管理费用等定额。利用定额则表示原材料、设备和单位产品能源的利用程度。如设备利用率、原材料利用率、单位产品能源的消耗量等。占用定额则是企业为保证生产经营活动正常进行，而必须持有的资金、物资等数量。如原材料占用定额，流动资金占用定额等。

4. 计量工作 准确的计量，是保证一切核算资料正确的必要条件。只有通过计量，才能监督和检查计划的执行情况。计量工作包括测试、检查、化验分析等方面的计量技术和计量管理工作。它是生产经营活动中取得技术经济数据的重要手段。通过计量可以对企业生产经营活动进行分析和测试。如对时间、重量、长度等测试，都离不开计量。

计量工作应遵守国家的法令和制度，并设立专门的机构，建立以计量室为主的工作体系，迅速、准确、全面、统一地做好各项计量工作以满足企业经营的各种需要。

二、经营计划制定的原则

经营计划体现了企业经济发展的方向，为了使企业的计划管理能够取得良好的成效，必须遵循一些基本原则。

1. 科学性和群众性相结合的原则 经营计划的科学性是指企业制定经营计划要有严格的科学依据。为此要做到：

①要遵循企业经济运行的客观规律要求。

②要坚持科学的态度，就是指企业在制定经营计划时要从实际出发，量力而行，留有余地；在满足社会需要中求速度；在内部各种比例关系协调中求发展；在提高经济实力中求效益。

③要有科学的依据。建立一套完整的基础资料和符合实际的定额，定额是经营计划的基础。

④运用科学的方法。包括调查研究、系统分析、科学预测、综合平衡方法等。

企业的经营计划还必须依靠群众，从经营计划目标的确定，直到计划的实现，离不开人的因素。群众是真正的英雄，群众中蕴藏着无限的智慧，采取"从群众中来，到群众中去"的方法来制定。特别要充分发挥企业内部各部门、各环节中的能人或专家的作用，听取他们的意见，集中他们的经验和智慧。只有这样，所制定出的经营计划才能真正成为企业各部门及其全体职工的行动纲领，使经营计划既有科学性又有广泛的群众性。

2. 预见性和现实性相结合的原则 预见性的原则是指在制定计划时既要不失时机地提出宏伟而且可行的经营战略目标，以引导经营活动沿着正确的方向发展，又要留有余地，激励职工保证计划的实现。经营计划是在认真调查研究和科学的预测及决策基础上制定而形成的，因而具有预见性。计划中所规定的产品数量、质量、规格和品种等，既要符合社会需要，又要有物质的保证，因而，它又是必须能够实现的。只有坚持预见性和现实性相结合的原则，才能体现出计划对企业发展的促进作用。

3. 系统性与综合性相结合的原则 企业是一个复杂的系统，它由许多部门和环节相互联系组成。每个环节和部门都分别是一个分系统。总系统与分系统，分系统与分系统之间，纵横交错，存在着极其复杂的联系。面对这一复杂的系统，任何孤立的管理活动和计划都是无能为力的。因此，在客观上要求必须从系统整体出发，在编制各分系统的计划的同时，要使各项计划相互配合，进行全面地综合平衡，发挥总体功能，使制定的综合计划能提高整个企业的经济效益。

4. 计划的阶段性与连续性相结合的原则 计划的阶段性是由于人们为了便于安排工作，计算劳动成果，总结经验，人为设定的时间界限，这就出现了计划的阶段性。计划连续性是因为再生产是一个不间断的过程，计划就是要反映再生产整个过程，不能因为计划的阶段性把再生产过程割断，也不能因为计划的阶段性而影响再生产过程。所以，必须要保持计划的衔接和连续性。为保持计划的连续性，在制定计划时，一旦短期计划和长期计划发生矛盾时，短期计划必须服从长期战略计划，只有这样，才能把不同阶段的计划相互联系和衔接起来。

5. 专业化生产和社会化协作相结合的原则 在商品经济不断发展的进程中，"小而精"、"大而全"必然让位于社会效益较高的专业化和社会化大生产，跨部门、跨行业、跨地区的经济联合体必然不断涌现，企业经营计划必须加以充分体现。

三、经营计划的任务

企业经营计划的总任务是：按照有计划商品经济的要求，在宏观计划的控制和指导下，发展生产，提高产品质量，提高企业效益和社会效益，不断增强竞争能力，努力满足社会需要。其具体任务是：

1. 确立企业发展目标 现代化企业是由众多职工、若干生产单位和生产环节组成的，为使他们能够形成一个有机体，连续、协调地劳动和工作，这就必须设置企业发展总目标、分目标，以协调大家的行动，把职工、企业内部每个单位的行动统一到整个企业的发展目标上来，并激励大家为实现目标而奋斗。因此，提出并确立切实可行的工作目标是经营计划的主要任务。

2. 合理分配资源 企业生产经营活动所需要的资源包括人、财、物、时间和信息等。这些资源要通过经营计划进行合理地分配。经营计划首先要依据资源情况和社会需要确定企业资源分配总体方案；其次要按确定目标的重要程度和现实条件来确定它们的先后次序；三是企业经营计划要充分挖掘企业潜力，合理利用企业资源。只有这样，资源才能发挥出最大效力，企业生产才能更好地满足社会需要。

3. 协调企业生产经营活动 企业是一个系统，有着复杂的生产经营过程。要使生产经营过程连续、协调、均衡地进行，就要通过经营计划的综合平衡和安排，使各生产要素和各生产经营环节之间协调和衔接。以尽可能少的人力、财力、物力，创造尽可能多的物美价廉、适销对路的产品，而在"尽可能少"和"尽可能多"的两方面要求中，经营计划起着决定性作用。因此，经营计划应充分体现两个"尽可能"的目标的实现。

4. 提高企业竞争能力 在市场经济条件下，企业的生产经营活动必然存在广泛的竞争。即使是极少数执行指令性计划的重要企业，如果不能为用户提供优质产品或优质服务，同样也会在市场竞争中被淘汰。所以，企业要深入调查了解市场，在科学预测的基础上制定切实可行的计划，使企业在商品经济的活动中处于优势。

5. 提高企业素质 在激烈的市场竞争中，有的企业发展顺利，有的企业则被淘汰。优胜劣败是各企业经营生产的综合反映，而其中企业素质的好坏往往是决定竞争能力的根本问题。企业素质既包括人的思想方面的素质，也包括科技、文化、信息、管理等方面的素质。企业必须在提高企业素质这个根本问题上下工夫，提高企业市场竞争能力和工作水平。

第三节 经营计划的种类和内容

一、经营计划的种类

(一) 经营计划的分类

对于经营计划，我国的企业大多并不重视，因为我国是从计划经济过渡到市场经济的，传统的经营计划，一般仅限于预算或预算控制问题。加之，计划的种类很多，不同种类的计划包含不同的内容。因此在研究计划之前，应从不同的角度，按不同的标志，对企业的经营计划进行分类。常用的主要分类有以下三种。

1. 按计划的期限分类 可分为长期计划、中期计划和短期计划。

（1）长期计划。长期计划的期限一般在5年以上，它主要反映企业在较长时间内生产经营发展的战略目标、战略重点、战略布局、战略阶段和战略措施，故又称经营战略计划。

长期计划一般只是纲领性、轮廓性的计划，它只有一个比较粗略的远景规划设想。由于计划的期限较长，不确定的因素较多，况且有些因素人们事先也难以预料。因此，它只能以综合性指标和重大项目为主，还必须有中、短期计划来补充，把计划目标加以具体化。

（2）中期计划。中期计划的期限一般为3～5年，由于期限较短，可以比较准确地衡量计划期各种因素的变动及其影响。在一个较大系统中，中期计划是实现计划管理的基本形式，它一方面可以把长期的战略任务分阶段具体化，另一方面又可为年度计划的编制提供基本框架。因而，中期计划是联系长期计划和年度计划的桥梁和纽带。随着计划工作水平的提高，中期计划也应列出分年度的指标，但它不能代替年度计划的编制。

（3）短期计划。短期计划包括年度计划和季度计划，以年度计划为主要形式。它是中、长期计划的具体实施计划、行动计划。它根据中期计划具体规定本年度的任务和有关措施，内容比较具体、细致、准确，有执行单位，有相应的人力、物力、财力的分配。为贯彻执行提供了可能，为检查计划的执行情况提供了依据，从而使中、长期计划的实现有了切实的保证。

在实践过程中，长期计划可以粗略一些、弹性大一些，而短期计划则要具体、详细。同时，还应注意编制滚动式计划，以解决好长期计划与短期计划之间的协调问题。

2. 按计划的内容分类 可分为综合计划和专业计划。

（1）综合计划。综合计划是综合反映整个企业生产经营活动的计划。它主要反映一个企业在一定时期内的总体目标和各个局部之间的关系及其最佳结构，是各专业计划的综合反映。

（2）专业计划。专业计划是反映某部门、某项经营活动的计划，如生产计划、销售计划、新产品试制计划、利润计划、劳动工资计划以及物资供应计划、设备修理计划，等等。

3. 按经营计划的管理范围分类 可分为公司（集团）计划、分厂计划、车间计划、工段计划和班组计划等。

4. 按计划的层次分类 可分为高层计划、中层计划和基层计划。

（1）**高层计划**。高层计划是由高层领导机构拟定，并下达到整个企业去执行，并负责检查的计划。高层计划一般是战略性的计划，它是对本企业有关重大的、带全局性的、时间较长的工作任务的筹划。这种计划虽然有重点部署和战略措施，但并不具体指明有关工作步骤和实施措施，虽然有总的时间要求，但并不提出具体的、严格的工作时间表。

（2）**中层计划**。中层计划是中层管理机构制订、下达或颁布到有关基层执行，并负责检查的计划。中层计划一般是战术或业务计划。战术或业务计划是实现战略计划的具体安排，它规定基层组织和企业内部各部门在一定时期需要完成什么、如何完成，并筹划出人力、物力和财力资源等。

（3）**基层计划**。基层计划是基层执行机构制订、颁布和负责检查的计划。基层计划一般是执行性的计划，主要有作业计划、作业程序和规定等。基层计划的制订首先必须以高层计划的要求为依据，保证高层计划或战略计划的实现。同时，基层计划还应在高层计划许可的范围内，根据自身的条件和客观情况的变化灵活地做出安排。

总之，高层计划、中层计划和基层计划三者既有联系，又有区别，它们应在统一计划、分级管理的原则下，合理划分管理权限，做到"管而不死，活而不乱"。

（二）经营计划的组成

经营计划的组成如图 5-1 所示。图 5-1 是经营计划组成及相互关系的示意图，但它并不是一个标推模式，其内容根据企业的具体要求，计划的期限及形式可以增减。图 5-1 只是说明企业年度经营计划的大致内容及各计划之间的相互关系，又称综合经营计划。

1. 利润计划 利润是表明企业经济效益的一个重要的综合性指标，编制经营计划应以利润计划为核心。它规定企业在计划期内的利润目标及利润的分配和使用。

2. 销售计划 销售计划规定了企业在计划期内销售产品的品种、质量、数量和交货期以及销售收入、销售利润和销售渠道等。它是以市场预测和订货合同及利润计划为主要依据编制的。对企业按品种、质量、数量、期限完成生产任务、履行合同、沟通产需关系、充分利用生产能力和增加盈利，起着保证和促进作用。

3. 科研计划 科研计划是为企业的技术发展作技术储备，是企业经营计划的主要内容之一。它关系品种发展的速度和质量，与品种发展计划密切相关。就其内容来看，它应包括新产品开发、老产品改进，新技术、新工艺、新材料的利用，及环境保护研究等内容。

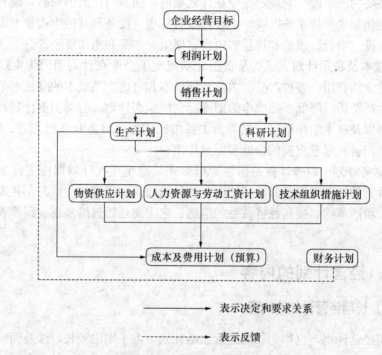

图 5-1 经营计划组成示意图

4. 生产计划 生产计划规定了企业在计划期内生产的产品的品种、数量、质量，生产进度及生产能力的利用程度等。它是以销售计划为主要依据来编制的。它对企业实现销售计划、提高生产能力的利用程度起着保证和促进作用。同时，它又是编制劳动工资、物资供应、财务、成本等计划的依据，也是搞好产、供、销平衡的主要依据。

5. 物资供应计划 物资供应计划规定了企业在计划期内生产、科研、维修等所需要的各种物资。包括原材料、燃料、动力和工具等的数量、储备量、供应量、供应渠道和供应期限等。它是根据科研计划、生产计划等编制的。它对企业合理地利用和节约物资、完成生产经营计划、降低产品成本、减少资金占用等起着重要作用。

6. 人力资源与劳动工资计划 人力资源与劳动工资计划规定了企业在计划期内劳动生产率的水平和提高程度、所需的各类人员的数量和比例、工资总额和平均工资等。它是根据生产计划编制的，又是编制企业成本计划的依据之一。对企业合理地使用和节约人力、提高劳动生产率、完成生产经营任务和降低产品成本等起着重要的作用。

7. 技术组织措施计划 它是落实各项计划，特别是落实科研计划、生产计划的必要物质手段。它规定企业在计划期内，随着新产品的研制，现有产品构成的变化和生产技术的发展，企业对原有厂房、设备和其他生产技术设施所需求的新设、增设、改造和转移的项目、期限、水平和所需资金等。

8. 成本及费用计划 成本及费用计划规定了企业在计划期内为生产产品所需要的全部费用、各种产品的单位计划成本和可比产品成本的降低水平，以及节约生产费用、降低产品成本的措施。它以生产计划、劳动工资计划和物资供应计划以及技术组织措施计划等为主要编制依据。对企业节约人力、物力、财力和增加盈利起着重要的保证和促进作用。

9. 财务计划 财务计划是指以货币形式规定企业在计划期内进行生产经营活动所需的资金来源及其运用情况，预计的收入和经济效益情况，并提出增收节支、增产节约、提高经济效益的措施。它主要是通过编制现金预算表来体现的。

二、经营计划的内容

（一）长期经营计划的内容

长期经营计划，也称为长期经营战略计划，由于期限较长，涉及面广，企业外部环境各项因素又难以准确预测，所以，内容比较概括，是一个纲领性的计划。根据企业的特色，可有不同的计划结构与重点，一般由以下几方面的计划内容构成。

1. 经营方针与经营策略 经营方针是根据企业经营思想，为实现经营目标而制订的经营活动的行动纲领，是为了达到经营目标而规定的具体途径、行动方向和指导规范。经营策略是为了实现经营目标而设计的行动方案。是企业谋求长期生存和发展，对较长时期全局发展的纲领性、方向性的决策。企业经营方针和策略在很大程度上决定企业的命运。

2. 主要技术经济指标计划 企业主要技术经济指标计划的内容包括总产值、净产值、产量、品种、利润总额、劳动生产率、资本利润率、流动资金周转率、综合能耗等指标计划。

3. 生产和销售发展计划 生产和销售发展计划的主要内容包括生产品种和产量，提高质量、销售额的策略，销售额和销售服务计划等。

4. 生产规模发展计划 生产规模发展计划的主要内容包括企业的扩建、改建和新建，企业的协作和联合，生产能力的扩大和职工人数的增加等。

5. 技术发展和科研计划 技术发展计划和科研计划对大型企业特别重要，其主要内容包括机械化、自动化水平的提高，老产品整顿、新产品研制、产品更新换代，新技术、新材料、新工艺、新设备及高新技术的采用等。

6. 职工队伍建设和发展计划 其主要内容包括职工构成计划，职工培养教育、技术文化素质提高，出国考察、深造等。

7. 生活福利计划 其主要内容包括兴建住宅和文化娱乐设施等集体福利事业计划等，为职工解决后顾之忧。

8. 其他专项计划 主要是对某些特定问题所作的长期计划，如环境污染的治理、劳动保护以及其他需要从长期角度做出安排的重大问题计划。

（二）年度经营计划的内容

企业年度经营计划比长期经营战略计划细致。由于它主要是根据企业经营活动及其所需的各种资源，对企业各部门、各环节的工作，从时间和空间上所进行的具体的统筹安排。年度经营计划不仅规定着企业在计划年度应当实现的经营目标，而且将指标分解落实到各个部门。因而年度经营计划不仅是考核企业经营绩效的标准，也是有效利用资源，提高经济效益和调动职工积极性的重要手段。企业年度经营计划一般由年度综合计划和年度专业计划构成。

1. 年度综合计划的内容 年度综合计划是企业年度经营思想、经营目标、经营方针的具体落实。它是制定年度专业计划和企业经济责任制的重要依据，是指导企业计划年度生产经营活动的最主要的工作计划。年度综合计划主要由以下技术经济指标构成：

①产值指标，包括总产值、商品产值和净产值等指标。

②产品品种和产量指标。

③产品质量指标，主要包括产品平均等级率、合格品率、优等品率和废品损失率等指标。

④利税指标，主要有利润总额、上交税金总额、资产利税率、产值利税率、企业留利总额、资产总额利润率、销售利润率等。

⑤财务成本指标，主要有定额流动资产周转率、年末营运资金、百元产值占用流动资产总额、可比产品成本降低率、全部商品总成本等指标。

⑥劳动指标，主要有全员劳动生产率、全厂职工平均人数、工资总额、平均工资等指标。

⑦物资消耗指标，主要有材料利用率、百元产值耗能和耗电等指标。

⑧设备修理和利用指标，主要包括设备大修、设备完好率和设备利用率等指标。

⑨科技开发指标，主要有新产品试制项目、新产品产值率和新产品投资率等指标。

⑩销售指标，主要有销售收入、广告宣传费、销售服务费等指标。

2. 年度专业计划的内容 年度专业计划是由企业各有关科室根据年度综合计划分解编制的，体现企业经营策略，保证综合计划实现的各项计划。年度专业计划结构既要反映年度经营计划的全面内容，又要反映企业经营活动的特殊性。专业计划的结构内容依企业类型、规模、企业外部环境、上级要求等具体情况的不同而不同，一般包括下列专业计划：

(1) 产品销售计划。产品销售计划是在对企业所处的市场环境、企业内部环境及企业发展要求分析的基础上编制的。销售计划规定企业在计划年、季、月度销售的产品品种、数量、期限、销售收入、广告宣传费用及计划期末成品库存数、库存成品资产、合同履约率、销售服务等。

(2) 生产计划。生产计划是根据产品销售计划编制的。它规定着企业在计划年度内应该生产的产品品种、产量、产值、生产期限以及生产能力的利用程度，与有关企业的生产协作任务等。

(3) 产品开发、试制计划。产品开发、试制计划是根据企业经营战略计划、用户订货合同等编制的。它规定着企业计划年度内新产品试制、老产品改进的项目和进度，以及发展新产品，采用新材料、新工艺、新技术等科研项目和进度等。

(4) 产品质量计划。产品质量计划规定着企业在计划年度内对产品质量特性改进的具体目标，以及产品质量指标、工序质量指标和服务质量指标应达到的水平。

(5) 物资供应计划。物资供应计划反映企业生产过程中物资消耗和物资利用情况，它规定企业为完成生产计划所需要的各种材料、燃料、动力、外购件、设备、工具等的需要量和采购量，各种物资的合理储备量和主要物资、能源利用率及节约额等。

(6) 劳动工资计划。劳动工资计划是反映生产活动中活劳动消耗利用效率的计划。一般包括劳动生产率的提高计划，职工人数计划和工资计划，它规定企业为完成生产任务所需要的各类职工人数、工资总额、平均工资水平以及劳动生产率提高程度和措施等。

(7) 成本计划。成本计划主要反映企业生产经营活动的消费和工作量，它规定同比产品成本计划年度降低率，主要产品的单位成本、全部产品总成本、制造费用和管理费用预算等。

(8) 财务计划。财务计划是以货币形式反映企业全部经营活动的动态和成果的计划。它规定企业计划年度全部财务收入和支出、流动资产定额、流动资产周转速度、利润总额、固定资产折旧及资金筹措等。

（9）技术改造计划。技术改造计划是根据经营战略计划，明确计划年度内的设备改造、更新、增添、技术改造项目的进度、费用和负责部门，以提高企业的应变能力和发展能力。

（10）设备维修计划。设备维修计划分季、分车间，规定计划年度大、中修理设备数量、类别、维修期和工作量，保养的设备台数、次数等。

（11）职工培训计划。职工培训计划是根据企业经营战略计划与年度经营工作要求，规定各类人员培训时间、数量和费用，以及职工文化技术提高程度等。

各项专业计划既各具特点，又各有一定作用，通过企业经营计划体系组成相互联系、相互制约、统一的有机整体，从而保证企业生产经营的各个环节、各个单位的协调统一，保证企业经营目标的整体动态优化。

(三) 作业计划的内容

作业计划是年度计划的继续和具体化，它规定了企业的各个生产经营环节和部门（包括车间、科室、工段、小组等），在单位时间（月、旬、周、日、小时等）应完成的计划任务。企业生产经营活动的各方面都要有计划地进行，要求编制各方面的作业计划。其主要内容是生产、技术、财务计划的具体执行计划，但应当以生产作业计划为中心。因为它是企业组织日常生产活动的依据。

第四节　经营计划的编制

一、计划编制的程序

计划编制的程序是计划编制过程在制度上的体现，计划的编制一般要有一个上下反复的过程，计划编制过程大致可分为以下四个步骤。

1. 调查研究　编制计划必须弄清计划的对象和客观情况，这样才能做到目标明确，有的放矢。为此，在计划编制之前，首要的问题是必须按照计划编制的目的要求，对计划对象中的各有关方面进行现状和历史的调查，全面积累数据，充分掌握资料。在调查中，一方面要注意全面、系统地掌握第一手资料，防止支离破碎、断章取义；另一方面也要注意有针对性地把主要问题搞彻底、搞清楚。调查有各种形式：从获得资料的方式来看，有亲自调查、委托调查、通信调查和统计报表调查等;从调查对象范围来看,则有全面调查、重点调查、典型调查、抽样调查和专项调查等。调查搞好了,还要对调查材料进行及时、深入地分析,发现矛盾,找出原因,去伪存真、去粗取精。

2. 科学预测 就是通过分析和总结某种社会经济现象的历史演变和现状,掌握客观过程发展变化的具体规律性,揭示和预见其未来发展趋势及其数量。预测是计划的依据和前提。因此,在调查研究的基础上,就必须邀请有关专家参加,进行科学预测,得出科学、可信的数据和资料,预测的内容主要有人口预测、自然资源预测、科学技术预测、经济预测、社会事业发展预测、市场需求预测等。

3. 拟订计划方案 经过充分的调查研究和科学的计划预测,计划部门掌握了形成计划的足够数据和资料,根据这些数据和资料,审慎地提出计划的战略目标、主要任务、有关指标和实施步骤的设想,并附上必要说明。通常情况下,一般要拟定几种不同的方案,以供选择。

4. 论证和选择方案 这一阶段是计划编制的最后一个阶段,主要工作大致可归纳为以下几个方面:通过各种形式和渠道,召集有各方面有关专家参加的评议会进行科学论证;同时,也可召集群众座谈会,广泛听取意见;修改补充计划草案,拟出修订稿,然后通过各种形式和渠道征集意见和建议。这一程序必要时可反复多次,比较选择各可行方案的合理性与效益性,从中选择一个满意的计划,然后由权力机关批准、实行。

由上可见,计划编制的这套程序,既符合决策科学的要求,也符合群众路线的要求。只要能够自觉地运用从实际出发的唯物、辩证的观点和方法,能够认真地运用科学的计划方法,走群众路线,就一定能够制订出满意的计划。

二、计划编制的方法

计划编制不仅要按照一定的原则和步骤进行,而且要采用能够正确核算和确定各项指标的科学方法。在实际工作中,常用的计划方法主要有以下几种。

1. 定额法 定额是通过经济、统计资料和技术手段测定而提出的完成一定任务的资源消耗标准,或一定的资源消耗所要完成任务的标准。它是编制计划的基础,对计划核算有决定性影响。定额法就是根据有关部门规定的标准,或者目前在正常情况下已经达到的标准来计算和确定计划指标的方法。例如,要确定某地区拖拉机的需用量指标,就可以用该地区需要拖拉机完成的工作量除以典型拖拉机年可完成的工作量求得;要确定某单位的职工人数需要量,就可以用该单位的计划工作量除以平均每个职工应完成的工作量来求得。定额法通常用于核算人力、物力、财力的需要量和设备、资源的利用率。

2. 系数法 系数是两个变量之间比较稳定的数量依存关系的数量表现，主要有比例系数和弹性系数两种形式。比例系数是两个变量的绝对量之比。如油料费在机械作业成本中的比例假设为0.35，那么，这里的0.35，就是二者的比例系数；弹性系数是两个变量的变化率之比。如化肥使用量的增长速度和粮食产量增长速度之比假设为0.5∶1，那么，这里的0.5，就是化肥增长的弹性系数。系数法就是运用这些系数从某些计划指标推算其他相关计划指标的方法。系数法一般用于计划编制的初步阶段和远景规划，其优点是可以在时间短、任务急、资料不全的情况下迅速编制粗线条的计划，还可以对计划进行粗略的论证和检验。但是，使用时，必须注意系数在计划期的有效性，并对其进行尽可能的科学修正。

3. 动态法 动态法就是按照某项指标在过去几年的发展动态（如增长速度）来推测该指标在计划期内发展水平的方法。如根据历年情况，我国农用动力保有量假设每年大约增长5%，假定计划期内影响农用动力增长的因素没有大的变化，那么农用动力保有量增长先按5%来考虑。这种方法常见于确定计划目标的最初阶段。

4. 比较法 比较法就是对同一计划指标在不同时间或不同空间所呈现的结果进行比较，以便研究确定该项计划指标水平的方法。这种方法常被用于计划分析和论证。比较法可以较好地吸收其他国家和地区的成功经验，找出自己的不足和存在的问题。例如，我国在编制国民经济和社会发展计划时，也可以参照发达国家或新兴工业化国家在过去年份中经济发展水平指标，来确定我国的计划指标。当然，在运用这种方法时，一定要注意到影响同一指标的诸多因素的可比性，简单地类比是不科学的。同时，在进行比较的过程中，还要特别注意调整指标口径和计算方法的差异。

5. 因素分析法 因素分析法是指通过分析影响某个指标的具体因素以及因素变化对该指标的影响程度来确定计划指标的方法。例如，在生产资料供应充足的条件下，工业生产水平取决于投入工业生产领域的活劳动量和单位活劳动的生产率。在计划期，由于工业劳动力增加而可能增加的产量以及由于工业劳动生产率提高而可能增加的产量，将两者相加即可确定工业生产量计划。这就是因素分析法。它是制订计划时常用的、比较科学和准确的方法。

6. 综合平衡法 综合平衡是从全局出发，对计划的各个构成部分、各个主要因素、整个计划指标体系进行的全面平衡。综合平衡法把任何一项计划都看作是一个系统，不是追求局部的、单指标的最优化，而是寻求系统整体的最优化。因此，它是进行计划平衡的基本方法。综合平衡法的具体形式很多，主要有编制各种平衡表，建立便于计算的计划图解模型或数学模型，如经济计量模型、投入产出模型等。

三、经营计划的编制

（一）企业经营战略计划的编制

企业经营战略计划的编制程序一般分为以下几个阶段。

1. 调查研究 调查研究是指对企业的外部环境和内部条件进行了解分析，深入地调查市场所提供的机会、存在的威胁以及企业自身的优势和劣势，特别是要掌握计划的限制条件，如能源、环境、销售渠道、资金、设备等。限制性条件是编制计划的前提，对它们进行认真研究，有助于弄清企业所面临的形势，以使计划切实可行。

2. 分析预测 分析预测是编制经营计划的重要准备工作。这一阶段主要是通过对企业内外经营环境的调查、分析评价和预测，为企业确定经营方针、经营目标和经营策略提供科学的依据。分析预测阶段的主要工作有资料收集、环境预测和机会分析等。资料收集包括有关企业发展的内部资料和外部资料的收集；环境预测包括对有关企业发展的一般基本环境、产品需求环境的预测；机会分析主要是结合环境预测进行企业能力评价，分析环境变化趋势给企业带来的机会与威胁。

3. 目标决策 在对企业发展环境及前景做出科学分析和预测之后，根据预测分析所提供的情报信息进行深入的研究和探讨，决策企业经营方针、产品发展方向、市场经营范围、生产规模以及职工物质文化生活水平等方面的目标，制定企业的经营战略总目标。

4. 方案选择 为实现某一目标，可以有多种方案。一般说，选择方案就是要从多个方案中选出满意的实施方案。每个方案的优劣都是相对的，各方案都有自己适用的条件，也都有其局限性和不足，对各种条件的利用或限制，也都各有侧重。因此，要尽可能多地设计不同的方案，反复比较，逐步淘汰，筛选出少数方案，再按照利多弊少的原则，选出满意的方案。其他有价值的方案，可列为备用方案。

5. 编制计划 在企业经营目标确定之后，就可以编制经营战略计划。编制计划的过程根据企业特点而定。一般是先由企业各职能部门根据企业的经营战略目标编制经营战略专项计划，然后由企业计划部门对各个专项计划进行综合平衡，制定出企业综合的经营战略计划和具体的保证措施。

6. 综合平衡 这是计划编制工作的最后一步，其重点在于综合平衡，侧重于目标同企业内部条件的平衡。主要包括：以利润为中心的利润、销售和生产的平衡；销售、生产、供应三方面工作的平衡；资金需要和资金筹集的平衡；以及各生产环节生产能力的平衡等。

（二）年度经营计划的编制

企业年度经营计划的编制一般可分为准备阶段、确定年度经营目标、编制计划草案、综合平衡和审定核准等五个步骤。

1. 准备阶段 主要工作是认真进行调查研究和收集企业的内外部资料，做好市场预测。准备阶段的工作由企业的综合计划部门负责组织，由有关车间和科室分工负责完成。

企业的外部资料主要包括：
①国家有关企业发展的计划文件。
②竞争对手的有关产品、营销策略等资料。
③国家有关方针政策、法律和法规等资料。
④分析研究企业近几年实际产销情况，找出订货规律。
⑤根据社会需要、用户信息及供需关系的发展趋势，预测新老产品的销售量。
⑥所需人、财、物的外部来源及其保证。
⑦本行业的先进经验和有关指标、定额水平等。

企业的内部资料主要包括：
①企业的自然资源条件的变化，管理组织机构，生产组织和劳动组织的应变能力，以及技术项目的实施情况。
②生产技术资料。
③企业经营活动各要素构成的生产能力资料。
④各种技术经济定额资料。
⑤基本生产过程中各车间生产能力的比例与协调程度资料。
⑥整个生产过程中的技术准备过程，辅助生产过程和生产服务过程对基本生产过程的比例与适应程度资料。
⑦上一年度计划预计完成情况，计划和定额执行情况的分析和总结资料等。

2. 确定年度经营目标 综合计划部门在组织有关科室和车间调查、研究、收集资料的基础上，结合企业的实际可能，提出多种经营的目标方案，提请厂领导审议做出决策。

年度经营目标的确定，一般是先确定企业产品销售额目标，根据销售额目标确定利润目标、生产目标、质量目标和成本目标等，最后根据以上目标再确定技术改造目标、职工生活福利目标等。目标的确定，要做到正确处理各项计划之间的关系，把企业内部各个环节协调起来，把社会的需要和企业的目标更好地结合起来。

3. 编制计划草案 将领导决定的经营目标和必要的条件下达各车间、科室，由各车间、科室根据经营目标要求和本单位实际情况，分别编制生产计划和专业计划草案，按规定的时间、质量要求送交综合计划部门。

4. 综合平衡 综合计划部门对各项专业计划草案进行反复核算，并组织有关人员讨论核定计划指标。在此基础上，综合计划部门即可进行全面的综合平衡，确定各项计划指标。

5. 审定核准 经过综合平衡，综合计划部门将确定的各项计划指标重新下达各科室，由各科室按计划指标重新编制各项专业计划，在此基础上，由综合计划部门制订年度综合计划，组成企业年度经营计划，提请企业决策机构审批、下达和执行，同时上报主管部门备案。

四、经营计划的综合平衡

综合平衡是编制企业经营计划的重要方法，又是编制企业经营计划的关键环节，无论是长期计划还是短期计划都必须进行综合平衡。

（一）综合平衡的原则

在进行企业经营计划的综合平衡时，一般应遵循以下原则。

1. 协调一致的原则 协调一致的原则就是在客观条件许可的范围内充分发挥主观能动性，积极处理好经营目标与企业生产、技术、物资、劳动等各个环节的厂内外各方面客观因素相互协调的关系。坚持协调一致的原则可使计划建立在先进可靠的基础上。

2. 创新发展的原则 创新发展的原则就是在进行综合平衡时，勇于创新、扬长避短，从各方面创造条件，适应外部环境的发展变化。在平衡中对可能出现的新问题、新趋势、新的不平衡要主动采取应变措施，解决新问题，使其达到新的平衡，以促进企业经营活动在新的基础上更好地发展。

3. 实事求是的原则 实事求是的原则就是进行综合平衡时，一切从实际出发，量力而行，在认真深入调查研究的基础上，统筹安排投入与产出的全过程，使计划具有科学性。

4. 弹性原则　弹性原则就是在进行综合平衡时，对各指标、各要素、各种能力的估计要留有一定余地，使安排的计划有一定弹性，以适应客观条件的变化。

（二）经营计划综合平衡的内容

综合平衡就是对企业经济发展过程中的资源和需要进行比较，安排企业经营活动中各部门、各环节之间在人、财、物方面的比例关系，解决企业经济发展过程中出现的矛盾。而企业经营战略计划和年度经营计划在综合平衡时，其内容各有侧重。

1. 经营战略计划的综合平衡
①经营目标与手段的平衡，如目标与生产能力、资源等的平衡。
②目标与经营决策的平衡。
③总目标与分目标之间的平衡。
④各专项计划之间的平衡等。

2. 年度经营计划的综合平衡　年度经营计划综合平衡的内容很多，一般可以从以下几方面进行平衡：
①需要与可能的平衡。如生产量、销售量与企业外部需要的平衡。
②供、产、销之间的平衡。着重做好生产与销售、生产与供应之间的平衡。
③生产过程间的平衡。此种平衡是以技术装备为前提，基本生产过程为主体，使辅助生产过程和生产服务相平衡，同时形成一个有机整体，满足生产的连续性、比例性和均衡性。
④生产任务与资金的平衡。
⑤计划指标之间的平衡。各项指标之间的平衡应以经济效益为中心。
⑥长短期计划之间的平衡。年度经营计划是企业经营战略计划的落实和保证，因此，年度经营计划要以经营战略计划为编制依据，互相衔接。同时，在计划年度内，要按季、月分别召开产、供、销之间的平衡会议，统筹安排季度、月度各项专业计划和各项费用开支，达到月度、季度与年度计划之间的平衡，以此来保证年度经营计划的顺利进行。

第五节　经营计划的执行与控制

编制经营计划的目的不仅是为企业制定行动纲领，更重要的是通过贯彻执行,使计划变为现实,从而最终促进企业的发展。因此,计划的编制,仅仅是计划管理的开始,计划的执行与控制才是计划管理特别重要的环节。

一、经营计划的落实

企业经营计划的落实,是把计划目标分解、落实到每个部门、单位和每个职工,通过建立经济责任制和经济合同制,保证计划目标的完成。

(一) 经营计划目标的分解

1. 经营计划目标分解 目标分解的要求是:分目标必须保证企业总目标的实现,使企业总目标同分目标上下贯通、相互衔接;各分目标之间应协调和平衡,以免影响企业总目标的实现进程;各分目标应力求简明,并有必要的衡量标准和考核办法。

2. 目标分解落实的方法 目标分解,一般是自上而下地将企业目标按企业内部机构设置和组织层次依次分解。从厂部分解到各个职能科室,再分解到各个车间,一直分解到每一个班组、岗位和个人。总目标自上而下层层分解,分目标自下而上层层保证,互相联系,形成一层接一层、一环套一环的目标体系。

3. 目标分解落实的内容 主要包括产量目标、质量目标、技术目标、销售目标和财务目标。

(1) 产量目标的分解落实。就是分解落实计划应该生产的合格产品的实物数量。把产量目标从时间和数量两个方面,分解并落实到各生产车间、班组、岗位和个人,使责任人明确在规定时间内应完成的任务。

(2) 质量目标的分解落实。就是分解计划产品质量应达到的程度。把目标期限内应达到的质量目标,分解并落实到那些与产品质量有关的部门和个人,使其自觉地关心产品质量、提高产品质量、降低废品率。

(3) 技术目标的分解落实。就是分解计划完成的设备更新改造、新技术引进、技术革新等项目任务,以便相关科技人员在目标计划期限内完成任务,做好进程安排、人员调配和技术储备,确保任务落到实处。

(4) 销售目标的分解落实。就是分解销售计划应完成的产品销售数量和产品销售额。销售目标落实的主要指标包括销售数量、销售收入、销售费用、合同履约率等。

(5) 财务目标的分解落实。就是分解财务计划应完成的利税、成本、资金周转速度等方面的目标。目标必须分解落实到有关部门、班组和个人。

(二) 实现目标的手段

经营计划目标的实现，要有一定的手段作保证。一般采用的手段有企业经济责任制和经济合同制。

1. 企业经济责任制 就是在国家计划和有关政策指导下，以正确处理国家、企业和职工之间的经济关系为准则、以提高经济效益为目的、以责权利紧密结合为特征的企业生产经营管理制度。在责、权、利三者关系中，责任是核心，权力是条件，利益是动力。企业经济责任制主要包括两个方面的内容：一是正确处理企业与国家之间的经济关系；二是正确处理企业与职工之间的经济关系，两者相辅相成，构成一个完整的企业经济责任制体系。

建立和完善经济责任制，主要应做好以下几方面的工作：

（1）建立和健全目标管理体系。建立和健全目标管理，是推行经济责任制的基础和条件，而建立和完善经济责任制，又为实现目标管理提供了切实保证，使企业各项经营生产目标落到实处。

（2）层层分解落实目标。层层分解落实各项目标，就是层层落实企业对国家承担的经济责任和各单位对厂部承担的经济责任。从上到下，要一级抓一级；从下到上，一级保一级。

（3）建立科学的管理程序。就是要使经济责任制做到系统化、程序化、规范化。这是保证经济责任制正常运转、提高工作质量和工作效率所必要的。

（4）实行严格的检查考核。检查考核是实行责任制的一个关键环节。检查考核的过程，实际上就是总结改进的过程。检查考核必须同奖惩制度密切配合，即将单位和职工的经济利益同企业的经营好坏、部门的经济利益和个人的劳动成果紧密挂钩。

2. 企业经济合同制 企业经济合同的形式主要有企业外部合同和企业内部合同。

（1）企业外部合同。是企业同外部的单位，通过一定的书面形式和法定程序，用以具体体现订约双方权利和义务的一种法律关系。其形式就是订立的合约或契约。在订立企业外部合同时，必须遵守国家的法律，符合国家政策，必须贯彻平等互利、协商一致、等价有偿的原则。

（2）企业内部合同，是完成企业目标和企业计划的重要手段。企业利用内部合同，达到协调计划、完成计划，以取得较好的经济效益。企业内部合同的订立、履行，要同企业内部经济承包责任制的实行密切结合起来，才能取得较好的效果。为了更好地发挥企业经济合同的作用，必须加强对合同的管理，切实做好合同的签订、执行工作。

二、经营计划的执行

经营战略计划是制订年度经营计划的重要依据,其目标的实现、计划的执行是通过年度计划的执行与控制来完成的。贯彻执行经营计划的基本要求是:全面、均衡地完成计划。为了实现这一要求,在计划的执行中,必须注意抓好以下工作:

(1) 建立健全经营计划管理的工作保证体系。主要包括建立经营工作体系、生产指挥体系、质量保证体系、信息管理系统体系以及财务成本管理体系、物资供应体系等。

(2) 计划的贯彻执行与目标管理、经济责任制相结合。目标管理就是以预定的最优效果为目标,企业的各项工作围绕这一目标值,组织全体职工共同努力,使之实现的一种管理方法。企业将经营计划的各项计划指标分解,层层落实,具体到个人,使其成为全体职工的共同奋斗目标。同时结合企业内部经济责任制,运用切实可行的经济调节手段,激励职工积极自觉地完成计划。

(3) 落实技术组织措施。技术组织措施是实现计划的保证,应根据计划的要求与轻重缓急安排落实。同时,要随时掌握对计划目标的影响程度,采取应变措施,消除潜在危机。

(4) 加强日常指挥,搞好作业计划和调度工作。日常指挥对经营计划的有序实现具有至关重要的保证作用。作业计划是经营计划的具体化和补充,是贯彻经营计划的行动准则。调度工作是作业计划的继续,是保证作业计划完成的有力工具,它具体协调各项日常生产准备工作。因此,在经营计划执行中必须切实做好这项工作。

三、经营计划的调控

计划的调节控制,是指企业在计划实施过程中对计划执行情况实行协调、控制和监督的总称。在市场经济条件下,计划经常受到许多因素的牵制,不可能准确无误地安排未来。因此,在经营计划的执行过程中,总有不少因素会影响计划,背离原定的目标。这就要求对这些因素进行调节控制,使企业经营生产活动能按计划要求协调地发展。

(一) 调控的特点、作用和原则

1. 调控的特点　主要表现在三个方面:一是超前性。经营计划的调控手段，至少在编制计划时就应体现，才能保证企业计划的圆满实施；二是综合性。计划的调控手段，既有经济办法，也有行政办法；既有外部的，也有内部的；既有上面的，也有下面的；既有综合的，也有专业的。实施计划是各种因素综合作用的结果，因而必须进行综合考虑；三是灵敏性。企业计划的调控手段，牵涉企业的各个方面，制约着企业内外的各种因素，尤其是经济办法的调节，直接关系到经济物质利益，调节手段的变化可以引起一系列的反应。

2. 调控的作用　主要表现在四个方面，即有利于企业完成经营生产目标；有利于解决计划实施过程中经常出现的不平衡问题；有利于调整企业内部和外部各方面的经济利益，进一步调动各方面的积极性；有利于协调、平衡和解决企业计划中原来估计不到的一些问题。

3. 调控的原则　调控的原则主要包括四个方面，即服从总体计划的原则；统一指挥的原则；预防为主的原则和灵敏及时的原则。

(二) 经营计划的控制

无论是编制长期经营战略计划还是年度经营计划或生产作业计划，其目的都在于执行。由于实际情况时常发生变化，计划与实际往往出现差距。在计划执行过程中，加强控制是按质、按量和按期完成计划，是企业获得好的经济效益的一个必不可少的重要环节。所谓控制，就是对计划执行情况进行监督检查，对计划执行中出现的偏差进行反馈，及时采取措施予以纠正，使计划顺利实现。

经营计划的实施控制分为事前控制、事中控制和事后控制三种。

事前控制也称标准化控制。即通过事先制定各种标准（如工时定额、材料消耗定额、各项资金定额等）来进行计划的控制；事中控制就是在计划执行中，进行监督检查，按标准和计划对质量、进度、消耗等进行控制，如果出现偏差，及时采取措施加以解决；事后控制是对计划执行结果进行分析、比较、总结经验，吸取教训，并进行反馈，使下轮计划更好地实施。这三种控制都是重要的和必要的，而以事中控制最为重要，事中控制是本期计划顺利完成的关键。

就控制工作的分工来说，一般原则是，企业哪个部门和单位的经营计划，就由哪个部门对计划执行的范围、内容、质量和延续时间等方面实施控制。另外，还要坚持全面自我控制的原则，即通过采取措施，充分调动企业内部各部门、各层次，直至各职工群众自我控制的积极性，以保证经营计划全面均衡地完成。

(三) 经营计划的调整与修改

任何计划和决策,事前都很难找到绝对可靠的事实根据,带有一定的假设性,也就是说,制订计划者的见解不可能百分之百地符合未来的发展情况。因此,所制订的计划特别是长期计划必然需要调整。同时,在执行计划过程中,有时甚至会出现完全意外的事情。当发生重大情况变化时,计划就必须做出相应地修改;否则,会导致企业经营的彻底失败。当然,也有可能把曾经一度停止的计划,到一定时期又加以恢复的情况。在经济变动激烈的时期,修改和恢复的现象都可能出现。即使在经济发展较正常的时期,计划也要针对企业内外实际情况的变动而定期调整,调整与修改计划的内容主要包括经营思想、经营方针与目标、经营项目、品种、方法等各个方面。在实际中,最常用的调整与修改方法是滚动计划法和启用备用计划法。

1. 滚动计划法 滚动计划法是将计划分成若干时期,再采取远粗近细的办法,定期修改和连续编制计划,在每次编制下期计划时,均应根据本期计划执行情况及已经变化了的环境条件,进行修改与调整。这样既保证了计划的严肃性和灵活性,又保证了计划的连续性,还节省了企业经营计划的编制工作量。

滚动计划法的具体操作方法是:先编制出第一个一定时期的完整计划,当第一个计划期(如一年)结束后,企业则根据本期计划实际完成情况及外部环境、内部条件等因素变化情况,对原计划进行修订,并将原计划向前推进到下一个计划时期。在整个计划期内,采用远粗近细的办法,即近期计划订得较细、较具体,远期计划订得较粗、较概略。在一个计划期终了时,根据本期计划执行的结果和生产条件、市场需要等变化情况,对原订计划进行必要的调整和修订,并根据同样的原则,逐期地滚动。编制和修改未来各期计划和长期计划。每次制订和调整计划时,均将计划期顺序向前推进一期,如此不断滚动,不断延伸,故称之为滚动计划。滚动计划制定示意图如图 5-2。

滚动计划法是一种较灵活机动、有弹性的计划形式,它的优点可概括为以下几点:

(1) 提高了计划的准确性。它定期地对整个计划指标实现的可能性做出分析和判断,而且根据具体情况和条件的变化,对计划进行调整。这样可使计划尽量切合实际,真正起到指导生产经营活动的作用。

(2) 增强了计划的适应性。它能根据社会需求的变化,适当地调整计划内容,从而把社会需求与企业的生产紧密结合起来,达到内外协调、产需动态平衡,保证了计划的适应性和灵活性。

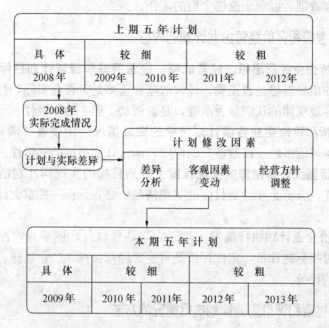

图 5-2 滚动计划法示意图

（3）将近期计划和远期计划结合起来，保证了各时期计划的相互衔接。它充分发挥长期计划对短期计划的指导作用，使各期计划达到经常一致和长期统一的目的。

2. 启用备用计划法 该方法是指当企业内外环境发生变化时，用备用计划代替原使用计划，以谋取实现目标的方法。其应用条件是：

①编制和确定计划方案时，留有备用计划。

②情况发生变化的范围在备用计划提出的要求范围内。

③变动因素使原计划已不能继续执行。

运用"启用备用计划法"的关键在于启用时机的选定，过早或过晚都可能造成损失。确定启用备用计划的时机，可以根据先行指标的反映来判断，如企业改造计划的先行指标是可筹得的资金和可动用的自有资金数；生产计划的先行指标是销售增长率、利润率、商品库存数等。

四、经营计划的考核和评价

考核和评价计划，是通过企业计划实施结果，对企业计划指导思想、经营方针、计划目标、各项指标进行全面分析，做出科学评价，找出成绩和不足，总结经验和教训，以利于改进今后的工作。

(一) 考核和评价经营企业计划的内容

1. 分析企业经营思想、经营战略、经营策略和经营计划目标 主要分析企业计划的指导思想是否正确，经营战略和策略是否符合实际，计划目标是否恰当，对客观规律的认识是否准确，是否调动了职工的积极性。

2. 分析和评价企业各项计划指标的完成情况 围绕着"满足社会需要"和"取得尽可能多的经济效益"的原则，衡量计划指标的科学性。

3. 分析重大计划措施的实现程度 计划目标的实现同计划措施的实现程度紧密相连，分析企业计划目标的实现情况，必先分析一些重大计划措施的实现程度。

4. 评价企业计划执行情况 除了定量评价以外，还要有定性评价。定量评价主要对指标的评价，定性评价是对生产经营目标、经营思想、经营方针及经营策略的评价。

(二) 检查和评价企业计划执行情况的方法

1. 对比检查法 此法主要是找差距，即将各种有关数据联系起来比较，找出薄弱环节，找出变化规律，找出先进与落后的原因。运用对比检查法时，务必注意对比双方必须具有可比性。

2. 分组检查法 此法主要是突出矛盾、关键和薄弱环节。它是将检查评价对象的总体，划分为性质相同的各个部分，以便突出相互依存关系，解剖现状。

3. 因素分析检查法 此法的主要目标是分析各有关因素的具体影响。它是将影响计划完成的各种因素分别列出，然后确定计划目标偏离的程度。

4. 平衡检查法 此法的主要目标是从平衡关系中找出具体影响。它是将计划中的各个基本问题和各主要环节的实际情况进行综合平衡，发现其不平衡因素和薄弱环节，以便采取措施，组织新的平衡。

企业经营计划执行情况的考核和评价，需要形成书面文字报告。对企业经营计划中的各种平衡关系进行分析研究，属于综合报告。对企业经营生产活动中影响计划目标的主要问题进行分析，属于专题报告。报告分文字说明和表格两部分，也可以全部用文字说明。

第六章
经营决策

经营决策是关系企业经营成败的全局性问题，在现代经营中具有重要的作用，是经营管理的核心内容。经营决策为整个管理工作和企业的行为规定方向、目标政策和行为规范。因此，掌握经营决策的基本原理方法，有利于企业适应激烈的市场竞争和正确对待复杂的外部环境，进而提高经营管理水平，促进企业的健康稳步发展。

第一节 经营决策概述

一、经营决策的概念

1. 决策的概念 决策，通俗地讲就是针对问题，决定对策。在决策科学中，决策是指人们为了达到未来的某个特定目标，借助科学的方法和手段，从两个或两个以上目标的行动方案中选择一个合理方案的分析判断过程。决策有两个显著的特征：

首先，决策是面向尚未发生的事件。任何一项决策都是面向未来的，都存在一定的不确定性。这就要求决策者具有较强的洞察力和前瞻性，深谋远虑、高瞻远瞩，并能正确认识和对待决策后果与预测目标的偏差。

其次，决策追求"一次成功率"。技术问题允许进行大量的试验，可以经历数百万次的失败，但只要最终成功就是胜利。而决策则多是一次性的，机不可失，时不再来，失败就可能导致显著的消极后果，损失无法挽回。因而要求决策者必须掌握并正确运用科学的决策方法和技术，不断总结经验，提高决策质量。

决策是一个认识问题和解决问题的过程，构成科学决策的基本要素是：

（1）有决策主体。决策主体即决策者，是决策行为的发出者。决策主体可以是个体，也可以是群体。决策主体受社会、政治、经济、文化、科学等因素的影响，具有特定的知识结构和心理结构。决策者所具有的知识、经验、个性、价值观和直觉，甚至个人感情直接影响决策的质量。

（2）有明确的目标。一切决策都要有明确的目标，这是做好决策的前提。任何决策都是为了达到一定的预期目标，无目标即无从决策，达不到目标的决策即失策。目标选择不准，就很难有正确的决策。决策目标愈明确，愈有利于制订和控制决策方案。

（3）有两个或两个以上可供选择的行动方案。所谓行动方案，就是实现决策目标的各种方法和途径。决策的过程就是确定目标和行动方案，并对各种行动方案进行分析、评价、选择的过程。决策理论认为决策与优选是并存的，没有选择，就没有优化，不追求优化的决策是没有意义的。因此，备选的行动方案应尽量"穷举"。

（4）有决策环境。决策环境是指各种决策方案可能面临的自然状态或背景，即不以人的意志为转移的客观条件，如天气、市场、政策等。进行决策必须存在两种以上的自然状态（或客观状态）及其出现的概率。

（5）决策具有不确定性。决策的问题是未来的，而未来总是带有一定的不确定性。要使决策指导未来的行动，就需通过各种预测方法，掌握事物发展的规律，使不确定性极小化。

2. 经营决策的概念　经营决策是指企业在对外部环境和内部条件分析的基础上，依据客观规律和实际情况，按照企业的经营目标，拟定出各种可能实现经营目标的可行方案，并选择出合理方案并加以实施的全过程。

经营决策的要点是：

①经营决策的核心内容是对经营目标、经营方针、经营战略和经营策略做出抉择。

②经营决策的出发点是企业当前和未来面临的发展机会和威胁，以及优势和劣势、有利和不利条件。

③经营决策要有客观依据。即进行经营决策必须遵守各种客观规律，包括企业活动所涉及的自然、经济、社会心理规律和各种管理规律。

④经营决策要具有一定的基础性工作。经营决策必须对经营形势，即外部环境和内部条件进行研究分析，这就要求在进行经营决策之前，企业要做好外部环境和内部条件的收集、整理工作。

⑤经营决策的范围。包括企业的总体发展和重要的经营活动，主要涉及企业总体发展方向、有关企业经营成果、贡献大小、发展快慢等关系全局的战略性和经营性问题。

二、经营决策的作用

决策在管理活动中具有非常重要的地位和作用,在现代企业生产经营活动的各个领域、各个环节、各个管理层次以及各项管理职能的执行,都存在怎样做出决策的问题。决策是管理的首要职能,是执行管理其他职能的前提。决策的正确性和科学性对管理活动的成败起着决定性的作用,直接影响一个企业或农机经营者的生存和发展。

1. 决策是现代企业经营管理的基本行为 决策贯穿于企业内部的生产活动和外部的经营活动之中。在企业内部,劳动分工与协作,生产过程的划分与衔接,机器设备、原材料与劳动者的配合,按质、按量、按时完成生产任务,都需要计划与组织,而这些均可看作是决策活动。其目的是使有限的资源发挥最大的效能,以较少的投入(支出)追求较高的产出。对外部环境而言,它对企业的发展占有支配地位。企业为了生存与发展,不仅要重视生产效率,还必须注重经营成果,解决好企业的外部环境、内部条件和经营目标三者之间的动态平衡。企业经营成果的好坏,主要取决于外部决策,生产效率则是实现经营成果的手段。只有两方面的决策都成功,效率才会保证成果。否则,效率愈高,损失愈大。

2. 决策是管理的核心内容和基础 尽管管理工作是多个方面的,但从一定意义上讲,也都是围绕着决策而展开的。不论是管理活动中的计划制定、组织实施,还是管理活动中的用人、监督都离不开决策。而且管理活动中的每一个具体环节都存在具体的决策问题。可以说,决策贯穿于管理过程的始终,存在于一切管理领域。决策是从各个抉择方案中选择最优方案,作为未来行为的指南,而在决策以前,只能说我们对计划工作进行了研究和分析,没有决策,当然也就没有合乎理性的行动。决策是计划工作的中心,而计划又是组织、人员配备、领导与指导、控制、协调等工作的基础。因而,可以说决策是管理的基础。

3. 决策是管理者的最重要职责 有组织就有管理,有管理就有决策,任何管理和决策工作都是由人去完成的。不论管理者在组织中的地位如何,决策都是他们的主要职责。而且,管理者的地位越高,其做出决策的作用和影响也越大。特别是在当代社会,科学技术突飞猛进,新技术革命无不冲击着经济、社会的发展,社会活动的影响面越来越大,管理就越来越复杂,许多新问题层出不穷。管理者面对各种尖锐的挑战和激烈的社会竞争,要高瞻远瞩,审时度势,统观全局,及时做出反应和决断。可以说,管理者每天都要采取许多行动,每天都要做出许多决策,决策就成为管理者的最重要职责。

4. 决策是影响管理绩效的重要因素 决策可以说是管理行为的选择,关系经营者的生存和发展。决策既要确定管理的方向和目标,又要为达到管理目标提供行动方案,还要优化行动方案。决策选择的行动方案的优劣直接影响到目标实现的速度、程度和质量,直接影响到管理的效率。方案选择得当,就会取得投入小、收益大的效果,从而提高管理的效率。否则,就会降低管理的效率,甚至带来重大的损失。因而,决策是影响管理绩效的重要因素。

在市场竞争日趋激烈,新技术、新材料的出现日新月异,生产经营全球化、信息化的时代,增加了各方面对企业的压力,经常有一系列关系企业成败的重大问题摆在面前。因而决策就成为十分重要的工作。经营者必须择优决策,特别是抓住关系企业总体发展重大经营活动的战略决策,明确方向,合理分配资源,改善内部条件,提高适应外部环境的能力,又好又快地生产,既为自身的发展和繁荣创造条件,又为社会的发展多做贡献。

三、经营决策的类型

决策贯穿于整个经营管理过程的始终,决策的内容广泛而丰富,决策的类别因分类方法不同而不同,通常有以下几种分类方法。

1. 按决策的重要程度分类 根据所解决的问题在经营中的地位,可分为战略决策、战术决策。

(1) **战略决策**。是有关企业发展方向的、长远性的、全局性的重大决策。如对经营服务目标、投资方向、新产品开发、人力资源开发等的决策。战略决策一般属于长期性的决策。

(2) **战术决策**。一般属于短期性的决策,是在战略决策前提下,为实现长期战略目标所采取的一种策略手段。如生产过程控制、质量控制、成本控制等决策,重点是解决短期的或日常的经营管理问题。

2. 按组织层次和决策者所处的地位分类 根据决策者所处的管理层次,可分为高层决策、中层决策和基层决策。

(1) **高层决策**。企业最高领导层所负责进行的、主要解决全局性的以及同外部环境有密切关系的重大问题的决策。主要是经营决策,重点是解决战略性问题,其中也包括部分的重要管理决策。这类决策一般来说影响的时间长、决策者所负的责任大。

(2) **中层决策**。企业中层领导所负责的、主要解决企业在人力、物力、财力等资源的准备、组织、计划和控制方面的决策。中层决策主要是执行性的管理决策，又叫管理决策。这类决策的影响时间短，决策者所负的责任也比较小。

（3）基层决策。是基层管理组织所进行的作业性决策，又叫业务决策。它多属于作业组织和监督控制性决策，其技术性较强，时间较紧。

3. 按决策的形态不同分类　根据决策的形态不同可分为程序化决策和非程序化决策。

（1）程序化决策。也称常规决策，是指可按一定的程序、处理方法和标准做出的决策。它所解决的问题是企业经营活动中经常重复出现的，已经有了处理经验、程序和方法的问题。因而，相当于例行性决策，这种决策对企业经营影响较小，但负责这种决策的管理人员却需花费很多时间，所以制定一定的原则、程序和方法作为处理此类问题的准则是十分重要的。

（2）非程序化决策。也称非常规决策，指不能按常规办法处理的一次性决策。它所解决的问题不是企业经常反复出现的问题，还没有取得处理的经验，主要靠决策者的经验、创新精神和判断能力及信念来解决问题。

4. 根据决策的情况和条件分类　根据决策的情况和条件不同可分为确定型决策、风险型决策和不确定型决策。

（1）确定型决策。是在情况确定和必然出现的结果为已知的条件下做出的决策。即影响决策的因素或自然状态是明确肯定的，每个决策方案的预测结果也是肯定的，一种方案只有一种结果，只要比较不同方案的结果，就可从中做出选择。

（2）风险型决策。指决策者已有某些材料，具有多种未来状态和相应后果，但只能得到各种状态发生的概率，难以获得充分可靠信息，还不能完全说明决策后的结果，在这种情况下所做出的决策。即影响决策的因素或自然状态存在两个或两个以上，对未来出现的情况可以大致估计出其概率，其决策结果受概率的影响，故具有一定的风险性。

（3）不确定型决策。指决策者在不能确定和估计出各种方案成功的可能性的情况下所做的决策。即影响决策的因素或自然状态存在两个或两个以上，且对未来出现什么情况也不能肯定，决策的结果也不确定，完全凭借决策者的气质、创新精神、判断能力及信念做出的决策。

5. 按决策所使用的方法分类　按决策所使用的方法分为定量决策和定性决策。

（1）定量决策。就是决策目标可以用准确的数量表示，即用数学方法，通过建立数学模型，通过计算来求得决策的答案。这种方法也叫计量决策，也称为硬方法。

(2) 定性决策。难以用准确的数量来表示目标，主要依靠决策者的创造能力和分析判断能力来进行决策。这种方法也叫非计量决策，也称为软方法。

6. 按决策目标多少分类 按决策目标的多寡可分为单目标决策和多目标决策。单目标决策是指决策欲达到的目标只有一个，或者说只用一个目标来评判和选择决策方案。多目标则指决策欲达到的是多个相互联系、相互制约的目标，或者说要用多个相互联系、相互制约的目标来评判和选择决策方案。

7. 按决策的时态分类 可分为静态决策和动态决策。静态决策从资金的利用角度考虑，是不计货币时间价值的决策，该方法认为资金的现在值和未来值是不变的，又称为单项决策。动态决策则要考虑货币时间价值引起的动态变化，对该处理的问题做出一系列相互联系的多个决策，它可一次性地把全部决策定下来，也可根据事态的变化逐步做出决策，又称多项决策。

决策问题还可以分为生产经营过程决策、经营资源决策和管理活动决策，单变量决策和多变量决策，单项决策和序列决策，个体决策和群体决策等。

第二节 经营决策原则和程序

一、经营决策的特点和内容

1. 经营决策的特点 经营决策是企业各种决策中非常重要的部分，在企业的决策系统中占有首要地位，是由企业最高管理层负责实施的决策。经营决策的内容通常是关于企业总体发展和重要经营活动方面的安排，从经营决策的类型看有如下特点：

①从决策的重要性及层次看，经营决策大多属于战略性决策和较重要的战术决策。如设备的更新改造、经营目标、市场选择、市场开发策略、市场经营组合策略等。可见这些决策属于上层和中层决策的范畴。但也有属于基层的业务决策，如具体客户销售合同签订中的价格谈判等。

②从决策的性质看，经营决策大多属于风险型决策、不确定型决策，确定型的决策较少。这主要是经营决策受外部环境的制约较大，而外部环境因素是不断变化的和不可控制的，可能出现不同的情况，有不同的概率，所以必然存在风险。因此，在决策中通常使用风险型的决策方法。通过调查研究，预计风险的概率，同时利用已有的经验，采用定量决策和定性决策相结合的方法进行决策。

③从决策的例行性看，经营决策往往因情况而异，多属于一次性的非程序性决策，程序性的决策则较少。

④从决策的目标和时态看，经营决策多属于多目标决策和动态决策。如进行某些项目的技术改造决策，既希望提高企业的技术水平，又要求提高产品的质量和降低成本。又由于经营决策往往是一年或一年以上的中长期决策，决策的影响时间较长，所以多属于动态决策。

2. 经营决策的内容 对于一个农机经营企业而言，经营决策的根本任务和目的就是企业的活动、经营目标与社会经济技术的发展相协调，同农业现代化发展的市场需求变化相一致，以促进企业的长期繁荣和发展。因而，经营决策的内容涉及企业发展方向、目标和大政方针等重要问题，主要内容有：

（1）经营战略方面的决策。包括农机经营服务方向决策，经营目标和长短期经营方针决策，多方位联合经营、协作经营的决策等。

（2）研究开发方面的决策。包括农机化服务项目开拓、市场开发、新技术、新机具、新工艺推广应用等。

（3）生产上的决策。包括农机化设备的选型配备、更新，农机化生产的组织、指挥、调度和作业质量控制等。

（4）物资采购方面的决策。包括动力机械、作业机械、配套设备等的选购，厂家、设备型号的确定，各类作业消耗品、燃料、零配件库存数量的控制等。

（5）财务方面的决策。包括资金筹措、资金结构和资金周转，设备投资，目标成本和利润，财务计划、预算和财务收支平衡，利益分配等方面的内容。

（6）人事管理及组织上的决策。包括确立组织领导体制和重要的组织管理制度，人事分配制度，组织管理目标体系，部门负责人人选、重要人事安排等内容。

（7）其他重要问题的决策。主要包括节约能源、控制污染和环境保护，职工思想教育及激励政策，职工福利事业发展等内容。

二、经营决策的一般原则

一个企业的经营决策，实质上是解决其外部环境、内部条件、经营目标三者存在的不平衡，谋取三者在动态上的平衡关系。而经营决策是管理者的主要职能，在进行经营决策时应注意遵守以下原则：

1. 社会性原则 农机经营决策虽然属于微观性决策，但它必然会涉及社会的政治原则、经济利益、法律规范和风俗习惯等。在决策时不仅要对决策方案在技术上和经济上的可行性进行评价，还必须充分考虑决策方案对社会政治、经济、道德观念以及节能减排、资源节约等生态环境因素的影响。管理者在进行决策时，必须积极地适应来自社会方面的各种要求，贯彻党的路线、方针、政策，遵守国家的法律法规，坚持科学发展观，将企业的发展利益与社会发展利益结合起来。只有这样的决策，才可能是正确的决策，才会得到社会各方面的支持，企业也才能有大的发展；否则，将给企业的发展带来严重的后果，甚至会把企业引向绝路。

2. 经济效益原则　企业经营决策的根本目的是提高企业的经济效果，追求最佳的经济效益。讲究经济效益，正确处理经济利益关系，是有效决策的基本要求。所以，经营决策必须讲究和追求经营决策的效益，使决策达到预期的目的。

经营决策的经济效益主要是经营决策所引起的经济收益与所投入的资源两者之间的比较，即投入产出比。在衡量企业经营决策的经济效益时，必须处理好企业内部经济效益指标之间的相互关系，协调好数量、质量、费用、利润等关系，努力实现企业全面的经济效益。也要处理好企业与其他经济单位之间的利益关系，促使相互间的正常竞争。还要处理好企业效益与社会效益的关系，既要考虑企业自身的利益，也要考虑社会效益，不能将自身的效益取得建立在牺牲社会效益的基础上，既要金山银山，也要清水绿山。

3. 创新性原则　创新是一个民族进步的灵魂，是一个国家兴旺发达的不竭动力。一个国家、一个民族要不断创新，一个企业要生存、要发展，要在竞争中立于不败之地，也必须勇于创新，坚持创新。企业创新是全方位的，是由多种创新要素共同推动的结果，而管理创新是企业创新的基础，通过管理创新，使人才、资本、科技等各种生产要素和生产条件得到优化，企业自身实力和市场竞争力进一步增强，从而为企业持续创新奠定基础。

经营决策创新则是管理创新的重要内容，经营决策广泛涉及企业的外部环境和内部条件，而这两方面又都是变动的，特别是外部环境更具有多变性。企业经营决策面临的问题可能是与过去相同的老问题，也可能是新问题。对于老问题会有新的情况、新的要求，仅靠老办法不能很好地解决；对于新问题、非程序性的问题，不会有现成的解决办法。因此，经营决策中必须冲破旧框框、旧习惯、老办法，发扬创新精神，以新思维、新办法设计和选择新的行动方案。

4. 科学性原则　经营决策的科学性，就是要把定量分析与定性分析相结合，使两者相互补充，有机结合。定性分析是定量分析的基础，定量分析是定性分析的量化体现。没有定量的分析就没有科学的决策，而定量分析离不开定性分析的支持。面对决策所解决的复杂问题，不但需要定量分析，更需要创造性的思维和判断，才能较好地解决问题。

现代科学技术的发展和社会的进步，产生了一系列相互渗透与交叉的学科，为决策提供了理论基础和技术手段，特别是随着计算机科学和人工智能技术的迅速发展，以计算机为手段的决策支持系统得到大量的开发和推广应用，进一步提高了决策的科学性、有效性和及时性，使决策行为能够建立在科学化的基础上。

5. 民主化原则 决策民主化与决策科学化是密切相关的，只有民主的决策才能带来更多的科学因素，只有决策民主化才能使科学更好地为决策服务。离开决策的民主化，决策科学化也不会走得很远，或者说决策科学化也无法达到它的最高境界。决策的民主化不但可以使决策的科学化程度达到一个新的、更高的水平，而且决策扩大民主化的过程本身就是在一个更大的范围内全面推动科学技术在整个决策过程中渗透的过程。而实际上科学决策的目的也恰恰在于为民主决策提供最可靠和最有效的客观依据，在于降低决策的风险和成本，提高决策的质量。决策的民主化构成了实现决策科学化最重要的条件和途径，而实现决策科学化的重要制度保障，就是决策的民主化。

经营决策解决的大多是复杂的、性质多样的例外性的新问题，问题的解决涉及各种因素和企业各方面的工作，同时又需要各方面的知识、经验。因此，力求决策准确，必须实行决策民主化，即尊重科学、广泛征求各方面专家的意见，注意听取各方面的观点，在反复论证的基础上做出决策，避免凭少数领导人的主观臆断盲目做出决策。

6. 可靠性和灵活性相结合原则 经营决策必须具有可靠性，完全没有可靠性的决策是无用的，这是由决策的性质所决定的。但决策是为未来而做的，未来几乎总是包含着不确定性，即使可靠的决策，在确定目标和拟订方案时，也不可避免失误的存在。所以，在经营决策过程中，一方面要努力减少失误，保证决策的可靠性，同时也应注意决策的灵活性。

三、经营决策的程序

决策的程序，指的是将决策的全过程，依据一定的顺序划分成若干阶段。科学的程序是客观规律的反映，决策的基本程序如图 6-1 所示。

1. 提出问题，分析问题 决策既然是一种管理活动，所以就必须围绕一定的问题来展开。发现问题是决策工作的出发点，经营者应该根据既定的目标，积极地搜集和整理情报并发现差距，确认问题。具体应注意以下几方面的问题：

（1）决策准备。首先要设计调查大纲，编制简明扼要的调查表格；广泛查阅、搜集与分析有关的国内外文献资料，并进行分析处理，去粗取精；找出自己的优势、存在的问题，以及所存在的差距。但仅仅提出问题是不够的，还必须在提出问题的基础上对众多的问题进行分析，以明确各个问题的性质，确定这些问题是涉及全局的战略性问题，还是只涉及局部的程序性问题；了解国内外解决类似决策问题的方法、后果、经验与教训。除了积累文字情报以外，还应重视活情报的收集。

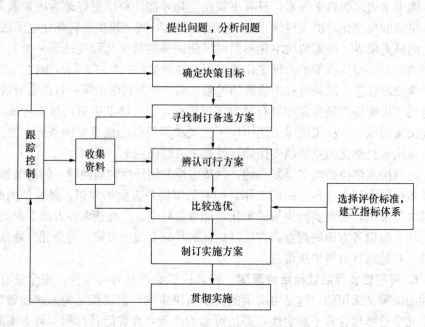

图 6-1 决策的基本过程

（2）建立科学的信息系统。为了决策科学化的需要，不但要搜集有关的信息，而且要对信息进行处理、传送和使用。所以，要建立决策信息系统。

（3）做好预测。由于决策所需要的条件和环境往往存在一些目前不能确定的因素，因此要根据已搜集到的资料和信息进行预测。科学的预测是决策的前提，预测研究是决策过程的一个重要环节。

对决策者特别是高层决策者来说，清楚地认识到潜在的有可能发生的问题，对事物的发展进行超前的、正确的预计是尤为重要的。

2. 确定决策目标 所谓确定目标，是指在一定的环境和条件下，在调研、预测的基础上拟定出达到目标的各种办法和方案，并根据目标确立的标准仔细衡量，从中选择最好的方案，做出决策。确定决策目标首先必须正确，这是决策正确的航标，其次就是水平必须合理、可行。具体应注意如下

问题:
①决策目标必须明确、具体。
②在资源限制方面,要订立一个最高限度。
③在必须获得的成果方面,要有一个最低限度的标准。
④在职责方面,要明确责任。

决策目标既是制订决策方案的依据,又是执行决策、评价决策执行效果的标准。决策目标也就是决策必须达到的水平。因而,决策目标必须定得合理可行。一项决策目标定得合理可行的标准应该是使该目标既能够达到,但又必须要经过努力才能够达到。目标定得过高,根本不切合实际,会使人望而却步,失去为之奋斗的信心与勇气,决策就会随之化为泡影;反之,若目标定得太低,不经过任何努力即可实现,人们就可能认为唾手可得而感到无所作为,随之丧失应有的压力和积极性。

3. 寻找制订备选方案 这是为达到目标而寻找途径。实现同一个决策目标的方式或途径可能是多种多样的,不同的途径和方式实现目标的效果也就不一样。决策要求以费用最低,效率最高,收益最大的方式实现目标。这就要求对实现目标的多种途径和方式进行比较和选择。具体步骤是:

(1) 寻求限制或决定因素。在制订比较方案时,越能了解和找出对达到所要求的目标起限制性和决定性的因素,就越能清楚准确地拟订出各种可行方案。

(2) 方案集成。在允许的范围内,将所有可能的比较方案都制定出来。集成比较方案往往与从中做出抉择一样重要,必须注意方案的可行性、方案的多样性和方案的层次性。

制订备选方案是一项技术性很强的管理活动,无论哪一种备选方案,都必须建立在科学的基础上。方案中能够进行数量化和定量分析的,一定要将指标数量化,并运用科学、合理的方法进行定量分析,使各个方案尽可能建立在客观科学的基础上,减少主观假设性。

4. 分析评估可行方案 制定出各种可行方案之后,接着就是进行评估。方案分析评估是方案选优的前提,方案选优是方案评估的结果。分析评估过程包括两个步骤:

(1) 方案分析。对备选方案的可行性和可能结果进行深入细致的分析,即采用一定的方式、方法,对已经拟定的方案进行效益、危害、敏感度及风险度等方面的分析,以进一步认识各方案的利弊及其可行性。

(2) 方案评判。在分析的基础上,基于评价标准对各备选方案的优劣程度做出评判。运用定性、定量、定时的分析方法,评估各比较方案的效能价值,预测决策的后果以及来自各阶层、各领域的反应。在评估的基础上,权衡、对比各方案的利弊得失,并将各方案按顺序排列,提出取舍意见,送交最高决策机构。

5. 确定最优方案　对决策的备选方案进行比较评价,确定最优方案,是决策的关键环节。那么,如何才能评选、确定一个最优方案呢?

(1) 建立组织。方案择优需要组织一个得力的评选方案的领导小组,对方案在各个方面的合理性与科学性做出正确评价。

(2) 确定方案评价选择标准。经济组织决策中,评选方案的标准一般是以经济效益为最基本的指标。如企业评价方案多以利润、成本、投资回收期等指标作为最基本的指标。

(3) 方案的可行性评价。评选方案工作一定要深入、认真、细致。评价方案不只是依据评价指标从中选择最高的,还必须详细审查方案的可行性程度。方案的可行性分析是最重要的评选、确定依据,评价指标再高,如果不具备基本的现实可行性,那么方案也是毫无用处的。

方案择优的过程就是决策者"拍板定案"的过程,方案的选优必须由决策者亲自完成。在方案选优的过程中,决策者应坚持的原则有:能够实现决策目标,总体最优;付出的代价尽可能小,获得的效益尽可能大;承担的风险尽可能小;实施后产生的副作用尽可能小。

还要注意把握好方案的利弊得失。选优只能是相对的,任何一种方案都存在利和弊,无非是利大弊小、利弊各中、利小弊大这三种情况。总起来说应是两害相权取其轻,两利相权取其重。

决策者在决策时必须研究某一项对策对其他各方面的影响,以及其他方面的事物对这项对策的影响,并估计其后果的严重性、影响力和可能发生的程度。在仔细估量并发现各种不良后果以后,决策者有时会选择原来目标中的次好对策。因为它比较安全,危险性小,是较好的决策。

总之,进行选择,就要比较可供选择方案的利弊,运用效能理论进行总体权衡、合理判断,然后选取其一,或综合成一,做出决策。

在实际工作中,拟订方案、分析评估以及确定最优方案,往往不是孤立的步骤,初拟一批备选方案后,经过评价选择,若得不到合适的方案,可以重新补充新方案,甚至可以回到修订原有目标。

6. 组织决策实施　根据现代决策理论,决策不只是一个简单的方案选择问题,它还包括决策的执行。因为决策正确与否,质量如何,不经过实践的检验,是得不到真正的证明的,实践是检验真理的唯一标准。而且,决策的目的也就是为了实施决策,以解决最初提出的问题。如果说选择出一个满意的方案是解决所提出的问题成功的一半,那么,另一半就是组织决策的实施了。不能付诸实施的决策只能是水中之月,镜中之花。因此,决策的实施是实现目标的一个关键阶段,决策者必须将组织决策实施的工作当作一个重要的环节来抓,要抓好以下几个环节:

(1) 试验证实。方案选定后,先进行局部试验,以验证其可靠性。同时,通过局部试验,也可以发现事先没有估计到的新问题、新情况,及时地在规模实施方案之前,对原定的决策方案进行修正。对无法进行试验研究的决策方案,则需要在方案实施的过程中,加强管理和控制,发现问题,及时反馈,以便采取补救措施。

(2) 制订实施计划。经过试验证实后,就进入全面实施阶段,这就要有实施的计划。这一计划应由决策机关责成有关部门,吸收有关专家和具体工作人员共同制订。制订计划的总要求是把决策具体化,做到周密、细致、具体、灵活。

把决策的实施变为所有参与者的自觉行动。决策的实施首先要有广大组织成员的积极参与。为了有效地组织决策实施,决策者应通过各种渠道将决策方案向组织成员通报,争取成员的认同,把握好决策的民主化,使更多的成员参与决策,了解决策,以便更好地实施决策。

7. 跟踪控制　　即进行信息反馈和决策的修订、补充。决策的实施是检验决策正确与否的唯一方法。在决策时,无论考虑得怎样周密,也只是一种事前的设想,难免存在失误或不当之处,况且,随着外部社会市场形势的发展和变化,实施决策的条件不可能与设想的条件完全吻合,在一些不可预测和不可控制因素的影响作用下,实施条件和环境与决策方案所依据的条件和环境之间可能会有较大的出入,这时,需要改变的不是现实,而是决策方案了。所以,在决策实施过程中,决策人应及时了解、掌握决策实施的各种信息,及时发现各种新问题,并对原来的决策进行必要的修订、补充或完善,使之不断地适应变化了的新形势和条件。

决策是一个动态过程,由于现代决策的复杂性,决策者个人认识能力的局限性,使得已经做出的决策不符合或不完全符合客观实际的情况是经常发生的,这就要求决策者在进入决策实施阶段之后,必须注意追踪和监测实施的情况,根据反馈的情况对决策不断地进行调节。应该建立一种灵活有效的反馈机制,重视反馈调节中的追踪决策。

8. 总结经验,吸取教训,改进决策　　一项决策实施之后,对其实施的过程和情况进行总结、回顾,既可以明确功过,合理奖惩,又可以使自身的决策水平得到进一步的提高。通过总结决策经验,往往可以发现一些决策最初看起来是正确的,但在实施之后却并不令人满意的原因,如某些决策短期效益可能十分显著,而长期效益却很差,这些都是通过对决策实施的结果进行总结所得到的经验。

第三节 经营决策方法与应用

一、确定型决策

确定型决策是指已知未来情况的决策,即决策条件是明确的,一个方案只有一个结果,决策的任务就是从中找出结果最好的方案。

构成确定型决策应当满足三个条件:一是决策问题中各种变量及相互关系均能用计量的形式表达;二是每个备选方案均只有一种确定的结果;三是决策方案能推导出最佳解方程。

确定型决策的内容十分广泛,如企业经营过程中的原料供应、调度安排、有限资源的最佳配备等大多属于确定型决策。确定型决策常用的分析方法有盈亏平衡分析法、边际贡献分析法、线性规划法和差量分析法等。

(一)盈亏平衡分析法

盈亏平衡分析法也称为量—本—利分析法,是根据方案的业务量(产、销量)成本、利润的关系,分析决策方案对企业盈亏的影响,评价和选择决策方案。其基本步骤是:

1. 分析成本与业务量的关系 根据成本与业务量的关系可以把成本分成两大类:变动成本和固定成本。随业务量变化同步增减的成本(如直接人工费用、材料消耗费用),称为变动成本;在一定范围内不随业务量变化的成本(如固定资产折旧费)称为固定费用。

假定其他市场条件不变,服务(产品)价格不会随该项目的实施而变化,可以看作一个常数。项目的业务(销售)收入与业务(销售)量之间的关系呈线性关系,即

$$S = PQ \qquad (6-1)$$

式中:S——业务(销售)收入;

P——服务(单位产品)价格;

Q——业务(产销)量。

总成本费用是固定成本与变动成本之和,它与业务(产品)量的关系也可以近似地认为是线性关系,即

$$C = F + vQ \tag{6-2}$$

式中：C——总成本费用；
F——固定成本；
v——单位业务（产品）变动成本。

2. 确定盈亏平衡点　盈亏平衡点是总成本与业务收入相等时对应的业务（产销）量点。根据盈亏平衡点意义有 $S=C$，则

$$PQ^* = F + vQ^* \tag{6-3}$$

即

$$Q^* = \frac{F}{P-v} \tag{6-4}$$

式中：Q^*——盈亏平衡点的业务（产销）量。

盈亏平衡模型的几何意义如图 6-2 所示。

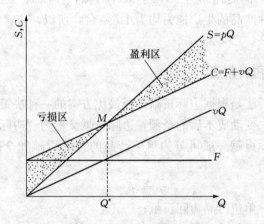

图 6-2　盈亏平衡分析图

图 6-2 中纵坐标表示业务（销售）收入与成本费用，横坐标表示业务（产销）量。业务收入线 S 与总成本线 C 的交点称盈亏平衡点 M，也就是项目盈利与亏损的临界点 Q^*。

3. 利用盈亏平衡分析原理选择经营方案　通过计算盈亏平衡点的业务（产销）量，判断所拟定各方案的现实业务（产销）量与盈亏平衡点业务（产销）量的大小。凡是高于盈利与亏损的临界点 Q^* 的业务量方案是可行的，低于 Q^* 点的业务量方案则不可取。

[**例 6-1**]　某农机制造厂准备从 A、B 两种研发的新产品中选择一种投入批量生产，每种产品的生产成本及相关资料见表 6-1。进行 A、B 产品生产的年生产能力均为 1 700 台，假设市场销售不存在问题。用盈亏平衡分析方法应选择哪种产品？

表 6-1　两种产品生产成本及相关资料

方案	固定成本 (万元)	单位产品变动成本 (元/台)	产品预计售价 (元/台)	满负荷生产能力 (台/年)
A 产品	750	3 200	7 000	1 700
B 产品	600	2 800	6 500	1 700

解　盈亏平衡时，由式（6-4）得

$$Q_A^* = \frac{F}{p-v} = \frac{7\,500\,000}{7\,000 - 3\,200} \approx 1\,974\,(台)$$

$$Q_B^* = \frac{F}{p-v} = \frac{6\,000\,000}{6\,500 - 2\,800} \approx 1\,622\,(台)$$

可见投产 A 产品需达到约 1 974 台才不亏损，投产 B 产品达到 1 622 台就不亏损。由于两种产品的生产能力均为 1 700 台，所以，应选择 B 产品投入批量生产。

（二）边际贡献分析法

边际贡献分析法是根据边际贡献选择最优方案的一种决策方法。边际贡献是指销售收入减去变动成本后的余额，边际贡献又称为"边际利润"或"贡献毛收益"等。边际贡献一般可分为单位产品的边际贡献和全部产品的边际贡献，其计算方法为

$$w = p - v \qquad (6-5)$$

式中：w——单位产品边际贡献；
　　　p——销售单价；
　　　v——单位变动成本。

$$W = P - V \qquad (6-6)$$

式中：W——全部产品边际贡献；
　　　P——全部产品的销售收入；
　　　V——全部产品的变动成本。

在短期经营决策中，由于固定成本总额不变，不同方案对比时，可以不考虑固定成本，只依据边际贡献的大小作为选择方案的标准。

[例 6-2]　某种子公司使用一台种子清选机分别清选甲、乙两个品种的种子，在最佳季节内该机的最大使用能力为 1 800 h，清选甲种子的生产率为 100 kg/h，清选乙种子的生产率为 150 kg/h。甲、乙两个品种的销售单价及成本如表 6-2 所示。试决策清选一个较为有利的品种。

表 6-2　甲、乙两个品种的销售单价和成本

方案	销售单价（元/kg）	单位变动成本（元/kg）	固定成本总额（元）
甲种子	20	12	3 000
乙种子	14	18	

解　由于无论清选哪个品种，固定成本总额是稳定不变的，所以可使用边际贡献决策法。其计算表如表 6-3 所示。

表 6-3　清选甲、乙两个品种的边际贡献分析计算表

指　标	甲种子	乙种子
最大产量（kg）	180 000	270 000
销售单价（元/kg）	20	14
单位变动成本（元/kg）	12	8
单位边际贡献（元）	8	6
边际贡献总额（元）	1 440 000	1 620 000

可见，尽管清选甲品种创造的单位边际贡献高于乙品种，但清选乙品种能获得更多的边际贡献总额。所以清选乙品种比较有利。

（三）分析法

不同备选方案之间预期收入和预期成本在量上的差别叫差量。决策者从不同备选方案的收入、成本差量的基础上，从中选出最优方案的方法，叫差量分析法，也称为差别分析法。

差量分析法的基本原理见表 6-4。两个备选方案的差量收入和差量成本的差额，实际上就是两个方案预期利润的差额。因此，当 $P_1 > P_2$ 时，即表明差量收入大于差量成本，此时应选择方案 1；否则，应选择方案 2。

表 6-4　差量分析法的基本原理

指　标	方案 1	方案 2	差量
收入 S	S_1	S_2	$S_1 - S_2$
成本 C	C_1	C_2	$C_1 - C_2$
差别损益		$P_1 - P_2 = (S_1 - S_2) - (C_1 - C_2)$	

[例6-3] 某农机配件厂为整机厂加工生产一种零件半成品,年生产量为20 000件,每个零件的变动成本为8元,固定成本为4元,整机厂付给每件加工费20元。若将产品进一步加工为成品,整机厂则以每件30元订购,但每件需追加变动成本6元,另需增加固定成本40 000元。现决策是生产半成品还是成品。

解 加工成半成品:

收入　$S_1 = 20 \times 20\,000 = 400\,000$(元)

变动成本　$v_1 = 8 \times 20\,000 = 160\,000$(元)

固定成本　$C_1 = 4 \times 20\,000 = 80\,000$(元)

加工成成品:

收入　$S_2 = 30 \times 20\,000 = 600\,000$(元)

变动成本　$v_2 = (8+6) \times 20\,000 = 280\,000$(元)

固定成本　$C_2 = 4 \times 20\,000 + 40\,000 = 120\,000$(元)

则,两种方案的差量收入　$S_2 - S_1 = 600\,000 - 400\,000 = 200\,000$(元)

差量成本　$C_2 - C_1 = (280\,000 + 120\,000) - (160\,000 + 80\,000) = 160\,000$(元)

差别益损　$P_2 - P_1 = (S_2 - S_1) - (C_2 - C_1) = 200\,000 - 160\,000 = 40\,000$(元)

可见,加工为成品可多收入40 000元。所以,决策加工为成品。

(四) 线性规划法

线性规划是在一定的约束条件下寻求一组变量的值,使目标函数达到最优的确定型决策方法。如决策中常遇到的在资源有限的条件下,如何将有限的资源合理搭配以取得最好的经济效益的问题。线性规划的特点有:决策问题的目标是单一的,约束条件明确而且可以用函数表达;目标函数与决策变量之间是线性关系;所有的决策变量非负。

线性规划的求解方法一般有单纯形法和图解法。这里结合实例介绍图解法的应用。

[例6-4] 某农机厂计划生产A、B两种产品,生产时要受甲、乙两种专用设备的有效台时数(1台设备工作1小时称为1台时数)制约,已知A产品每件获利400元,B产品每件获利300元,设备的有效台时数及产品的台时数定额如表6-5所示。问:怎样进行最佳品种的数量优化组合进行决策。

表6-5　单位产品台时数消耗

方案	A产品	B产品	设备的有效台时数
设备甲	5	6	440
设备乙	3	2	240

解 第一步，确定决策目标，明确约束条件。这里是生产计划中的品种决策问题，决策的目标是在不突破设备条件的约束下合理安排 A、B 两种产品的产量，保证企业的生产利润最大。其约束条件为设备甲和乙的有效台时数。

第二步，建立包含一组约束条件和目标函数的数学模型。

设产品 A 的产量为 x，产品 B 的产量为 y，企业利润函数 $F(x, y)$，则

目标函数 $\max F(x, y) = 400x + 300y$

约束条件
$$\begin{cases} 5x + 6y \leqslant 440 \\ 3x + 2y \leqslant 240 \\ x \geqslant 0, \ y \geqslant 0 \end{cases}$$

第三步，以 x 为横坐标，y 为纵坐标做出约束条件曲线（图 6-3），形成可行解区域（图中 A、B、C、D 围成的阴影部分）。

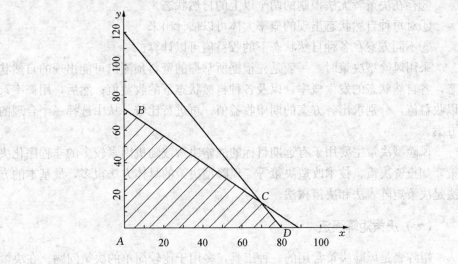

图 6-3 线性规划的图解法

第四步，在可行解域求解满足目标函数的最优解。由线性规划理论知，若存在最优解，则此解必然在可行解域的某个极点（凸点）上。分别计算可行域的几个极点，即可得到此问题的最优解。

本例可行域的 4 个极点坐标为 $A(0, 0)$、$B(0, 73.3)$、$C(70, 15)$、$D(80, 0)$。代入目标函数得

$$F_A(0, 0) = 0$$

$$F_B(0,73.3) = 21\ 990$$
$$F_C(70,15) = 32\ 500$$
$$F_D(80,0) = 32\ 500$$

即,最优解为当生产 A 产品 70 件,B 产品 15 件时,可获得最大利润 32 500元。

二、风险型决策方法

风险型决策也称为随机型决策、概率型决策,是指对问题的未来情况不能事先确定,只能根据几种不同的自然状态可能发生的概率进行决策。风险型决策应具备下列条件:

①有明确的决策目标。如收入最大或损失最小。
②有受决策变量制约的两个以上备选方案。
③存在决策者无法控制的两个以上的自然状态。
④对每种自然状态出现的概率大体可以估计出来。
⑤不同方案在各种自然状态下的收益值可以计算。

采用风险型决策时,一般是先根据所掌握的资料预测出可能出现的自然状态,各自然状态的发生概率,以及各种自然状态下的收益值;然后,用概率乘以收益值,分别求出各方案的期望收益值,再进行比较,从中选择一个合理的方案。

风险型决策主要用于有远期目标的战略决策或随机因素较多的非程序化决策,如投资决策、技术改造决策等。风险型决策的具体方法很多,最基本的方法是决策矩阵表法和决策树法。

(一) 决策矩阵表法

矩阵表是风险决策常用的一种工具,多用于比较简单的决策问题。在决策中广泛采用矩阵模型,其基本结构是

$$a = F(y_i, x_j) \tag{6-7}$$

式中:a——收益值(损益值或支付值),表示可能出现的各种自然状态而采取不同对策所产生的结果;

x_j——自然状态,决策者不可控制的因素,也叫状态变量;

y_i——决策者可控制的因素,即行动方案,也叫决策变量。

它们之间的关系可用矩阵模型表示,如表 6-6 所示。

表 6-6 决策矩阵表

状态	自然状态 x_j					
收益值	x_1	x_2	⋯	x_j	⋯	x_n
	P_1	P_2	⋯	P_j	⋯	P_n
方案 y_i	概 率					
y_1	a_{11}	a_{12}	⋯	a_{1j}	⋯	a_{1n}
y_2	a_{21}	a_{22}	⋯	a_{2j}	⋯	a_{2n}
⋯			⋯			
y_i	a_{i1}	a_{i2}	⋯	a_{ij}	⋯	a_{in}
⋮	⋮	⋮	⋮	⋮	⋮	⋮
y_m	a_{m1}	a_{m2}	⋯	a_{mj}	⋯	a_{mn}

现结合实例对决策矩阵表法进行介绍。

[例 6-5] 设某农机厂需做出开发新产品的决策方案。初步拟定开发 A、B、C 三种产品的可行方案,根据市场预测的分析,可能出现以下几种情况:销路好、中、差,其概率分别为 0.3、0.5 和 0.2,各方案在每一个自然状态下的收益值如表 6-7 所示。

表 6-7 不同方案的收益值

单位:万元

方案	销路好	销路中	销路差
A 产品	24	14	8
B 产品	18	18	10
C 产品	12	12	12

解 第一步:根据可行方案和自然状态、出现的概率和结果之间的相互关系,列出决策矩阵表,见表 6-8。

表 6-8 决策方案矩阵表

单位:万元

状态		销路好	销路中	销路差
收益值		0.3	0.5	0.2
方案		概 率		
	A 产品	24	14	8
	B 产品	18	18	10
	C 产品	12	12	12

第二步：计算不同方案在各种自然状态下的期望收益值。

方案 A　(24×0.3)+(14×0.5)+(8×0.2)=15.8(万元)
方案 B　(18×0.3)+(18×0.5)+(10×0.2)=16.4(万元)
方案 C　(12×0.3)+(12×0.5)+(12×0.2)=12(万元)

第三步：确定优选方案。由计算结果可知，开发 B 产品的期望收益值最大，所以，可作为优选方案。

(二) 决策树法

决策树法是一种用图解方式将决策的相关因素分解、确定和逐项计算其发生的概率和期望收益值，并通过综合收益值的比较进行决策的方法。适用于多目标连续决策。

决策树法即根据逻辑关系将决策问题绘制成一个树形图，如图 6-4 所示，然后按照自树梢至树根的顺序逐步计算各决策节点的收益值，最后根据收益值的大小作出相应的决策。决策树法的工作步骤是：

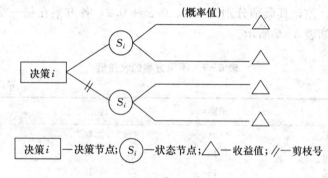

决策 i —决策节点；S_i—状态节点；△—收益值；∥—剪枝号

图 6-4　决策树

(1) 绘制决策树。绘制决策树的前提条件是对决策条件进行细致分析，确定有哪些方案可供决策时选择，各种方案的实施会发生哪几种自然状态。如遇到多级决策，则要确定是几级决策，并逐级展开其方案枝、状态节点和概率枝。

(2) 计算期望收益值。由右向左依次计算期望收益值。先将各自然状态的收益值分别乘以各自概率枝上的概率，再乘以决策有效年限，最后将各概率枝的值相加，标于状态节点上。

(3) 剪枝决策。比较各方案的期望收益值，如方案实施时有费用发生，则应将状态节点的值减去实施费用再进行比较。凡是期望收益值小的方案枝一律剪去（用符号"∥"表示），最后只剩下一条贯穿始终的方案枝，其期望收益值最大,将此最大值标于决策点上,即为最佳方案。

[例6-6] 某农机厂准备生产某种新产品,提出了新建一条生产线和对原有设备进行技术改造两种方案。新建一条生产线需投资350万元,销路好时年盈利100万元,销路差时则年亏损20万元;改造原有设备时需投资80万元,销路好时年盈利40万元,销路差时年盈利10万元。预计该产品销售好的概率为0.7,销路差的概率为0.3。两方案的使用年限均为10年。

解 这是一个单级决策问题。

第一步,绘制决策树,如图6-5所示。

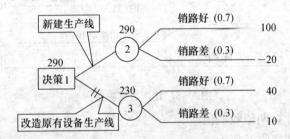

图6-5 新产品生产方案决策图

第二步,计算期望收益值。

节点②的期望收益值为

$$[100 \times 0.7 + (-20) \times 0.3] \times 10 - 350 = 290(万元)$$

节点③的期望收益值为

$$(40 \times 0.7 + 10 \times 0.3) \times 10 - 80 = 230(万元)$$

第三步,决策和剪枝。

比较新建生产线和改造原有设备两方案可知,新建生产线获得的收益比原有设备生产线获得的收益高。因此,若不考虑其他因素,应采用新建生产线的方案。此方案可获得期望收益290万元。

[例6-7] 某农机厂为生产某种新产品,提出了三个建厂方案。方案一:建大厂,需投资500万元,建成后若产品销路好,每年可获得利润200万元,若销路差,每年要亏损20万元;方案二:建小厂,投资200万元,建成后若产品销路好,每年可获得利润100万元,销路差时年盈利30万元;方案三:先建一个小厂,试销3年,若产品销路好再投资300万元扩建。扩建后若产品销路好,年盈利可达200万元。预计该产品销售好的概率为0.7,销路差的概率为0.3。第一、二种方案的使用年限均为10年,第三种方案扩建后的使用年限为7年。问:应怎样决策?

解 这是一个多级决策问题。

第一步,绘制决策树,如图 6-6 所示。

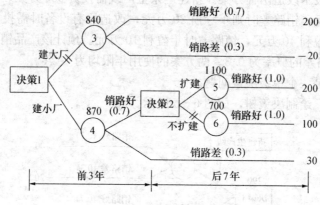

图 6-6 建厂方案决策图

第二步,计算期望收益值。

节点⑤的期望收益值为

$$200 \times 1.0 \times 7 - 300 = 1\,100(万元)$$

节点⑥的期望收益值为

$$100 \times 1.0 \times 7 = 700(万元)$$

比较节点⑤、⑥的期望收益值,剪去节点⑥。

节点③的期望收益值为

$$[200 \times 0.7 + (-20) \times 0.3] \times 10 - 500 = 840(万元)$$

节点④的期望收益值为

$$(100 \times 3 + 1\,100) \times 0.7 + 30 \times 0.3 \times 10 - 200 = 870(万元)$$

比较可知,应采用第三种方案,即先建小厂试销 3 年,若销路好再扩建。此方案可获得期望收益 870 万元。与直接建大厂相比,投资总额没有增加,且是分期投资,而最终的总收益却增加 30 万元。

风险型决策方案的选择完全依赖于期望值标准,期望值大的方案,认为其价值高;反之则低。期望值是将不同方案的收益值与概率加权求和,即以自然状态的平均值反映的。由于概率的准确性只有在客观事件发生的频次无穷大时,才具有明显的客观性和稳定性。所以这个标准对于重复性大的、风险程度小的决策方案较适用。若决策方案是一次性非程序化决策,或决策后果构成的风险大时,采用什么期望值标准则主要取决于决策者敢于冒风险的态度。

实际上，风险型决策是一个十分复杂的问题，除了定量的分析外，还需要结合具体的情况，利用决策者丰富的经验、敏锐的洞察力和机智的判断力，敢于承担风险的胆识等，充分发挥其主观能动性，并与定性决策结合做出科学的决策。

三、不确定型决策方法

不确定型决策是指决策者所要解决的问题有若干个方案可供选择，但所面临的自然状态难以确定，且对各种自然状态发生的概率无法预测，因此，决策的结果也是完全不确定的。此类决策具有极大的风险和主观性，对于相同的数据和资料，不同的决策者可以完全不同的选择。在不确定型决策上常用的决策准则有以下几种。

（一）乐观准则

乐观准则也称大中取大准则、好中取好准则。其主要特点就是决策者不放弃任何一个获得最好结果的机会，对方案的选择持冒险、乐观的态度。

其具体方法是：先从方案中分别取一个最大收益值，再从各最大收益值中取最大值，所对应的方案就是行动方案。

[例6-8] 一农机厂计划开发一种新产品，有三种方案。方案一：改造原有生产线进行生产；方案二：新建一条生产线进行生产；方案三：利用现有条件自制部分零件与外协加工部分零件结合生产。该产品的市场需求前景只能预测出畅销、销路一般和滞销三种情况，各方案的收益值可以估计，如表6-9所示。问：应怎样决策？

表6-9 三种方案收益值估计

单位：万元

状态		收益值		
		畅销	销路一般	滞销
方　案	改造原有生产线A	600	400	-100
	新建一条生产线B	700	300	-250
	自制与外协结合C	300	200	40

解 列出各方案的最大收益值，如表 6-10 所示。

表 6-10 乐观准则决策表

单位：万元

状态		收益值			最大收益值
		畅销	销路一般	滞销	
方案	改造原有生产线 A	600	400	-100	600
	新建一条生产线 B	700	300	-250	700
	自制与外协结合 C	300	200	40	300
最大收益值中的最大值					700
应选择的决策方案					B

按乐观准则，应选择方案 B，即新建一条生产线进行生产，可获得最大收益 700 万元。显然，这是一种冒险行为，风险性大。但一旦出现好的情况，就能取得最大的收益。

（二）悲观准则

悲观准则也称小中取大准则、坏中取好准则。决策者对客观情况持悲观态度，对不利因素看得较重，但又想从最坏的情况下寻找较好的方案。

其具体方法是：先从每个方案中选出最小收益值，然后再从这些最小值中选择最大者作为决策依据，其所对应的方案即为行动方案。

例 6-8 按悲观准则进行决策，其决策表如表 6-11 所示。

表 6-11 悲观准则决策表

单位：万元

状态		收益值			最小收益值
		畅销	销路一般	滞销	
方案	改造原有生产线 A	600	400	-100	-100
	新建一条生产线 B	700	300	-250	-250
	自制与外协结合 C	300	200	40	40
最小收益值中的最大值					40
应选择的决策方案					C

决策的结果是选择方案 C，即利用现有条件自制部分零件与外协加工

部分零件结合生产。显然这是一种保守的行为,当出现了最坏情况时,可以避免造成较大的损失。但当出现了较好情况时,却不能取得较大的收益。

(三) 折中准则

折中准则是介于乐观和悲观准则之间的决策准则。决策者认为对于未来的客观情况不宜盲目乐观,也不应保守悲观。

其具体方法是:先根据历史数据或经验估计一个乐观系数 α,$0 \leqslant \alpha \leqslant 1$。然后计算方案的折中收益值,最后进行比较,选择折中收益值最大的方案为行动方案。方案的折中收益值计算方法为

方案的折中收益值 $= \alpha \times$ 方案的最大收益值 $+ (1-\alpha) \times$ 方案的最小收益值

例 6-8 按折中准则进行决策,取乐观系数 $\alpha = 0.7$,其决策表如表 6-12 所示。比较结果,决策应选择方案 B。

表 6-12 折中准则决策表 ($\alpha = 0.7$)

单位:万元

状态	收益值			最大收益值	最小收益值	折中收益值
	畅销	销路一般	滞销			
方案 改造原有生产线 A	600	400	−100	600	−100	390
新建一条生产线 B	700	300	−250	700	−250	415
自制与外协结合 C	300	200	40	300	40	222
最大折中收益值						415
应选择的决策方案						B

(四) 遗憾准则

遗憾准则也称最小后悔值准则、大中取小准则。当一种自然状态出现时,应选择在此状态下收益值最大的方案,假若决策者当初并未选择这一方案,而是选择了其他方案,就会感到遗憾,从而产生后悔。后悔的程度用最大收益值和所采取方案收益值之差来衡量,称为后悔值。

其具体方法是:计算出各方案在各种自然状态下的后悔值,然后选出各方案的最大后悔值,最后比较不同方案的最大后悔值,选择其中的最小者作为决

策方案。

例 6-8 按遗憾准则进行决策，其决策表如表 6-13 所示。

表 6-13 最小后悔值准则决策表

单位：万元

状态		收益值			后悔值			最大后悔值
		畅销	销路一般	滞销	畅销	销路一般	滞销	
方案	改造原有生产线 A	600	400	−100	100	0	140	140
	新建一条生产线 B	700	300	−250	0	100	290	290
	自制与外协结合 C	300	200	40	400	200	0	400
最大后悔值中的最小值								140
应选择的决策方案								A

比较结果，决策应选择方案 A。

这种方法的出发点在于力求损失最小，所以，仍属于比较保守的方法。一般来说，在对未来把握不大的长期项目进行决策时采用。

（五）等概率准则

也称机会均等准则。决策者认为既然客观自然状态已存在，在没有充足的理由表明某个状态的概率肯定比另外状态大的时候，只能认定几种自然状态的概率相等，应采用相同概率的办法评价方案的优劣。即假设各自然状态发生的概率相同，计算出各方案的期望收益值，然后选择最大值所在方案作为行动方案。

例 6-8 按等概率准则进行决策，这里有三种自然状态，采取等概率计算三种方案的期望收益值分别为

方案 A （600＋400−100）×1/3＝300(万元)
方案 B （700＋300−250）×1/3＝250(万元)
方案 C （300＋200＋40）×1/3＝180(万元)

其决策表如表 6-14 所示，比较结果，决策应选择方案 A。

表 6-14　等概率准则决策表

单位：万元

状态		收益值			等概率收益值
		畅销	销路一般	滞销	
方案	改造原有生产线 A	600	400	−100	300
	新建一条生产线 B	700	300	−250	250
	自制与外协结合 C	300	200	40	180
等概率收益值中的最大值					300
应选择的决策方案					A

从上面介绍的几种不确定型决策方法和实例计算可见，采用不同的准则，所得到的方案是不一样的。但每种准则都有一定的理由，但又都缺少理论依据，存在有一定的片面性。同时这些准则之间也没有一个统一的尺度，所以，也不能说哪种方好或不好。这就要求决策者根据目标、环境条件结合自己的经验决定取舍。

第七章

生产管理

生产管理是企业经营管理的重要内容,企业生产的组织、物资与设备的合理利用,直接关系到生产企业的经济效益和未来的发展。本章将以普通生产企业为研究对象,详细论述企业的生产过程与组织、物资管理与设备管理等内容,为企业化生产和管理奠定基础。

第一节 生产过程与组织

一、生产类型

生产类型是企业根据产品结构、生产方法、设备条件、生产规模和专业化程度等方面的情况,按照一定的标志所进行的分类。生产类型是影响生产过程组织的主要因素,也是设计企业生产系统首先要确定的重要问题。为了更好地研究和组织企业的生产过程,就需要按照一定的标志,将工业企业划分为不同的类型,以便于根据不同的生产类型确定相应的生产组织形式和计划管理方法。

(一) 生产类型的分类

1. 按接受生产任务的方式划分 可划分成订货生产和存货生产两种生产方式。

(1) 订货生产方式。根据用户提出的订货要求进行产品的生产,生产的各种产品在品种、数量、质量和交货期等方面都是不同的。由于按照合同规定立即向用户交货,所以基本上可以消灭库存。生产管理的主要任务就是保证按期交货,并保证产品的质量。

(2) 存货生产方式。在对市场需求量进行科学预测的基础上,有计划地组织生产。这种生产方式会伴随着库存的出现,管理的重点是抓住产、供、销之间的衔接,防止库存积压和脱销。要求按"量"组织生产过程中各个环节之间的平衡,以便于保证生产计划的顺利完成。

2. 按生产工艺特点划分 划分成合成、分解、调制和提取四种类型。

（1）合成型。将不同的零件装配成成套产品或将不同成分的物质合成一种产品。如汽车厂、机床厂、水泥厂、化肥厂或纺织厂等。

（2）分解型。将原材料经过加工处理后生成许多种产品。如石油化工企业或焦化厂等。

（3）调制型。通过改变加工对象的形状或性能而制成产品。如炼钢厂、橡胶厂、电镀厂或热处理厂等。

（4）提取型。从矿山、地下或海洋中挖掘提取产品的企业。如矿山、油田或天然气等工业。

按照这种方式划分生产类型并不是绝对的，一个企业可以并存上述中的几种类型。例如，石油化工厂既裂化分解出各种类别的油，又生产合成纤维，并存合成型和分解型企业的类型特点；而汽车装配厂既有合成型又有调制型的特点。

3. 按生产的连续程度划分 可分成连续生产和间断生产两种类型。

（1）连续生产型。即在计划期内连续不断地生产一种或很少几种产品，生产的工艺流程、生产用的设备以及产品都是标准化的，车间和工序之间没有在制品储存。例如石油化工厂、手表厂或电视机厂等。

（2）间断生产型。生产中输入的各要素是间断地投入，设备和运输工具能够适应多品种加工的需要，车间和工序之间具有一定的在制品储存。如机床厂、机修厂或重型机器厂等。

4. 按生产规模划分 可划分成大量、批量和单件三种类型。

（1）大量生产。在大量生产的企业中，每个工作地固定地完成一道或者少数几道工序，工作地的专业化程度很高。

（2）批量生产。在成批生产的企业中，工作地为成批地、轮番地进行生产。一批相同零件加工结束之后，调整设备和工装，再加工另一批零件。因此，成批生产的工作地专业化程度和连续性都比大量生产低。成批生产又可以根据产品的生产规模和生产的重复性分为大批、中批和小批生产。大批生产接近于大量生产，有大量大批之称；小批生产接近于单件生产，有单件小批之称。

（3）单件生产。单件生产是工作地经常变换地完成很不固定的工序，工作地专业化程度最低。

（二）生产类型的技术经济特性

1. 大量和大量大批生产类型的技术经济特性 大量生产类型的特点是产品品种少、产量大以及生产条件稳定，而且生产的产品长期重复，生产的专业化程度高。产品是一种或少数几种结构相似、工艺路线相同的同类产品,并且产品有稳定的销售量与长期稳定的销售市场。

在生产设备方面,多采用专用高效率的生产设备和工艺装备,装备与工作地多是按工艺路线的要求,以"对象"原则排列,有利于工序之间的衔接和缩短运输路线,为产品生产和运输创造条件。

由于专业化程度高,劳动分工精细,每个操作工人只限定完成一道或少数几道工序;工人作业范围小,长期从事重复性的劳动,工人易于掌握工艺加工技术,提高熟练程度和操作技巧。

大量和大量大批生产类型便于采取流水线生产组织形式,生产效率高,生产周期短,可以大幅度地降低成本。因而大量和大量大批生产类型的技术经济指标较好。

2. 批量生产类型的技术经济特性　　批量生产是相对于大量和大量大批生产而言的,是指产品品种较多、产量较少、专业化程度较低的一种生产类型。

在产品方面,其结构多为相似的系列产品,品种较多,但有一定的批量,并且销售量能够长期稳定,便于组织轮番成批生产。

由于产品产量相对较低,品种较多,为了适应这个特点,在生产设备方面不可能像大量和大量大批生产那样,采用较多的自动化和半自动化专用设备,只能根据产量多少,工艺的难易程度,在采用通用设备的同时,部分地采用自动化和半自动化的专用设备。

在成批生产条件下,工人需要掌握多种操作技术和技能,而且还应具备一定的熟练程度,以便适应多品种和周期性生产变动的要求。

3. 单件和单件小批量生产类型的技术经济特性　　单件和单件小批量生产的特点是产品品种繁多而不固定,有些品种只生产一次,且多是根据用户的要求设计,产品产量少,产品复杂。如大型造船厂、重型机器厂、大型水轮机厂、大型制氧机厂等企业的生产。

生产设备多属万能通用型的,以便于适应多变的各种工序加工的需要。另外,由于每台设备和每个工作地需要完成范围较大的工作内容,因此专业化程度低;工人需要较高的技术水平,掌握较为广泛的操作技能,以便于适应产品多变的生产要求。

二、生产过程

(一) 生产过程及其组成

产品的生产过程是指从原材料投入生产开始一直到成品制造完毕的全部过

程。它主要是指劳动者利用劳动工具，作用于劳动对象，使之成为具有使用价值的产品的过程。在这个过程中，有时也借助于自然力的作用，如铸件的时效、木材的干燥等。在这种情况下，生产过程就是劳动过程与自然过程的结合。

1. 产品的生产过程　一般包括以下内容：

（1）工艺过程。即直接改变劳动对象的性质、形状和大小等的过程，这是生产过程最基本的部分。机械产品的生产过程可以分为毛坯准备、机械加工和装配等各阶段，每个阶段还可划分为若干道工序。

（2）检验过程。即对加工的毛坯、零件、成品和原材料等进行的检验活动。

（3）运输过程。即劳动对象在企业内外部的运输。

（4）自然过程。如时效、冷却、干燥等。

（5）储存等待过程。即劳动对象在生产过程中的储存和停放等待。

一个工业企业为了生产某种产品，还要进行与产品生产过程有关的其他活动，所以产品的生产过程与整个企业的生产过程并不完全一致。

2. 工业企业的生产过程　一般包括以下几个部分：

（1）生产技术准备过程。指产品在投入生产前所进行的一系列生产和技术方面的准备工作，如产品设计、工艺准备和试制、鉴定等。

（2）基本生产过程。是指企业生产主要产品的过程，如拖拉机制造厂生产拖拉机、汽车制造厂生产汽车的过程。

（3）辅助生产过程。是指企业生产辅助产品或劳务的过程，如生产工艺所需的蒸汽、压缩空气、工艺装备、包装材料、送变电、厂房及设备维修等过程。

（4）生产服务过程。是指为基本生产和辅助生产所进行的各项服务活动，如原材料、半成品或工具等的保管与收发，企业内外部运输等。

（5）副业生产过程。是指利用企业的边角余料或废料进行生产的过程。

由于现代企业分工愈来愈细，社会化程度越来越高，所以，一般企业特别是中小型企业不一定完全具备以上五个部分，但基本生产过程是任何企业都具备的。

（二）合理组织生产过程的基本要求

由于生产过程组织对企业的经济效益能够产生很大的影响，为了使生产过程组织得更加合理，就必须了解生产过程组织的基本要求。

1. 连续性　是指劳动对象在生产过程的各个阶段以及各工序之间，处于紧密衔接的工作状态，也就是说，劳动对象在生产过程中始终没有停顿和等待。保持和提高生产进程的连续性可以缩短产品生产周期，减少在制品占用，节约生产和库存面积，加速资金周转，提高经济效益。

生产过程的连续性同工业企业的布置和生产技术水平有关，也与组织管理水平有关。

2. 比例性 是指生产过程各阶段、各工序之间，在生产能力上要保持一定的比例关系。比例性是保证生产顺序进行的前提，保证生产过程的比例性，可以提高劳动生产率和设备利用率，是生产连续性的基本保证。

为了保证生产过程的比例性，在工厂的设计或技术改造时，要正确规定生产过程中的各个生产环节、各种机器设备在能力与数量上的比例关系。在日常的组织管理工作中，应当加强计划管理，做好生产能力的综合平衡工作，采取有效措施，克服薄弱环节，使生产过程的各个组成部分都保持一定的比例关系。但生产过程的比例性不是固定不变的，生产技术的进步，产品品种的变化，原材料构成的改变，乃至产量和质量的要求变化以及厂际协作关系、工人熟练程度等，都可能改变原有的比例关系，这时必须采取积极措施，调整各种比例关系，建立新的平衡来适应变化了的情况。

企业中的薄弱环节会从整体上限制生产率的提高，如果薄弱环节得到克服，等于从整体上增加了生产系统的生产能力。

3. 均衡性 是指生产过程各个环节的工作都能按计划、有节奏地进行。没有生产过程的均衡，肯定不能保证生产过程的连续性。保证生产过程的均衡，就能够充分利用人力和设备，也有利于提高产品质量，建立正常的劳动秩序等。而不均衡性生产则会造成成本增加、设备和劳动力的利用时紧时松。欲使生产过程保证均衡性，就应该抓住投入、制造和产出三个主要环节，统筹安排是生产过程均衡性得以实现的基本保证。

4. 适应性 是指生产过程的组织形式要灵活，能及时满足不断变化的市场要求。企业生产过程的适应性强，才能够生产出适销对路的产品，才能够获得较大的经济效益，符合市场经济发展的需要。为了增加生产过程的适应性，企业生产应向小批量、多品种的方向发展，这也是当前企业发展的总趋势。

生产过程组织的各项要求是相互联系的，企业生产过程组织必须全面体现这些要求，以便于提高其合理性。

三、生产过程的空间组织

1. 生产过程空间组织的概念 生产过程的空间组织就是要合理地确定劳

动对象在空间的运动形式，以及劳动对象与劳动工具和劳动者的结合方式。其内容包括企业应设置什么单位，按什么原则布置这些单位，如何在空间上形成一个既有分工又有协作的有机整体。

工业企业的生产过程，是在一定的空间中通过许多相互关联的生产单位来完成的。为了高效率、高效益地实现产品的生产过程，企业内部的各个生产单位必须在空间布局上成为一个有机的整体，这就是生产过程空间组织要解决的问题。

2. 企业生产单位的组成原则 企业生产单位的组成原则决定着企业内部的分工协作关系，决定着工艺过程的流向以及材料、在制品在企业内的运输路线和运输量，影响着企业生产的经济效果。企业生产单位的基本组成原则有以下三种：

（1）**工艺专业化原则**。它是按照生产工艺特点来设置生产单位，即车间、工段和班组。在工艺专业化的生产单位中，把同类型的设备和同工种的工人集中在一起，对不同类型的对象进行相同工艺的加工。在这种情况下，往往设备或工艺的名称就是生产单位的名称。

由于工艺专业化的特点是同种设备集中，这种原则的优点是：

①能够适应多品种单件小批量生产的要求。产品或工艺变更时，无需移动机器设备。

②便于充分利用生产设备和生产面积，便于调整组内计划，重新分配任务。

③便于专业化的技术管理和技术指导工作的进行，有利于交流经验，管理好设备。

按照工艺专业化原则设置的生产单位，不能独自完成产品或零部件的全部加工任务，一件在制品必须通过多个生产单位才能完成，而在每一道工序上都会有停留等待时间，加之各生产单位之间都有一定的距离，因此，这种原则存在以下缺点：

①在制品在生产单位之间的搬运次数较多，路线较长，费用增高。

②在制品在生产过程中的停放、等待时间增多，使生产周期延长、在制品占用量增大，占用的生产面积必然增大，同时占用的流动资金也多。

③各生产单位之间来往频繁，协作关系紧密而复杂，使计划管理、在制品管理和质量管理等方面的工作都增加了难度。

（2）**对象专业化原则**。它是按照不同的产品来设置生产单位。在对象专业化的生产单位里，集中了为制造某种产品所需要的各种不同类型的生产设备和不同工种的工人，对所规定的产品进行不同工艺方法的加工。每个生产单位里能够独立完成某产品的全部或大部分的工艺过程、不需要其他生产单位协助，被称为封闭式生产单位。在对象专业化的生产单位里，生产的"对象"可以是产品，也可以是零部件。如汽车制造厂的发动机车间、底盘车间，是生产部件的生产单位；而齿轮车间、轴承车间、标准件车间则是生产零件的生产单位。

由于对象专业化的特点是集中相同的劳动对象，顺序地进行各种不同工艺方法的连续加工，所以具有以下优点：

①在一个生产单位里，能够基本完成对所要求产品的全部加工工序，节省运输劳动量，减少生产和库存面积。

②减少产品在生产过程中的停放、等待时间，提高生产过程的连续性，缩短产品的生产周期，降低生产中在制品的占用量，节约流动资金。

③减少生产单位之间的联系，还可以大大简化计划管理、生产管理和质量管理工作；有利于按期、按质和按量地完成生产任务。

由于对象专业化的封闭性，因而存在以下缺点：

①适应产品的变化能力差，在产品变化的情况下，设备能力不能充分利用，甚至完全不能适应。

②产品专业化设备投资较大，又由于劳动对象顺序地被加工，只要其中一个环节的设备出现故障，都将使整个生产过程受到影响。

③由于专用设备较多、工种也较多，使得对工艺和技术的专业化指导增加了难度。

从总体上来讲，对象专业化是一种优点较多、经济效益较好的生产形式。

以上两种专业化原则是生产单位组织生产的基本形式。如果企业专业方向是确定的，产品的结构及产量需求是比较稳定的，生产类型属于大批大量的，显然，采用对象专业化设置生产单位是适宜的；反之，如果企业生产方向不定，生产的产品结构和需求不够稳定，生产类型属于单件小批量，则采用工艺专业化原则比较适宜。

企业在实际设置生产单位时，往往将上述两种原则结合起来应用，使之兼有二者之所长，从而出现所谓混合专业化原则。

3. 混合专业化原则　指综合运用工艺专业化和对象专业化的要求来设置生产单位。在企业的实际工作中，往往根据需要，把两种专业化原则结合起来运用。比较常见的是以对象专业化为主设置生产单位，对一些特殊的生产单位则采用工艺原则。

总之，混合专业化的目的是试图集中前两种原则的优点，而避免其缺点，因此更应当根据具体条件，因地制宜，灵活运用。

四、生产过程的时间组织

(一) 生产过程时间组织的概念

产品从原材料投入生产到制成成品、验收入库为止的整个生产过程中所经过的日历时间,叫做生产周期。生产过程在时间上组织的好坏,表现为生产周期的长短,从这种意义上来讲,生产过程的时间组织,也就是生产周期的合理安排。

组成生产周期的各种时间可以归结为两大类:一类称作工艺时间,包括各个工序的加工时间;另一类称作中断时间,包括两个工序间物料输送时间或零部件搬运时间、工序间等待时间、检验入库时间、中间库存时间、自然过程时间、间断生产时间和节假日时间等。一般在生产过程中,尤其是当间断式生产时,工序间中断时间往往比工序时间多几倍甚至几十倍。因此,生产中要缩短生产周期,除减少工序时间外,还要尽量挖掘工序间中断时间的潜力。

生产过程的时间组织就是要求加工对象在车间、工作地之间的移动,在时间上紧密衔接,以实现有节奏地、连续地生产。搞好生产过程的时间组织可以提高劳动生产率和设备利用率,缩短产品的生产周期,减少资金占用,降低产品成本,对搞好企业管理有着重要意义。

零件在加工过程中的移动方式是指零件的各道工序在时间上如何衔接和安排。当只制造一个零件的时候,这个零件只能按照规定的工艺过程,从第一个工作地依次加工到最后一个工作地,直至制成零件,各道工序的时间安排以及整个工艺过程时间的确定都比较简单。但是当制造一批零件的时候,这一批零件在各道工序的时间衔接情况以及工艺过程的时间长短,就取决于零件在加工过程中的移动方式了。

(二) 加工过程的移动方式

一批零件在加工过程中的移动方式有三种,即顺序移动方式、平行移动方式和平行顺序移动方式。移动方式不同,整批零件的工艺加工周期也就不同。

1. 顺序移动方式 这种移动方式的特点是:每批零件只有在前道工序全部加工完毕之后,才整批地转送到下道工序进行加工。即加工对象在各工序之间是整批移动的,如图 7-1 所示,图 7-1 中的向下箭头表示运输。

为了简化起见,在不考虑各工序之间的运输、检验和等待加工等所停歇的时间情况下,采用顺序移动方式时,该批零件的加工周期可以按照下式进行计算

$$T_s = n \sum_{i=1}^{m} t_i \qquad (7-1)$$

式中：T_s——一批零件顺序移动时的加工周期；
　　　n——该批零件的数量；
　　　m——零件加工的工序数；
　　　t_i——零件在第 i 道工序上的单件加工时间。

采用顺序移动方式时，由于一批零件在各道工序上进行集中加工和运送，设备没有停歇，减少了设备的调整时间和运输的次数，因而生产组织工作简单。但是每个零件都有等待加工和等待运输的时间，导致工艺加工周期长。这种移动方式一般适用于批量不大和工序时间较短的零件加工。

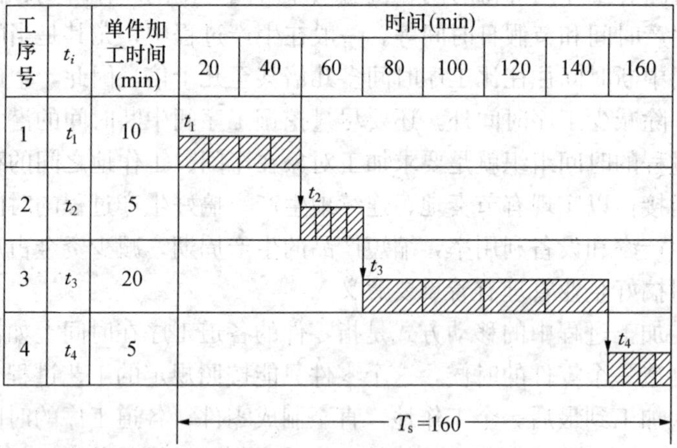

工序号	t_i	单件加工时间(min)	时间(min)							
			20	40	60	80	100	120	140	160
1	t_1	10	t_1							
2	t_2	5			t_2					
3	t_3	20				t_3				
4	t_4	5								t_4

$T_s = 160$

图 7-1　顺序移动方式

2. 平行移动方式　这种移动方式的特点是：每个零件在前道工序加工完毕后，就立即转送到下一道工序继续加工，这样就形成了一批零件中的各个零件同时在各道工序上平行地进行加工，如图 7-2 所示。

在平行移动方式中，该批零件的加工周期可以按照下式进行计算

$$T_p = \sum_{i=1}^{m} t_i + (n-1) t_{\max} \qquad (7-2)$$

式中：T_p——一批零件平行移动时的加工周期；
　　　t_i——零件在第 i 道工序上的单件加工时间；
　　　n——该批零件的数量；
　　　$t_{\max}$——单件加工中最长的工序时间；
　　　m——零件加工的工序数。

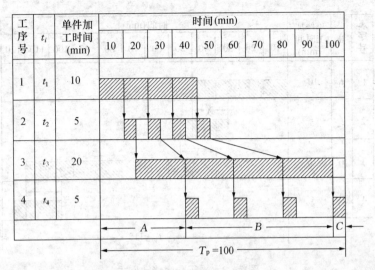

图 7-2 平行移动方式

采用平行移动方式时，零件是逐个地移动，不会出现零件成批等待现象，可以大大减少停歇时间，所以整批零件的加工周期最短，但是运输零件却变得十分频繁。另外，当前后两道工序的单件加工时间不相等时，会出现等待与停歇时间。如果当前道工序的单件加工时间大于后道工序时，则后道工序会出现间断性设备停歇时间，而这些时间又十分分散，不易被利用；如果当前道工序的单件加工时间小于后道工序时，则会出现零件的等待加工现象。这种移动方式如果用于各工序的单件加工时间彼此相等或成整倍数时就比较理想，因此常用于大量生产的流水线或任务十分紧迫的情况。

3. 平行顺序移动方式 这种移动方式的特点是：既考虑了零件加工移动的平行性，又保持了加工的连续性。当一批零件在前一道工序还没有全部加工完毕以前，就把已经加工完的部分零件转送到后一道工序进行加工，也就是说，既不是等全部加工完毕才转送到下道工序，也不是加工完一件就立即逐件地转送到下道工序加工。其移动方式如图 7-3 所示。

当采用这种移动方式时，会由于单件加工时间的不同，而产生不同的安排方式。单件加工时间的不同，则表现有两种情况：

①前工序的单件加工时间小于或者等于后工序的单件加工时间，即 $t_i \leqslant t_{i+1}$。此时，每加工完一个零件就应该立即送往后一道工序进行加工。也就是说，这时应该按照平行移动方式进行移动，如图 7-3 中第 2 道工序与第 3 道工序之间的零件移动情况。

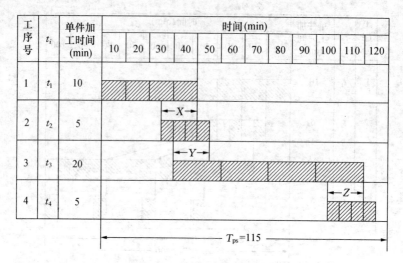

图 7-3 平行顺序移动方式

②前工序的单件加工时间大于后工序的单件加工时间，即 $t_i \geqslant t_{i+1}$。此时，把前工序加工完毕的零件积累到能够保证后工序连续加工的数量，再立即送往后工序进行加工；或者在这种情况下，要使前一道工序加工完最后一个零件，恰好供应后一道工序就开始加工该批零件的最后一个零件，而其余零件则向前推移到 $(n-1)t_{i+1}$ 的时刻才开始转入后工序加工。

由图 7-3 可知，在平行顺序移动方式下，该批零件的加工周期可以按下式计算

$$T_{\mathrm{ps}} = T_{\mathrm{s}} - (X+Y+Z) = n\sum_{i=1}^{m} t_i - [(n-1)t_2 + (n-1)t_2 + (n-1)t_4]$$

(7-3)

式中：T_{ps}——一批零件平行顺序移动时的加工周期；
n——该批零件的数量；
m——零件加工的工序数；
t_i——零件在第 i 道工序上的单件加工时间。

由式（7-3）可知，所有相邻两工序加工时间的重合交叉部分，即 X，Y，Z 都是该批零件数减 1，然后乘以相邻两工序中加工时间较短的工序加工时间。若用 t_{id} 表示相邻两工序中加工时间较短的工序加工时间，则平行顺序移动方式下计算公式为

$$T_{\mathrm{ps}} = n\sum_{i=1}^{m} t_i - (n-1)\sum_{i=1}^{m-1} t_{id}$$

(7-4)

采用平行顺序移动方式时，克服了平行移动方式中后工序的停歇现象，同时又可以将分散的工作地的停歇时间集中起来加以利用，保证了工人和设备都能够充分的被利用，并且也能够保证前后两道工序均能够连续地进行加工。一般来讲，在工序单件加工时间不相等的情况下，这种移动方式更为适用。其缺点是比平行移动方式的加工周期长，且制品有积压现象。

总而言之，在一批零件的移动方式中，从工艺加工周期来看，平行移动方式最短，平行顺序移动方式次之，顺序移动方式最长。在具体应用时，还需要根据企业的实际情况考虑以下因素：

（1）企业的生产类型。在大量大批生产条件下，生产单位一般都是按产品专业化来组织，运输距离短，均采用平行移动或者平行顺序移动方式。当组织流水生产时，更应该采用平行移动方式。在单件小批量生产条件下，生产单位一般按照工艺专业化来组织，因为同一品种零件数量少、运输路线较长而又往返交叉，所以适于采用顺序移动方式，以减少运输工作量，并且由于数量少，等待的时间也不会长。

（2）生产单位的专业化原则。按照对象专业化原则组织的生产单位，由于工作地是按照产品的工艺过程排列的，所以适用采取平行移动或者平行顺序移动方式。按照工艺专业化原则组织的生产单位，由于考虑到运输条件的限制，以采用顺序移动方式为宜。

（3）零件的重量及工序劳动量。如果零件重量小，宜采用顺序移动方式，这样有利于组织零件的运输，节约运输费用。如果零件重量大，工序劳动量大，且需要逐件地进行加工，则宜采用平行移动或者平行顺序移动方式。

（4）调整设备所需要的劳动量。如果设备变换工序时，调整设备所需要的劳动量小，则应考虑采用平行移动或者平行顺序移动方式。如果调整设备所需要的劳动量大，且需要的时间长，则应考虑采用顺序移动方式。

（5）生产任务的缓急程度。如果生产任务较急，应采用平行移动方式；如果生产任务不急，则应考虑采用顺序移动方式。

上述因素需要全盘考虑，综合平衡，以期达到合理组织生产的目的。

五、流水生产及其他组织形式

1. 流水生产组织的概念 流水生产又叫流水作业。流水生产是指产品在各道工序、各工作地之间，按照预先规定的路线、速度和间隔时间，连续不断地进行加工的一种生产组织形式。这种组织形式，使加工的劳动对象从一个工作地到另一个工作地不间断（或短期间断）地移动，可以有效地缩短生产周期，充分利用机器设备和劳动力，它是对象专业化组织形式的进一步发展，是细化劳动分工、生产效率较高的一种生产组织形式。

2. 流水生产的特点和分类

（1）典型的流水生产线的特点。

①流水线上固定生产一种或少数几种产品（零件），其生产过程是连续的。

②流水线上各个工作地是按照产品工艺过程的顺序排列的，产品按单向运输路线移动。

③流水线按照规定的节拍进行生产。

④流水线上各工序之间的生产能力是平衡的、成比例的。

⑤流水线上各工序的运输采用传送带、辊道等传送装置，使上道工序完工的制品能及时地运送到下道工序继续进行加工。

（2）流水线的分类。由于具体的生产条件不同，组织流水线生产可以有多种多样的形式，主要有以下几类：

①按生产对象的移动方式划分，可分为产品固定不动的流水线和产品移动的流水线。

②按流水线上生产对象的数目划分，可分为单一品种流水线和多品种流水线。

③按对象的轮换方式划分，可分为不变流水线、可变流水线和混合流水线。

④按生产过程的连续程度划分，可分为连续流水线和间断流水线。

⑤按流水线节拍的方法划分，可分为强制节拍流水线和自由节拍流水线。

⑥按产品的运输方式划分，可分为无专用运输设备的流水线和有专用运输设备的流水线。

⑦按流水线的机械化程度划分，可分为手工流水线、机械化流水线和自动化流水线。

流水生产方式的主要优点是产品的生产过程较好地符合连续性、平行性、比例性以及均衡性的要求。它的生产率高，能及时地提供市场大量需要的产品。流水生产方式的缺点表现得也明显，主要是不够灵活，不能适应市场对产品产量和品种变化的要求，以及技术革新和技术进步的需要。

3. 组织流水线生产的主要条件 组织流水线生产必须具备以下条件：

①产品品种稳定，而且是长期大量需要的产品。

②产品结构和工艺要求较为稳定，产品是标准化的。

③原材料与协作必须是标准的、规格的，并能按时供应。

④机械设备必须经常处于完好状态、严格执行计划预修制度。
⑤工作必须符合质量标准,产品检验能随生产在流水线上进行。

具备了上述条件,并通过技术经济的论证和可行性研究,决定采用流水生产方式后,就可以进行流水线的具体组织设计。

4. 单对象流水线的组织设计与计算

(1) 确定流水线的节拍。所谓节拍,就是流水线上前后出产两件相同产品之间的时间间隔。节拍是一种计量标准,是流水线设计的重要数据,它决定了流水线的生产能力,以及生产的速度和效率。确定节拍的依据是计划期的产量和有效工作时间。其计算公式为

$$r = \frac{t}{m} \tag{7-5}$$

式中:r——流水线节拍;
　　　t——计划期有效工作时间;
　　　m——计划期的产品产量。

(2) 组织工序同期化,进行流水线的平衡。所谓工序同期化,就是根据流水线节拍的要求,采用各种技术的、组织的措施来调整各工作地的单件作业时间,使它们等于节拍或为节拍的倍数。组织工序同期化的基本方法是将整个作业任务细分为许多小工序(或称作业元素),然后将有关的小工序按其工艺顺序组合成大工序,并使这些大工序单件作业时间接近于节拍或节拍的倍数。同期化要求必须满足下列条件:

①保证各工序之间的先后顺序关系。
②每个工作地分配到的工序作业时间之和不能大于节拍。
③各工作地的单件作业时间尽量相等和接近节拍。
④应使工作地的数目最少。

(3) 确定流水线的工作地(设备)数和负荷系数。当工序同期化工作完成后,就要确定每道工序的工作地(设备)数,工作地 S 的计算公式为

$$S = \frac{t_i}{r} \tag{7-6}$$

流水线的负荷系数 η 为

$$\eta = \frac{T}{r \sum_{i=1}^{m} S_i} \tag{7-7}$$

式中:S_i——各道工序的工作地数;
　　　t_i——各道工序的单件加工时间;
　　　r——流水线节拍;

T——单位产品总装配时间。

一般情况下,手工流水线的负荷系数比较高,可达 90%,机械化的流水线则负荷系数较低。

(4) 确定人员配备。确定了流水线的工序数后,就要给各工序配备必要的生产工人,其人员配备数 R 计算公式为

$$R = \sum_{i=1}^{n} M_i \cdot T + b \qquad (7-8)$$

式中:n——流水线的工序数;

M_i——每个工作地同时工作的人数;

T——工作班次;

b——后备工人数。

(5) 设计运输装置。流水线上可用的运输装置有传送带、辊道、重力滑道等,应根据流水线的类型、连续程度及产品特点等因素选择合适的装置。

(6) 进行流水线的平面布置。流水线平面布置形状有直线型、L 型、U 型、S 型、E 型、环型等。每种形状中工人的排列又有单列和双列两种方式,具体布置应本着充分利用生产场地,合理安排物流,方便工人操作的原则进行。

5. 成组技术　所谓成组技术,是把企业生产技术和管理有机地结合起来,形成完整的制造系统工程的科学方法。这种组织生产的方法是将相似零件(形态、结构、工艺相似等)汇集成组,使技术和工艺合理化,扩大生产批量,减少调整时间,力求使多品种、小批量生产接近大批量生产效果。这种管理技术是 20 世纪 50 年代发展起来的,在机械制造企业,有着广泛的应用推广前景,在其他行业的工业企业,也有其推广意义。成组技术最基本的原理是"相似性"。在工业生产中,存在着差别性,这种差别性表现在生产工艺、管理方法和产品的差别性上,而正是这种差别性满足了人们各种各样的不同需要。在工业生产中,也存在着大量的相似性,这种相似性表现在:产品零件的几何形态、结构特征的相似性;制造工艺规程的相似性;原料、毛坯的相似性;组织生产使用的设备、装备的相似性;生产过程控制手段的相似性;管理信息手段、协调机能的相似性等。根据相似性汇集成组,进行组织生产。其组织方式有成组工艺中心、成组生产单元、成组流水线。各个企业可以根据自身的特点进行分析研究,确定成组生产的组织形式。在实施成组技术的工业企业内部,其技术、生产组织方面都要进行必要的改进,生产管理的方式也要与之相适应,才能取得预期的效果。

6. 柔性生产　柔性生产是 21 世纪生产系统的主要特征,自 20 世纪 70 年代以来,世界市场发生了很大变化,科学技术的发展和社会需求的多样化相互

作用、相互促进，使过去传统的相对稳定的市场变成动态多变的市场。具体表现在：产品生命周期越来越短；从基础研究到应用研究和实用化的时间越来越短；产品型号和规格越来越多，过去标准化的东西现在也做不到标准化了。面对这种形式，靠过去那种单一品种的大量生产创造经济奇迹的时代已经过去了，取而代之的是以多品种中小批量生产为特征的生产方式。据统计，工业企业中约有 75%～80% 的企业属于多品种中小批量生产类型。多品种中小批量生产有如下几个特征：

(1) 产品品种多样性。产品品种多，生产批量小，且交货期各不相同。

(2) 生产过程的多样性。由于产品品种不同，所以从毛坯到成品的生产过程多种多样，且时常相互交叉。

(3) 能力需求不平衡。由于各品种产品的需要量不同，需要时间不同，出现了一些设备负荷不足，而另一些设备能力又不够的现象。

(4) 不确定性因素多。经常出现各种不可预料的情况，如订货产品的规格、数量和交货期的改变，外购件不能按期到达等情况。

(5) 生产计划与控制难度大。由于订货产品的规格、数量和交货期经常变化，生产过程及物流过程复杂，使生产组织和计划难度很大。环境的不确定性带来了生产实施的不可控因素增多，难以取得较高的管理效益。

由于多品种中小批量生产的这些特点，传统上只能采用工艺原则生产方式，不能同时兼顾适应性与效率，出现了人们常说的生产管理上的悖论。为了解决生产管理上的悖论问题，人们进行了艰苦的探索，提出了柔性理论。生产系统的柔性，就是生产系统以最短的时间、最低的成本从生产一种产品快捷地转换为生产另一种产品的能力，当生产系统从生产一种产品转为生产另一种产品的时间短得可以忽略不计时，多品种、中小批量生产也可以取得大量流水生产的效果。

生产系统的柔性意味着效率与适应性的统一。如果只谈适应性，工艺专业化形式的系统具有很高的适应加工对象变化的能力，但是它的转换时间长，损失了生产效率；如果只谈效率，大量凝聚生产方式的效率最高，但是它基本上没有适应性。而柔性则是要使多品种中小批量生产达到大量流水生产方式的效率，达到效率与适应性的统一。因此，提高生产系统的柔性是 21 世纪企业关注和进一步解决的主要问题。

第二节　物资管理

物资是人类活动的基础，物资管理是企业再生产过程中的重要环节和组成部分，所以物资管理是企业管理中的重要内容。

一、物资管理概述

（一）物资管理的基本概念

1. 物资 狭义物资主要是指生产资料，包括劳动对象和劳动资料。广义物资是指物质资料的简称。它既包括自然界直接提供的物资财富，又包括经过人的劳动作用所取得的劳动产品；既包括可以直接满足人们需要的生活资料，也包括间接满足人们需要的生产资料。

2. 物资流通 指用于生产性消费的产品，通过各种方式由产品生产者手中转移到消费者手中的全部过程。它包括交换关系和实物流通过程。物资流通属于商品流通的范围，它是伴随商品生产和商品交换的产生，继物物交换、简单商品流通之后发展壮大起来的。它是商品经济发展的必然产物，是社会进步的标志。在工业企业内，物资流通是指物料、产品在空间上的占用、转移的总称。

3. 物资管理 指借助计划、组织、指挥、监督和调节等职能，依据一定的原则、程序和方法，搞好物资供需平衡，合理地组织物资流通，保证生产、建设的发展。

（二）物资管理的任务和作用

生产过程中的物料一般有两种状态：一是运动状态，包括加工、检验、运输等，这是物料在生产过程中的基本状态；二是静止状态，包括生产过程中的间歇停放或库存停放等。物资管理的任务是保持生产过程中物流处于最佳状态，以便达到以下目的。

1. 降低物料消耗 企业的生产过程，是原材料转化为产品的过程，是物料消耗的过程。物料消耗在成本中占比重很大，一般机械产品占 70%～80%。加强物流管理，强化物耗控制，对减少消耗，降低产品成本，具有重要意义，这也是加强物流管理最本质的目的。

2. 减少原材料在制品中的占用量 在确保生产顺利进行，各生产环节、工序间不等待的前提下，通过加强物流管理，把原材料在制品的占用量、储备量压缩到最低限度。

3. 缩短物流路线，提高搬运效率 通过研究改善和调整工艺布局、工艺路线流程，就能缩短物流路线，减少物料搬运量，对提高生产效率，缩短生产周期，减少资金占用，减少辅助时间消耗，都有很大作用。

物资管理的作用在于有利于缩短生产周期,减少在制品管理工作量,压缩保管费用,从而减少资金占用,同时也能减少影响质量的客观因素。

二、物资消耗定额

(一) 物资消耗定额的概念及作用

物资消耗定额是指在一定的生产技术和组织条件下,生产单位产品或完成单位工作量所消耗的物资数量标准。通常主要包括原材料消耗定额、辅助材料消耗定额、燃料消耗定额、动力消耗定额与工具消耗定额等。

物资消耗定额是综合反映企业生产技术和管理水平的一个重要标志。企业通过制定先进合理的物资消耗定额,以便编制物资需求计划与供应计划,科学地组织物资采购和发放工作,有效地使用和节约物资,提高其经济效益,其作用有以下几方面:

①物资消耗定额是编制物资供应计划时确定物资需用量,计算储备量、采购量、订货申请量的重要依据。

②物资消耗定额是科学组织物资发放管理的基础。即根据生产计划、生产作业计划和物资消耗定额,做到及时发放、限额发放,节约物资消耗。

③先进合理的物资消耗定额可以促进企业生产技术水平、管理水平和工人操作水平的提高,推动企业改进产品设计与生产工艺,采取措施努力降低物资消耗,降低产品成本。

④物资消耗定额是企业编制产品成本计划的主要依据。有了物资消耗定额,就有了衡量物资消耗的标准,就可以促使各生产部门合理地使用、节约物资,降低消耗,减少或杜绝浪费,从而在不增加物资消耗的情况下增产增收,提高经济效益。

(二) 物资消耗的构成

物资消耗构成是指企业从获得物资开始,到产品制成为止的整个过程中物资消耗的途径。研究物资消耗构成的目的是正确地制订物资消耗定额。这里所指的物资是按其在生产中的作用划分为主要原材料、辅助材料、燃料与动力等几个方面,在此研究主要原材料的构成。

1. 产品的有效消耗 指构成产品或零件实体净重的材料消耗,也是产品在设计时能保证功能实现,达到技术要求所必需的材料消耗。

2. 工艺性消耗 指在产品加工转换过程中,由于其物理、化学变化而发生的材料损耗。如机械加工中的铁屑,铸件冒口、边角料等。主要是由于工艺加工方法、材料的不同型号和毛坯的不同特性而引起的消耗。它随着新工艺、新技术、新材料的出现而减少。

3. 非工艺性消耗 指由于保管、运输不善，材料供应不合理及其他非工艺技术上的原因而造成的材料损耗。如废品损失、运输装卸损耗、保管损耗等。这部分损耗，一般是由于管理不善造成的，因此应尽可能避免和减少。

在分析物资消耗构成的基础上，确定物资消耗定额。根据物资消耗构成内容的不同，物资的消耗定额分为工艺消耗定额和物资供应定额。工艺消耗定额仅包括产品净重和工艺性消耗两部分，它是向车间、班组发料和考核的依据。物资供应定额，是在工艺消耗定额的基础上，按一定比例加上各种非工艺性消耗，它是核算物资需求量和制定物资供应计划的依据。单位产品（零件）消耗定额 H 的计算公式为

$$H = G_1 + G_2 \tag{7-9}$$

式中：G_1——单位产品（零件）净重；

G_2——各种工艺性消耗的重量总和，即单位产品（零件）消耗定额等于单位产品（零件）有效消耗与各种工艺性消耗的重量总和。

物资消耗构成与物资供应定额的关系如图7-4所示。

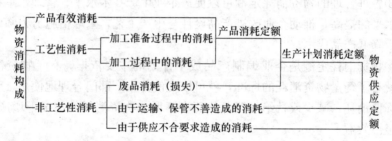

图7-4 物资消耗构成与物资消耗定额关系图

物资供应定额 I 与工艺消耗定额 G 的数学表达式为

$$I = G \times (1 + k) \tag{7-10}$$

式中：k——材料供应系数（指非工艺性消耗占工艺性消耗的比例），一般根据统计资料分析确定。

（三）物资消耗定额的制订与管理

1. 物资消耗定额的制订方法 主要包括以下三种方法：

（1）技术计算法。根据产品设计和生产工艺等技术文件，在工艺计算和技术分析的基础上确定物资消耗定额的方法。这种方法精确可靠，主要用于定型

产品和产量较大的产品。

（2）统计分析法。根据以往实际生产中的物资消耗统计资料，并考虑到计划期生产技术、组织条件变化因素，以及先进技术、先进工艺、先进经验的运用而制订消耗定额的方法，一般采用平均先进计算法。

（3）经验估计法。根据定额人员的实际工作经验，并参考有关技术文件和产品实物，考虑到生产技术组织条件变化等因素制订物资消耗定额的一种方法。该法简便易行，但准确性较差。

在实际工作中，采用哪一种方法，应根据企业的实际情况和管理水平而定。一般来说，可根据物资消耗的重要程度，将上述方法合并运用。但是，无论采用哪一种方法，企业在制订物资消耗定额时，都要保证定额准确可靠，先进合理。

2. 物资消耗定额的制订　在实际工作中，物资消耗定额具体制订是分为以下几个方面分别制订的：

（1）**主要原材料消耗定额的制订**。以机械加工企业为例，主要原材料消耗定额的制订是根据设计图纸和有关技术文件规定的尺寸、规格、重量，同时按照工艺过程的要求不同进行计算。如锻造消耗定额，通常分两步计算：首先，计算锻造前的重量，即毛坯重量加上锻造切割损失和烧损重量；其次，在锻造前重量的基础上，再加上坯料锯口、夹头、残料等重量，求出锻件材料消耗定额。铸件的材料消耗定额，是以生产 1 t 合格铸件所消耗的某种金属炉料重量来表示的。

（2）**辅助材料消耗定额的制订**。辅助材料消耗定额可根据不同用途，分别采用按单位产品确定，按工作量确定，按设备的开始时间确定，按工种确定，按其和主要原材料消耗定额的比例等不同的方法确定。

（3）**燃料、动力消耗定额的制订**。由于燃料品种和质量不同，其发热量也有所不同，因而在计算消耗定额时，应以标准燃料为基础，依据标准燃料消耗定额，换算成实际使用燃料消耗定额。工艺用燃料，一般按产品（或零件和毛坯）重量来计算消耗定额，如 1 t 铸件需要多少焦炭，1 t 锻件需要多少煤炭。动力用燃料，以生产本企业需要的动力所消耗的燃料来确定定额；取暖用燃料，可按取暖厂房的面积确定。

3. 物资消耗定额的管理　企业物资消耗定额的管理，主要应做到以下几个方面：

①建立、健全物资消耗的原始记录、统计资料和定额文件编制工作。

②及时修订物资消耗定额。在消耗定额保持相对稳定的条件下，为了经常保持定额的先进合理水平，随着设计的改进，新技术、新工艺的应用和管理技

术水平的提高，对定额及时修改。

③应经常检查分析定额执行情况和物资利用程度，及时发现问题，及时推广节约物资的新技术、新经验。检查的主要指标有工艺定额利用率和材料利用率。工艺定额利用率 η 和材料利用率 ε 的计算公式分别如下

$$\eta = \frac{G_1}{G} \times 100\% \qquad (7-11)$$

$$\varepsilon = \frac{G_1}{G_1 + G} \times 100\% \qquad (7-12)$$

式中：G_1——单位产品净重；

G——单位产品工艺消耗定额。

工艺定额利用率主要反映产品的设计水平和工艺技术水平。材料利用率则综合反映生产技术水平和管理水平。

④建立严格的责任制度。企业所需物资都必须有消耗定额，每项消耗定额的制订、修改、监督、检查，都应由不同部门和人员负责。要与经济责任制、物资节约奖励制度和经济核算制度密切结合起来贯彻执行。

三、物资储备定额与库存管理

(一) 物资的储备

企业的物资储备，一般是指生产前处于备用状态的物资，即从物资进厂检验合格开始到投入生产为止的物资储存。这是由于生产中物资消耗是连续不断地，而物资的供应进货是分批进行的；物资供应可能会发生意外的误期或中断或生产需要的变动，都要求物资有一定的储备量。企业的物资储备，一般包括经常储备、保险储备和季节性储备三部分。

1. 经常储备 指企业在前后两批物资进货的时间间隔里，为保证生产消耗而建立的物资储备。经常储备量是经常变动的，当一批物资进厂时，达到最高储备，随着生产消耗，当储备量减到最低的储备量时，下批物资又进厂，周而复始地进行，所以也称为周转储备。

2. 保险储备（安全储备） 是企业为防止物资交货及运输误期、来货不符合需要、生产需要量改变等情况发生时，保证生产需要而设立的物资储备。这种储备一般不动用，一旦动用，应立即补充。

3. 季节性储备 为了适应生产或供应的季节性要求，在一定时期内所建立的储备。设立季节性储备时，一般不再设立经常储备和保险储备。

(二) 物资储备定额及其制订方法

物资储备定额是指在一定的生产或供应条件下,为保证生产正常进行所必需的、经济合理的物资储备数量标准。物资储备定额是确定物资申请量、采购量、正确组织企业物资供应、核定企业流动资金、确定仓库面积和存储设施数量等的重要依据。与物资储备相对应,物资储备定额有经常储备定额、保险储备定额和季节性储备定额。

1. 经常储备定额的制订 一般有两种制订方法,即供应期法和经济订购批量法。经济订购批量法在后面介绍,这里先介绍供应期法。

供应期法(以期定量法)是在首先确定物资供应间隔期的基础上,再确定经常储备量的方法。计算公式为

$$Q = (t_1 + t_2) \times \bar{q} \qquad (7-13)$$

式中:Q——经常储备量;

t_1——平均供应间隔天数,一般按报告年度统计资料加权平均,再考虑到计划年度的条件变化而确定;

t_2——物资使用准备天数,指物资化验、加工、整理所需的时间。可根据物资特点、库存管理工作效率,通过技术分析或凭经验确定;

$\bar{q}$——平均每日需要量,即物资年度计划需要量除以全年日历天数。

报告年度物资加权平均供应间隔天数 s 的计算公式为

$$s = \frac{\sum (m \times n)}{\sum m} \qquad (7-14)$$

式中:m——每次入库量;

n——每次进货间隔天数。

供应期法主要是从企业外部环境出发,考虑供方条件及订货与发货额情况,以保证企业不停工待料而确定的定额方法。它使用简单方便,计算工作量小,但从企业经济效益出发考虑较少。

2. 保险储备定额的制订 主要取决于保险储备天数,计算公式如下

$$C = \bar{q} \times t \qquad (7-15)$$

式中:C——保险储备定额;

$\bar{q}$——平均每日需用量;

t——保险储备天数,一般是根据报告期平均误期天数来确定。

平均误期天数，是根据报告期实际供应间隔天数中超过平均供应间隔天数的部分，以加权平均法计算出来的。误期天数 w 的计算公式为

$$w = t_1 - t_2 \quad (7-16)$$

式中：t_1——实际供应间隔天数；
t_2——平均供应间隔天数。

则平均误期天数 $\overline{w}$ 为

$$\overline{w} = \frac{\sum (t_3 \times m)}{\sum m} \quad (7-17)$$

式中：t_3——每次误期天数；
m——每次误期入库量。

当产品销售量变动较大，预测又有一定误差，物资需要量有一定波动时，保险储备定额可用下面的方法确定，即先计算报告期物资实际用量与预测用量的标准差 σ，

$$\sigma = \sqrt{\frac{\sum (q - q_0)^2}{n}} \quad (7-18)$$

式中：q——预期用量；
q_0——实际用量；
n——资料数。

若保险储备定额取标准差的 2 倍，则可保证有 95.5% 的机会不发生缺料情况；如取 3 倍，则发生缺料的可能性只有 0.3%。

企业的物资储备定额如图 7-5 所示。

由图 7-5 可看出：最高储备定额等于经常储备定额与保险储备定额之和；最低储备定额等于保险储备定额；平均储备量等于经常储备定额的一半与保险储备定额之和。

平均储备量一般用于确定计划期末的物资储备量和核定流动资金。

3. 季节性储备定额的制订 制订季节性储备定额 H 的公式为

$$H = t \times \overline{q} \quad (7-19)$$

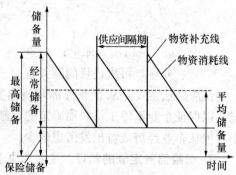

图 7-5 物资储备定额示意图

式中：t——季节性储备天数，通常指季节开始前需要提前准备的日期；
$\overline{q}$——平均每日需要量。

（三）库存管理

1. 库存及其作用 库存是指为了满足未来需要而暂时闲置的资源。资源的闲置就是库存，与资源是否存放在仓库中没有关系，与资源是否处于运动状态也没有关系。库存无论对制造业还是对服务业都十分重要。库存的存在是有利有弊的。库存一方面占用了大量资金，减少了企业利润，另一方面它能防止短缺，有效地缓解供需矛盾，使生产尽可能均衡地进行。它有时还有"居奇"的投机功能，为企业创造盈利。归纳起来库存具有如下作用：

(1) 缩短订货时间。使顾客能很快购买到所需的物品。

(2) 稳定生产。库存可以缓解外部需求的不稳定性和内部生产的均衡性之间的矛盾，起着稳定生产的作用。

(3) 防止物品短缺造成生产中断，并能减少订货费用。库存可以按不同的作用分为四种类型，即周转库存、安全库存、运输库存和预期库存。周转库存指当生产或订货是以每次一定批量而不是以一次一件的方式进行时，由批量周期性地形成的库存；安全库存又称缓冲库存，是生产者为了应付需求的不确定性和供应的不确定性，防止缺货造成的损失而设置的一定数量的存货；运输库存是处于相邻两个工作地之间或是相邻两级销售组织之间的库存。包括处在运输过程中的库存以及停放在两地之间的库存；预期库存是由于需求的季节性或采购的季节性特点，必须在淡季为旺季的销售或是在收获季节为全年生产储备的存货。

库存虽有上述的作用，但是库存要占用大量资金，包括物品本金、利息、场地费及管理费等各种库存维持费用，物品过期损耗、报废等，减少了企业利润。同时，库存作用被不适当地夸大，容易掩盖企业生产经营中存在的严重问题。如库存可能被用来掩盖经常性的产品或零部件的制造质量问题；工人的缺勤问题、技能训练差问题、劳动纪律松弛和现场管理混乱问题；供应商或外协厂家的原材料质量问题、外协件质量问题、交货不及时问题；企业计划安排不当、生产控制制度不健全、需求预测不准问题。此外，还可能被用来掩盖产品设计、工程改动及生产过程组织不适当等问题。因此，生产方式应以"零库存"为不断努力的目标，通过不断降低库存水平，使上述种种生产管理不善的问题暴露出来，使其得到根本解决。

2. 库存控制模型 概括起来讲，包括经典的经济批量模型和连续补充的经济批量模型两种。

(1) 经典的经济批量模型（模型一）。该模型假定条件是：不允许缺货；需求是连续均匀的，需求速度 d 已知；补充时间为零，即当存储降至零时，可以立即得到补充；每次订购费或生产准备费为 a 元,每件货物单位时间的存贴费为 h 元。

根据上述假定条件，该存储系统从存储量为 $Y(t)$ 的任一时刻开始，货物以 d 的速度减少，直至减少到零为止。此时，必须立即进行补充，以便满足需求。对于该模型，只有当存储量减少到零时，才进行补充，没有必要在存储量减少到零之前给予补充，否则就会增加不必要的存储费用，其存储状态如图 7-6 所示。

由图 7-6 可以看出，该模型每次补充量是相等的，均为 Q；由于需求速度不变，补充量相等，故每两次补充的间隔时间 T 也相等，这是一个典型的 T 循环策略。

因为各个周期是完全相同的，在建立费用函数时，没有必要写出

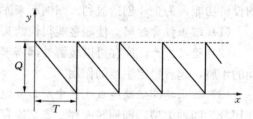

图 7-6 经典经济批量模型存储状态图

全部未来的费用之和，只考虑一个周期 T 的费用便可。只要使一个周期的费用极小化，就可以实现全部费用极小化。

令 $Y(t)$ 为 t 时刻的存储量，对任一周期 T 内的费用函数，即费用与周期的比值 Y（费用/周期）等于订购费用和存储费用之和。其数学表达式为

$$Y = a + \int_0^T h \cdot y(t) dt$$
$$= a + \int_0^T h \cdot (Q - d \cdot t) dt$$
$$= a + hQT - \frac{hdT^2}{2}$$

式中 $T=Q/d$，将其代入上式得

$$Y = a + \frac{hQ^2}{2d}$$

对 Q 微分，并令其等于零，求这个函数的极小值，可解出 $Q=0$。

这个解显然是不可行的。其原因是在一段时间内，Q 值的大小，不仅影响到存储费用，也影响到订购费用。在需求速度 d 不变的情况下，单位时间内 Q 值越大，订购次数就越小，相应的订购费用也就越小；相反，Q 值越小，订购次数就越多，相应的订购费用也就越大。而只在一个周期内考虑其费用，是不能反映出这一特性的。为此，需在某一单位时间内来考察其费用。也就是给 Q 乘以单位时间的周期数（d/Q），便可得到单位时间的费用 C 的数学表达式

$$C = a\frac{d}{Q} + \frac{Q}{2}h \tag{7-20}$$

由于 Q 值是正值，式（7-20）中右端第一项具有倒数函数的性质，是单调递减的；第二项是 Q 的线性函数，是单调增加的。因此，两者之和具有唯一的极小值，见图 7-7。

令 $\dfrac{dC}{dQ} = -\dfrac{ad}{Q^2} + \dfrac{h}{2} = 0$

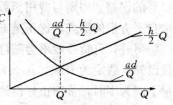

图 7-7 单位时间费用变化

得 $\quad Q^* = \sqrt{\dfrac{2ad}{h}} \tag{7-21}$

这便是存储理论中著名的经济订货批量公式，简称 EOQ 公式，又称经济批量公式。

由于 $T = Q/d$，因此，两次补充的最佳周期为

$$T^* = \sqrt{\frac{2a}{dh}} \tag{7-22}$$

把最优的 Q^* 代入费用函数式（7-20），便可得单位时间的极小费用为

$$C^* = \sqrt{2adh} \tag{7-23}$$

式（7-23）当然没有考虑货物本身的成本，如果需要考虑货物成本，只要在式（7-23）上增加单位成本项即可。

[**例 7-1**] 一家出租汽车公司平均每月使用汽油 8 000 kg。汽油价格为 6.5 元/kg，每次订购费为 3 000 元，存储费是 0.03 元/kg·月。试求经济批量和每月的最小库存总费用。

解 该问题符合模型一的假定条件，即 $d = 8\,000$、$a = 3\,000$、$h = 0.03$、$s_0 = 6.5$，代入式（7-21）得

$$Q^* = \sqrt{\frac{2ad}{h}} = \sqrt{\frac{2 \times 3\,000 \times 8\,000}{0.03}} = 40\,000 \text{(kg)}$$

$$T^* = \sqrt{\frac{2a}{dh}} = \frac{Q^*}{d} = \frac{40\,000}{8\,000} = 5 \text{(月)}$$

$$\begin{aligned} C^* &= \sqrt{2adh} + d \times s_0 \\ &= \sqrt{2 \times 3\,000 \times 8\,000 \times 0.03} + 8\,000 \times 6.5 \\ &= 1\,200 + 52\,000 = 53\,200 \text{(元/月)} \end{aligned}$$

即每隔 5 个月订货一次，每次订货量为 40 000 kg，最小库存总费用为 53 200 元/月。

EOQ 公式有一个重要特性，即该模型"不太敏感"。也就是说，即使输入参数的值有较大的误差或变化，用 EOQ 公式仍能给出一个不错的结果。如例

7-1中,假定订购费用 a 事实上不是 3 000 元,而是 6 000 元,这时,每次订货量为 $1.41\times 40\,000$ kg;也就是说,输入中有 100% 的误差,输出结果只产生 41% 的误差。周期与费用函数也具有同样的特性。显然,这种很有价值的特性来自平方根的形式,这正是 EOQ 模型被广泛使用的原因。

另外,订货一般不会随订随到,总会拖后一段时间,如果这段时间是固定且已知,假定为 L 天。那么,当存储量跌到 $d\times L$ 时,就应立即订货,等存储量下降为零时,货物正好得到补充。考虑了这一因素后,上面求得 EOQ 公式并未发生任何变化,仍旧是经济批量,只是在每次订货时,时间上提前 L 天就可以了。

(2) 连续补充的经济批量模型(模型二)。该模型假定库存的补充是逐渐进行的,而不是一下子完成的。其补充速度为 p。如物品是厂内自制,而不是外购,则情况就是如此。此时,p 必须大于 d。除此之外其他条件同模型一完全相同。

假定初始存储状态 $Y(t)=0$,补充是以 p 的速度增长,需求以 d 的速度消耗。由于 $p>d$,因此,存储状态 $Y(t)$ 以 $(p-d)$ 的速度增长,这一增长过程持续的时间 T_p,等于生产总批量 Q 与补充速度 p 的比值 (Q/p),即

$$Y(t)_{\max} = T_p(p-d) = Q\left(1-\frac{d}{p}\right)$$

当存储状态 $Y(t)$ 达到极大水平后,便开始以速度 d 减少,直至下降到零。据此,该存储系统的存储状态如图 7-8 所示。

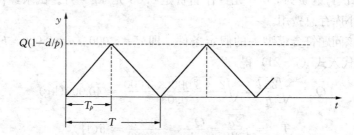

图 7-8 连续补充的经济批量模型存储状态

从图 7-8 中可以看出,两次补充的间隔周期为

$$T = T_p + Q\left(1-\frac{d}{p}\right)\bigg/d = \frac{Q}{p} + Q\left(1-\frac{d}{p}\right)\bigg/d = Q/d$$

取任一周期,计算其费用有

$$Y = a + \int_0^{T_p} h\cdot(p-d)t\mathrm{d}t + \int_{T_p}^{T} h\left[Q\left(1-\frac{d}{p}\right) - d(t-T_p)\right]\mathrm{d}t$$

整理后可得

$$Y = a + \frac{hQ^2}{2d}\left(1 - \frac{d}{p}\right)$$

将上式两边同乘以单位时间的周期数（$1/T = d/Q$），便得到单位时间的费用函数，即

$$C = \frac{a \cdot d}{Q} + \frac{h \cdot Q}{2}\left(1 - \frac{d}{p}\right)$$

对上式中的 Q 微分，并令其等于零。求解得

经济批量 $\qquad Q^* = \sqrt{\dfrac{2ad}{h}\left(\dfrac{p}{p-d}\right)}$ \hfill (7-24)

最佳周期 $\qquad T^* = \sqrt{\dfrac{2a}{hd}\left(\dfrac{p}{p-d}\right)}$ \hfill (7-25)

最小费用 $\qquad C^* = \sqrt{2adh\left(1 - \dfrac{d}{p}\right)}$ \hfill (7-26)

最佳生产时间 $\qquad T_p^* = \sqrt{\dfrac{2ad}{hp}\left(\dfrac{1}{p-d}\right)}$ \hfill (7-27)

[例 7-2] 某装配车间每月需要零件甲 400 件，该零件由厂内生产，生产率为每月 800 件，每批生产准备费为 100 元，每月每件零件的存储费为 0.5 元，试求最小费用与经济批量。

解 该问题符合模型二的假定条件，因此可直接应用上述公式。已知 $a = 100$，$h = 0.5$，$d = 400$，于是有

$$Q^* = \sqrt{\frac{2ad}{h}\left(\frac{p}{p-d}\right)} = \sqrt{\frac{2 \times 100 \times 400}{0.5}\left(\frac{800}{800-400}\right)} = \sqrt{320\,000} \approx 566(件)$$

$$T^* = 566/400 \approx 1.4(月)$$

$$T_p^* = 566/800 \approx 0.7(月)$$

$$C^* = \sqrt{2adh\left(1 - \frac{d}{p}\right)} = \sqrt{2 \times 100 \times 400 \times 0.5\left(1 - \frac{400}{800}\right)}$$

$$= \sqrt{2\,000} \approx 141.4(元/月)$$

即每次的经济批量为 566 件，需 0.7 月就可生产完成，相隔 0.7 月后，进行第二批量生产，周期为 1.4 月，最小费用为 141.4 元/月。

3. 库存控制 又称库存量控制，就是控制库存物料的储备数量。库存量应经常保持在最高储备定额与最低储备定额之间。影响库存量的因素有两个方面：一是生产单位领料的数量和时间，如果领料量超过计划需用量或领料时间提前了，就有可能使库存量降至最低储备定额之下；二是向外订货的数量和时间，如一次采购量多了或采购时间提前了，则库存量就会超过最高储备定额，反之，库存量可能低于最低储备定额。常见的库存策略是：

(1) T 循环策略。补充过程是每隔时间 T 补充一次,每次补充一个批量 Q。即

$$X_i = \begin{cases} Q & \text{当 } i = T, 2T, \cdots, nT (nT \leqslant T_0 \text{ 计划期}) \\ 0 & \text{当 } i \neq T, 2T, \cdots, nT \end{cases}$$

已知需求速度是固定不变的,且补充时间为零。因此,可以这样安排,当存储量下降到零时正好补充下一批量。其存储状态图如图 7-9 所示。

(2) T、S 补充策略。每隔一个时间 T 盘点一次,并及时补充,每次补充到存储水平 S,由于存储量 Y_i 是变化的,所以,每次的补充量 Q_i 为一变量,即

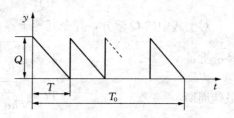

图 7-9 T 循环策略存储状态图

$$X_i = \begin{cases} Q_i = S - Y_i & \text{当 } Y_i < S \\ 0 & \text{当 } Y_i \geqslant S \end{cases}$$

同时,需求速度是变化的,补充时间为零,这种类型的存储状态图如图 7-10 所示。

(3) $T \cdot s \cdot S$ 策略。每隔一个时间 T 盘点一次,但不一定要补充,只有当存储量小于保险存储量 s 时才补充,并补充到定额水平 S。即

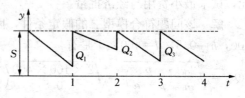

图 7-10 T、S 补充策略存储状态图

$$X_i = \begin{cases} Q_i = S - Y_i & \text{当 } Y_i < S \\ 0 & \text{当 } Y_i \geqslant S \end{cases}$$

需求速度是变化的,补充时间为零,其存储状态图如图 7-11 所示。

4. 重点管理法 又称物资的 ABC 分类法,这是意大利经济学家帕雷托 (Pareto) 提出的。其基本原理是:企业根据自己生产经营特点及规模大小,把品种繁多的物资,按其重要程度、消耗数量、价值大小、资金占用等情况,进行分类排队,将企业物资分为 A、B、C 三类,如图 7-12 所示。

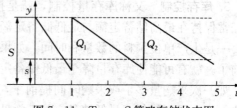

图 7-11 $T \cdot s \cdot S$ 策略存储状态图

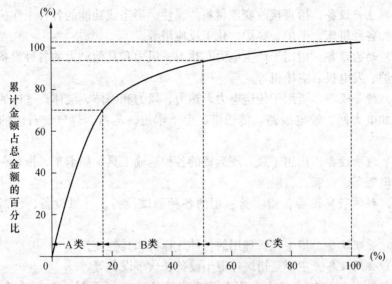

图 7-12 物资 ABC 分类曲线图

依据物资品种和资金占用的多少,产品分类方法如下:

A 类物资。品种占 10%~15%,资金占用约 65%。属于品种不多、消耗量大、比较贵重、占用资金较多的物资,是物资管理的重点对象。实行定期订购的控制方式,严格库存管理和发放制度,减少损坏、丢失,密切注视该类物资的市场供求变化,在增加采购次数的情况下,确保按时进货,保证生产需要。

B 类物资。品种占 30%~35%,资金占用约 25%。占用资金量介于 A、C 两类物资之间,应适当加强控制。企业根据物资管理的能力和水平,选用定期订购方式或定量订购方式进行管理。

C 类物资。品种占 50%~60%,资金占用约 10%。属于消耗量不大、单价较低、资金占用较少的物资,或经常不被领用的零星器材、维修备件等。这类物资品种繁多,但资金占用少,应定为物资管理的一般对象,采用定量订购的控制方式,可以适当加大保险储备量,减少采购次数,以防止缺料现象的发生。

第三节 设备管理

一、设备管理概述

(一)设备及分类

设备是指人们在生产经营活动过程中所使用的各种机械和装置的总称。工业企业的设备分类主要包括:

(1) 生产设备。指直接改变原材料的属性、形态或功能的各种工作机械和设备。如各种机床、平炉、高炉、化工反应塔等。

(2) 动力设备。指用于产生电力、热力、风力和其他动力的各种设备。如蒸汽锅炉、发电机、空压机等。

(3) 传导设备。指用于传送电力、热力、风力和固体、液体、气体的各种设备。如电力网、输电线路、传送带、上下水道、蒸汽、煤气、石油的传导管等。

(4) 运输设备。指用于载人或运货的各种运输工具。如卡车、拖车、交通汽车、电瓶车、汽艇、驳船等。

(5) 科学研究设备。指实验室用的各种测试设备、计量设备、仪器、仪表等。

(6) 管理设备。指生产管理用的各种计算机和其他装置。

(7) 公用设备。主要是指医疗卫生设备、炊事设备等。

设备的种类和技术状态，因企业生产性质的不同而异。在一个企业内部可根据产品对象、生产类型、技术水平等的不同条件，决定采用什么设备。

(二) 设备管理的内容

设备管理，是指工业企业中有关机器设备购置、使用、维护、修理、改造、更新、调拨等一系列管理工作的总称。包括设备的物质运动和价值运动全过程的一切管理工作，设备管理的内容包括以下几个方面：

(1) 建立健全的设备管理制度。

(2) 正确、合理地使用设备。禁止违章操作和超负荷使用机器设备，防止非正常磨损，杜绝设备事故，保持良好性能和应有精度，从而发挥设备的正常的生产效率。

(3) 技术维护。要使设备经常处于良好的状态，减轻磨损，延长机器设备的使用寿命，就必须及时、高质量地保养维护设备。

(4) 有计划地修理或更新设备。及时地检修，有计划地进行设备更新、改造，保持设备良好的技术状态和效能。

(5) 日常管理。包括设备调入、调出、登记、建卡、立账、保管、报废以及事故处理等，保证设备完好，提高设备利用率。

在现代企业中，拥有大量的电子设备、检测设备、试验设备，这些设备虽然不会改变劳动对象的物质形态、化学成分，但是，在生产过程中起非常重要的作用，所以也应列入设备管理之中。

(三) 设备管理水平考核指标

为了保持设备良好性能和应有精度，发挥设备正常的生产效率，可制定一些指标对设备管理水平进行考核，一般有以下几种指标：

(1) 设备开动率 k_1。是指设备实际作业时间 t 与实有能力时间 t_0 比值的百分数，即

$$k_1 = \frac{t}{t_0} \times 100\% \tag{7-28}$$

(2) 设备完好率 k_2。是指完好设备数 m 与已安装投入使用的设备总数 m_0 比值的百分数，即

$$k_2 = \frac{m}{m_0} \times 100\% \tag{7-29}$$

(3) 故障停机率 k_3。是指设备因故障停机时间 t_1 与设备制度工作台时 T 比值的百分数，即

$$k_3 = \frac{t_1}{T} \times 100\% \tag{7-30}$$

(4) 维修费用率 η。是指设备维修费 n 与生产总值 m 比值的百分数，即

$$\eta = \frac{n}{m} \times 100\% \tag{7-31}$$

(5) 故障停机损失占产值比 γ。是指设备停机损失 p 与生产总值 m 比值的百分数（该指标是一种用价值形态衡量故障停机损失的指标），即

$$\gamma = \frac{p}{m} \tag{7-32}$$

二、设备的选择与评价

(一) 设备的选择

新建企业购买设备，老企业添购设备，都必须综合多方面的因素，对设备进行取舍比较、选择设备。选择设备的原则是技术上先进、经济上合理，具体应考虑以下因素。

1. 设备生产率与企业的经营方针相适应 设备生产率要与工厂的规划、生产计划、运输能力、技术力量、劳动力水平、动力和原材料供应等相适应。生产率高的设备，一般自动化程度高，投资多，能耗大，维修复杂，如果达不到设计生产能力，单位产品的成本就会增高。设备生产率大小的选择，还要考虑到均衡生产和物资供应，否则会造成损失，不能发挥新设备的全部效果。

2. 设备应具有良好的工艺性　设备工艺性是指设备满足生产工艺要求的能力。机器设备最基本的一条就是符合产品工艺技术要求。如加工零件的尺寸精度、几何形状精度、表面质量要求等。另外，要求设备操作轻便，控制灵活。对于产量大的设备，自动化程度要高，对于有害有毒作业的设备，则要求能自动控制及远距离监督控制。

3. 设备应具有良好的可靠性　企业生产不仅要求设备有高的生产率和满意的工艺性能，而且还要求具有良好的可靠性，降低维修费用，提高设备利用率。

4. 设备的维修性好　维修性是指通过修理和维护保养来预防和排除系统、设备、零部件等故障的难易程度。维修性它包括了易接近性、易检查性、易拆装性，以及零部件标准化和互换性、零件的材料和工艺方法先进性及维修人员的安全等。

5. 良好的经济性　经济性包括最初投资少、生产效率高、耐久性长、能源及原材料消耗少、维修和管理费用少、节省劳动力等。

6. 良好的安全性和环境保护性　设备要有必要的可靠的安全防护设施，要有减少噪声和排放有害物质的性能，并达到国家的有关规定。

（二）设备投资效果分析

选择设备不仅要考虑先进、可靠，而且还要有良好的投资效果。一般来说，技术上先进，经济上合理，安全节能，满足生产需要是企业在添置、制造、引进设备时必须共同遵守的原则。

1. 设备的技术性评价　选择和评价设备的第一步往往是进行使用或技术上的仔细考察，以确定设备在技术上是否可行。在评价一台设备的技术规格时，应该考虑的因素主要有生产能力、可靠性、可维修性、互换性、安全性、配套性、操作性、易于安装、节能性、对现行组织的影响、交货、备件的供应、售后服务、法律及环境保护等。

2. 设备的经济性评价　一台设备在技术上先进并不意味着就一定值得购置，还需考察它在经济上是否合理。在评价设备的经济性时，总是要考察设备的费用与其所带来的收益。

一般来说，设备的费用指的是设备在其整个寿命周期内为购置、运行和维修所花费的全部费用，即设备的寿命周期费用。它主要由固定费用和运转费用两部分构成。固定费用是已被安装好、准备使用而尚未启用的设备发生的费用，包括购置费、运输费、安装调试费、人员培训费等。运转费用是为了维持设备正常运转所发生的费用，包括直接或间接劳动费用、服务及保养费用、维修费用等。在进行设备的费用比较时，需要同时考虑这两部分的费用支出，这也是设备综合管理的一个基本要求。

考察设备的收益要比考察设备的费用困难得多，因为设备所带来的收益往往是无法定量计算或很难与其他收益区别开的，这也是在进行设备选择的经济性评价时，更多地采用费用比较法的一个原因。在实际中，若确有必要考察设备的收益时，可以从它所生产的产品的产量及质量、所带来的成本的节约等多方面予以综合评价。常采用投资回收期法或费用比较法进行评价。

三、设备的使用和维修

设备的使用和维护工作，是指设备投入运行使用之后，正确地操作运行，合理地进行技术维护，延长使用寿命，使设备的经济效益最佳。

(一) 设备的磨损

1. 设备的磨损形式　设备在使用过程中会发生磨损，设备磨损分为有形磨损和无形磨损两种形式：

（1）设备的有形磨损。也称物理磨损，是设备投入使用后，即使在使用过程中能做到合理使用，但由于摩擦、应力和化学反应等作用，设备的部件或零件总会逐渐磨损和磨蚀，直至损坏，通常把由于在设备使用过程中机械磨损所导致的磨损称为设备的有形磨损（物理磨损）。设备有形磨损有两种原因：

①由于零部件产生摩擦、振动、疲劳等冲击现象，造成机器设备的实体磨损。按其磨损量的微观分析，可分为初期磨损、正常磨损、剧烈磨损三个阶段。磨损达到一定程度后，整个机器的故障率就会增高，功能下降，达不到使用的效率。

②自然力的作用造成的，即由于金属腐蚀、生锈，橡胶与塑料零件材质的老化等原因造成的。

设备的有形磨损有的可以通过修理消除，有的则不能通过修理消除。

（2）设备的无形磨损。是由于经济或科学技术的原因而使原有设备贬值所导致的磨损。设备产生无形磨损的原因也分为两种：

①由于相同结构设备重置价值的降低而带来的原有设备价值的降低，被称为第Ⅰ种无形磨损，或称经济性无形磨损。

②由于不断出现性能更完善、效率更高的设备而使原有设备在技术上变得陈旧和落后，由此产生的无形磨损被称为第Ⅱ种无形磨损，或称技术性无形磨损。

2. 设备的磨损规律　设备管理工作首先必须掌握设备磨损规律，这样才能比较准确地判断设备发生故障的原因，并且可以根据设备故障规律，合理安排生产和维修的时间，避免产生冲突。

在正常情况下，设备的物理磨损可分为三个阶段，如图7-13所示。

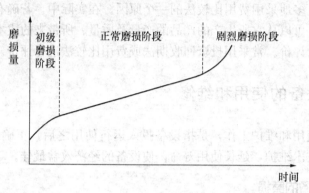

图7-13　设备物理磨损规律

初期磨损阶段：主要是由于零件表面的微观几何形状在受力情况下的迅速磨损，以及零件接触表面的形状不同而产生的走合作用所发生的磨损。初期磨损阶段一般较短。

正常磨损阶段：经走合磨损后，设备进入正常工作状态，零件的磨损趋于缓慢，延续时间很长。该阶段的长短代表着零件的寿命周期的长短。

剧烈磨损阶段：即经过一段正常磨损时间后，零件由于疲劳、腐蚀、氧化、冲击等原因，致使正常磨损关系被破坏，磨损急剧加快，在很短时间内就会使零件丧失应有的精度或强度，若不及时修理或更换，设备很可能不能正常工作，甚至会造成设备报废。

3. 设备的故障规律　设备故障是指设备或其零部件在运行过程中发生丧失其特定功能的不正常现象。一般按故障发生的速度可将故障分为突发故障和渐发故障两类。突发故障一般是由偶然性、意外性的原因造成的，对设备造成的损失很大，因此又叫损坏故障。渐发故障是由于设备性能逐渐劣化，机能慢慢降低而引起的故障，又称劣化故障。

设备的劣化是指磨损和腐蚀造成的耗损，冲击和疲劳等造成的损坏和变形，原材料的附着和尘埃等造成的污染，使设备的精度、效率和功能下降的现象。设备劣化按其产生的原因可分为自然劣化、使用劣化和灾害性劣化三种，是造成设备故障的重要原因。

设备故障的发生有一定的统计规律，设备故障率在整个设备使用期间的发展变化是按所谓的"浴盆曲线"分布的，如图7-14所示。

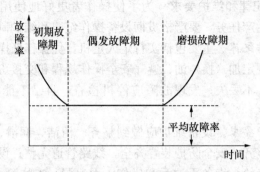

图 7-14 设备故障率曲线

从设备故障率曲线可以看出,设备故障率随时间的变化分为三个阶段:初期故障期、偶发故障期和磨损故障期。

初期故障期:主要是由于设计上的原因、操作上的不当、新装配零件的走合等所引起的,开始时故障率较高,但故障随着使用的延续而逐渐减少并趋于稳定。

偶发故障期:设备处于正常运转状态,故障率趋于稳定。故障的产生主要是由于维护不好和操作失误等偶然性因素引起的,是随机的,无法预测。

磨损故障期:主要是由于设备经过较长时间的使用,某些零件的磨损进入剧烈磨损阶段,故障率逐渐上升并加剧。这说明设备已处于不正常状态,必须停机检修或更换零部件。

(二) 设备的合理使用

1. 设备使用前的准备工作　为了保证设备能经常处于良好的技术状态,设备在正常使用之前,应做好如下几方面工作:

①设备投入使用前应编制技术资料。技术资料是设备使用的依据和指导文件,它包括设备操作维护规程、设备润滑卡、设备日常检查和定期检查卡等。

②对操作工人进行技术培训。帮助操作者掌握设备的结构及性能,使用维护的日常检查内容,安全操作等方面的知识,并明确各自的岗位责任。

③配备必需的各种检查及维护仪器工具。

④全面检查设备的安装、精度、性能及安全装置,向操作者移交设备附件。

⑤做好岗前教育,包括应知、应会和安全教育;责任制和设备使用维护制度、设备事故管理制度等。

2. 设备操作纪律和维护要求 为了使操作者更好地使用设备，保证设备正常运转，完成生产任务，要严格贯彻设备操作纪律和维护制度。

(1) 设备操作纪律。主要包括实行定人定机，凭操作证操作设备；经常保持设备整洁，按规定加（换）油；遵守安全操作规程和交接班制度；管好工具和附件，不损坏、不丢失；发现故障应停机检查，自己不能处理则通知相关人员。

(2) 设备维护要求。设备维护应做到整齐、清洁、润滑、安全。即工具、工件、附件放置整齐，安全防护装置齐全，线路管道完整；设备内外清洁，各滑动面、丝杆、齿轮、齿条无油污和碰伤，无泄漏、渣物除净；按时加（换）油，油质正确，油具、油杯、油毡、油线清洁齐全，油标明亮；熟悉设备结构，遵守操作规程，精心保养、防止事故（对于大型、精密设备，还应实行四定制度，即定人使用、定人检修、定操作规程、定维护保养细则）。

(3) 严格贯彻岗位责任制。设备使用的各项工作是岗位责任制的主要组成部分，必须在岗位制中得到落实。所以，设备使用维护工作必须体现在操作工人的岗位责任制中。操作工人的岗位责任制的内容包括四大部分，即基本职责、应知应会、权利、考核办法。

随着经济管理的深入发展，将岗位责任制与企业经济指标及效益挂钩，落实分解到个人，实行逐项计算，形成奖惩分明的岗位责任制体系，是现代设备管理的重要内容。

(三) 设备的维护

1. 日常维护（或称为例行保养、日常保养） 日常维护是指每天对设备进行的清扫、润滑、紧固、调整和对设备进行的观察与检查等工作。要求操作人员每班必须做到：班前对设备进行检查、加油；班中严格按设备操作规程使用设备，尤其要注意设备运转时发生的声音、振动、温升、异味和油味、压力等指示信号以及限位、安全装置等情况，发现问题及时处理或报告；下班前对设备进行清扫擦拭，并将设备状况记录在交接班本上。日常维护是维护的基础，是预防事故发生的积极措施，应严格制度化。周末维护是日常维护的一种，其主要内容与日常维护基本相同，但要求的范围及程度高于前者。

2. 定期维护 定期维护一般是在维修人员指导，操作工人按计划对设备进行的维护。定期维护的目的是减少设备磨损，延长设备使用寿命，消除事故隐患，保证生产任务完成。

我国许多企业实行的设备定期维护制度，按其工作量大小、难易程度划分为两类：一级保养和二级保养。

一级保养。是指根据设备使用情况，清洗零部件、调整间隙、清除表面油污、疏通油路等工作。一般在专职维修人员指导下，由操作工人承担。

二级保养。是指对设备进行局部解体检查、清洗、修复或更换易损件、调整等工作。一般由专业维修人员承担，操作工人协助。

3. 设备检查 是对设备的运行情况、工作性能、磨损程度等进行的检查。通过检查可以全面掌握设备的技术状态变化和磨损情况，及时查明和消除隐患，并有利于做好修理前的准备，提高修理的效率和质量。

设备的检查按检查的时间间隔可分为日常检查、定期检查和修理前检查；按技术功能可分为机能检查和精度检查；按检查范围可分为机台检查、区域检查和巡回检查。

设备点检制是起源于日本的一种先进的设备检查制度。所谓"点检制"是指按照一定规范或标准，通过直观或检测工具，对影响设备正常运转的一些关键部位的外观、性能、状态与精度进行制度化、规范化的检试。实行点检制要编制各种设备的点检标准书，详细规定检查部位、项目、周期、方法、检查工具及判定标准和处理方式，点检结果要填入点检卡。

4. 设备修理 是指修理由于正常的或不正常的原因造成的设备损坏和精度劣化，通过修理更换已经磨损、老化、腐蚀的零部件，使设备性能得到恢复。其实质是物理磨损的修理补偿，修理的基本手段是修复和更换。

设备修理的类别一般分为小修、项修和大修三类。小修是针对日常点检和定期检查发现的问题，修复或更换少量的使用期短的磨损零件，属于工作量较小的局部修理；项修是为了提高设备某个项目的性能，对其中丧失精度或达不到工艺要求的项目进行针对性修理；大修需全部拆卸设备，修复和更换全部磨损零部件，恢复设备原有精度、功能和生产率，是工作量最大的一种修理。

5. 设备维修制度 企业生产常采用的维护制度主要有两种：一是计划预防制，二是全面生产维修制。

（1）计划预防制。是我国在20世纪50年代从苏联引进的一种维修制度，它是根据设备的一般磨损规律和技术状态，有计划地更换磨损零件和对设备维修。计划预防制强调有计划修理，克服了事后修理的缺点，是一种比较科学的维修制，在相当长时间里得到广泛应用。但是计划预防制对设备不分主次，维修费用高，设备在不同使用阶段都采用同一修理周期，没有根据不同故障阶段的故障率和故障性质组织设备维修；只规定对设备进行恢复性修理，没有对经常重复发生故障的机构进行改革性维修。

(2) 全面生产维修制。是在生产维修制的基础上，吸收设备综合管理的新概念发展起来的。所谓的"全面"包括全效益、全系统和全员参加三个方面的含义。全效益就是要求设备一生的寿命周期费用最小，寿命周期输出最大。全系统就是建立从设备的设计、制造、使用、维修、改造到更新的一生的管理系统。全员参加就是凡是和设备的规划、设计、制造、使用、维修有关的部门和有关人员都参与设备管理。因此，全面生产维修制是全员参加的、以提高设备综合效率为目标、以设备一生为对象的生产维修制。

全面生产维修制的主要工作有日常点检、定期检查、计划修理、改善性修理、故障修理、维修记录分析等，同时还要配合现场管理的 5S 活动（整理、整顿、清洁、清扫、素养），并经常进行全面生产维修制教育。

（四）设备的更新与改造

1. 设备的寿命　可分为设备的物质寿命、经济寿命、技术寿命、折旧寿命和役龄五种。

（1）*设备的物质寿命*。也称设备的自然寿命，是指设备从投入使用到报废为止所经过的时间。设备的物质寿命是根据设备的有形磨损确定的，主要取决于设备的质量、使用和维修状况。如果设备使用和维修工作做得好，则设备的物质寿命相对较长。然而，随着设备物质寿命的延长，维修费用也会提高。

（2）*设备的经济寿命*。也称设备的价值寿命，是指设备从投入使用到继续使用不经济而被淘汰所经历的时间。设备经济寿命取决于第Ⅰ种无形磨损。由于随着设备使用时间的增长，维修费用也会增加，设备的使用成本提高，这时依靠高额的维修费用来维持设备的使用往往是不经济的，故应淘汰旧设备，重置新设备。确定设备的经济寿命可利用总费用曲线（由设备购置费用与使用费用组成）的最低点来确定，也可利用设备综合经济效益（设备所创造的经济效益减维持设备运行支出的总费用）来确定。

（3）*设备的技术寿命*。是指从设备投入生产开始到由于技术进步，出现技术上更先进的设备或设备所生产的产品已无市场需求而被淘汰所经历的时间。随着科学技术的飞速发展，产品更新换代的加速，设备的技术寿命越来越短。

（4）*设备的折旧寿命*。也称设备折旧年限，是指为了收回设备投资以便日后重置或更新设备所提折旧费，使设备账面价值余额接近于零时所经历的时间。

（5）*设备的役龄*。是指设备已经使用的时间。它反映了设备新旧程度，是制订设备的更新改造方案时的参考指标。

在进行设备更新与改造决策时，不能只看设备的物质寿命的长短，若不考虑设备的经济寿命和技术寿命，势必造成维修费用过高，设备过分陈旧，影响产品质量和企业市场竞争力。因此，应该将设备的物质寿命、经济寿命和技术寿命三者进行综合考虑，来确定设备的最佳使用年限，以期获得最佳的技术经济效果。

2. 设备的更新 是指用技术性能更完善、经济效益更显著的新型设备来替换原有技术上不能继续使用或经济上不宜继续使用的设备。设备更新是消除设备的有形磨损和无形磨损的重要手段。进行设备更新的目的是更好地提高企业装备的现代化水平，更快地形成新的生产能力，以更好地实现企业的目标，提高企业效益。

从广义上说，凡是对因磨损（有形和无形）而消耗掉的设备进行补偿都可视为设备更新，然而从更新的目的来看，设备更新的方式可分为原型更新和新型更新两种类型。原型更新（简单更新）即当原设备因有严重磨损而不能继续使用时，用结构相同的新设备去更换，原型更新主要解决设备损坏问题。新型更新（技术更新）即当原设备因技术或经济原因不宜继续使用时，用结构更先进、技术更完善、效率更高、性能更好、耗能和原材料更少的新设备去更换。从技术进步角度看，新型更新比原型更新意义更大。

3. 设备的技术改造 设备的技术改造是指应用新技术和先进经验改变现有设备的原有结构，给旧设备装上新部件、新装置、新附件，或将单机组成流水线、自动线所采取的较重大的技术措施。通过技术改造能改善现有设备的技术性能，提高设备的工作能力，使其主要输出参数接近或达到新型设备的技术水平，而所需的费用则低于设备更新的费用。

设备的更新和改造是企业提高技术装备水平、改善生产条件的重要措施，关系着企业的后劲和长远发展，应予以足够的重视。但是，企业设备的技术改造应与企业的发展目标和整体技术改造相结合，根据企业的实际情况，确定正确合理的技术改造目标和范围。对一些在生产中起关键作用而在技术上又有潜力可挖的单台设备，应作为技术改造的重点。

设备的技术改造具有如下显著的特点：

（1）针对性强。设备技术改造一般均由设备的使用单位提出，由使用单位完成或配合完成。由于设备使用单位对设备的现状熟悉，因而能结合企业实际情况对设备的技术改造提出明确而具体的要求，便于从设备的关键部位、结构改造其性能。

（2）经济性好。由于设备的技术改造是在原有设备的基础上进行的，具有投资少、周期短、收效快的特点，尤其是对于一些精密、大型、稀有设备进行技术改造，往往能够节约更多的资金，收到显著的经济效果。

（3）适应性强。设备的技术改造可以与工艺的改革密切结合，在许多情况下，对原有设备稍作改造，即可适应新的生产工艺和操作方法，尤其是开发新产品，市场上难以购置所需特殊规格和性能的设备时，对原有设备进行技术改造也就成了唯一可行的方法。

第 八 章
经营效益分析与评价

经营效益是指企业在生产经营过程中所获得的效益,企业的最终目的就是要提高经营效益。要想研究提高企业经营效益问题,必须分析和掌握影响企业经营效益的有关因素,从中找出薄弱环节或症结之所在,再确定切实有效的提高经营效益的途径。

第一节 经济效益理论

一、基本概念

(一)经济效果

人类所从事的任何社会经济活动都有一定的目的性,都有一个"效果"和一个"经济效果"的问题。效果和经济效果同时存在,但不是一回事。

从事某项社会经济活动所获得的效果称为该项活动的劳动成果,如各种物质产品、劳务等。人类从事的社会经济活动根据其性质可分为两大类:一类是物质生产领域内的活动,如工农业生产,以及与之相关的规划、基本建设等活动;另一类则属于非生产领域的活动,如政治、军事、文化教育等活动。对于物质领域内的活动效果往往可以用一系列的经济指标衡量,而对非物质领域的活动效果则难以用一般的指标衡量。但无论何种活动,要取得一定的劳动成果就必然付出一定的代价,即必须投入一定数量的物化劳动和活劳动,付出的代价通常称之为劳动消耗。活劳动消耗是指劳动者进行生产所消耗的劳动量,物化劳动消耗指生产中的消耗以及占用的设备、工具、材料、燃料、动力等。

经济效果就是人们在经济活动中的效果和劳动消耗的比较,或劳动成果与劳动消耗的比较。也有其他的表述,如所得和所耗费的比较,产出和投入的比较,收入和支出的比较,满足需要和劳动消耗的比较,有用效果和劳动消耗的比较,使用价值和劳动消耗的比较等。

经济效果可用"比率法"、"差值法"和"差额比值法"等方法表示。

1. 比率法 用比率法表示经济效果，就是用比值的大小反映经济效果的高低，可以用正指标表示，也可以用反指标表示。

(1) 正指标。即劳动成果与劳动消耗之比。其数学表达式为

$$EE = \frac{LO}{LC} \qquad (8-1)$$

式中：EE——经济效果；
LO——劳动成果；
LC——劳动消耗。

经济效果比率表示单位投入所获得的产出，其比值越大越好。这种方法是最简单、最常用的表示方法，广泛应用于物质生产领域或非物质生产领域。具体有如下表示形式：

①实物型。即劳动成果和劳动消耗均以实物形态表示，即"实物/实物"。如每吨小麦加工成面粉，"t/t"表示小麦的出粉率。

②价值型。劳动成果和劳动消耗均以价值形态表示，即"价值/价值"。如劳动成果可以用 GDP、销售收入、利润总额等指标表示，劳动消耗可以用固定资产投资、总成本、工资总额指标表示。如每万元固定资产投资创造的利润，"元/万元"表示固定资产的利用效率。

③实物价值型。劳动成果用实物形态表示，劳动消耗以价值形态表示，即"实物/价值"；或劳动成果用价值形态表示，劳动消耗以实物形态表示，即"价值/实物"。

(2) 反指标。即劳动消耗与劳动成果之比。其数学表达式为

$$EE = \frac{LC}{LO} \qquad (8-2)$$

经济效果比率表示单位产出所需要的投入，其比值越小越好。具体表示方法与正指标相同，可以用"实物/实物"、"价值/价值"、"实物/价值"或"价值/实物"等型式表示。

2. 差额表示法 即用劳动成果与劳动耗费之差表示经济效果大小的方法。也有正指标和反指标两种表达方式。

(1) 正指标。用差额表示经济效果的正指标，即劳动成果与劳动消耗之差。其数学表达式为

$$EE = LO - LC \qquad (8-3)$$

在差额表示中，无论是劳动成果还是劳动消耗，都必须用价值形式表示。劳动成果用销售收入等价值形态表示，劳动消耗用成本支出等价值形态表示，得到的差额用利润价值形态表示，要求经济效果≥0，且差额越大越好。

(2) 反指标。用差额表示经济效果的反指标，即劳动消耗与劳动成果之差。其数学表达式为

$$EE = LC - LO \qquad (8-4)$$

此时，无论是劳动成果还是劳动消耗，也都必须用价值形式表示。要求经济效果≤0，且负的越多越好，若出现正值，则表示出现了亏损。

3. 差额—比值表示法　即用差额表示法与比值表示法相结合来表示经济效果大小的方法，表达式为

$$EE = \frac{LO - LC}{LC} \qquad (8-5)$$

这种方法综合了比率法和差额法的优点，其应用也非常广泛。

(二) 经济效益

经济效益是指通过商品和劳动的对外交换所取得的社会劳动节约，即以尽量少的劳动耗费取得尽量多的经营成果，或者以同等的劳动耗费取得更多的经营成果。经济效益的表述方法有许多，目前比较公认的经济效益是指有用成果与劳动耗费的比较，也就是有用生产成果与资金占用、成本支出之间的比较。所谓经济效益好，就是资金占用少，成本支出少，有用成果多。企业经济效益就是指企业的生产总值同生产成本之间的比例关系。用公式表示

$$Ee = \frac{MG}{MC} \qquad (8-6)$$

式中：Ee——表示经济效益；
　　　MG——生产总值；
　　　MC——生产成本。

经济效果和经济效益是既有联系又有区别的两个不同概念。从经济效果的概念可以知道，经济效果实际上是人们从事经济活动的必然结果，这种结果可能符合社会需要，也可能不符合社会需要；而经济效益则是指符合生产目的和社会需要，能够通过市场实现其价值和使用价值的劳动成果。

(三) 经济效率

经济效率是以最有效的方式来利用各种资源，即指最有效地使用社会资源以满足人类的愿望和需要。效率原本是一个技术术语，指资源投入和生产产出的比率。人类任何活动都离不开效率问题，人作为智慧动物，其一切活动都是有目的的，是为了实现既定的目标。在实现目标的过程中，有的人投入少，但实现的目标多，即我们所说的事半功倍；而有的人投入很大，但实现的目标

少，或者实现不了其目标，即我们所说的事倍功半。前者是高效率，后者是低效率。所以效率就是人们在实践活动中的产出与投入之比值，或者叫效益与成本之比值。如果比值大，效率就高，也就是效率与产出或者收益的大小成正比，而与成本或投入成反比。也就是说，如果想提高效率，必须降低成本投入，提高效益或产出。

(四) 经营效益

经营效益也叫企业效益，是一个内涵比较丰富且较有新意的概念，目前尚未有一个统一的定义。一般是指企业在生产经营过程中所获得的效益，是企业经营活动的效果的一种综合体现，即企业在经营活动中表现出来的经营能力或经营实力所形成的经济效率、经济效果或经济效益。简单地讲，经营效益即经营成本与收益之间的比率关系，若经营收益大于经营成本就有经营效益；反之，则无经营效益。

从上述的概念可见，经营效益与经济效果、经济效益、经济效率既密切相关，但又有不同，在进行相关评价时应注意各自的内涵，有所侧重地进行分析。

二、农机经营效益的表现形式

企业的经营效益表现形式因不同的生产领域而有所不同，是由各自的生产特点决定的。农机经营效益则由农机经营以全面服务农业生产为宗旨的特性所决定，其基本的形态主要有经济效益、生态效益和社会效益。

(一) 经济效益

经济效益是衡量一切经济活动最终的综合指标，任何一种生产经营活动都包含着经济效益的内容。企业经济效益从其内涵与提高途径角度看，可分为资源配置经济效益、规模经济效益和技术进步经济效益及管理经济效益等。

1. 资源配置经济效益　是指通过优化企业的经营结构，使资源的配置合理并得到充分利用而产生的经济效益。站在资源的合理配置和充分利用角度看，农机经营企业的经营结构包括企业组织结构、人员构成结构、机器设备组合结构、生产结构、分配结构等。

2. 规模经济效益　企业规模经济效益是指通过生产集约化、技术集约化、规模扩大化的途径而产生的经济效益。它是企业经济效益的一种重要形态。

农机经营规模效益取决于农业规模经营，农业规模经营即根据耕地资源条件、社会经济条件、物质技术装备条件及政治历史条件的状况，确定一定的农业经营规模，以提高农业的劳动生产率、土地产出率和农产品商品率的一种农业经营形式。农业规模经营由土地、劳动力、资本、管理四大要素的配置进行，其主要目的是扩大生产规模，使单位产品的平均成本降低和收益增加，从而获得良好的经济效益和社会效益。农业规模经营的发展方向是农业适度规模经营，即在保证土地生产率有所提高的前提下，使每个务农劳动力承担的经营对象的数量（如耕地面积），与当时当地社会经济发展水平和科学技术发展水平相适应，以实现劳动效益、技术效益和经济效益的最佳结合。

3. 管理经济效益 就是企业经营活动中运用科学的管理方法所取得的经济效益。在企业中经营与管理是不可分的，有经营活动就需要科学的管理。资源配置效益、规模效益都是科学管理的内容。现代管理所遵循的基本原则是效益原则，管理就是对效益的不断追求。加强管理、提高效益是企业永恒的主题和不变的追求，这不仅是企业自身存在的内在价值，也是社会主义市场经济的本质要求。现代企业以发展论成败，以效益论英雄。发展靠管理，管理出效率，管理工作做得好，把一个企业的人、财、物三方面以最大的合理性结合起来、组织起来、调动起来，就能以尽可能少的时间完成最大限度的工作；管理出效益，管理工作做得好，人、财、物使用得当，搭配合理，就能以尽可能少的开支为企业创造最大限度的经济利益。从一定意义上说，企业的管理与效益，决定着企业的生存和未来的发展。

（二）生态效益

生态效益是指自然界在生物种群之间的能量、物质转化效率以及维护生态环境稳定与平衡的过程中，其投入与产出的比较。或者说人们在生产中依据生态平衡规律，使自然界的生物系统对人类的生产、生活条件和环境条件产生的有益影响和有利效果。

生态效益与经济效益之间是相互制约、互为因果的关系。在某项社会实践中所产生的生态效益和经济效益可以是正值或负值。通常为了更多地获取经济效益，给生态环境带来不利的影响，此时经济效益是正值，而生态效益却是负值。如人们在社会生产活动中，从事某项生产建设项目时，由于只追求经济效益，以单纯的经济观点来衡量，没有遵循生态规律，不重视生态效益，其个别的、一时的经济效益可能很高，但往往存在着对生态资源的掠夺和破坏，如森林过伐、酷渔滥捕、陡坡开荒、草场超载放牧等，致使生态系统失去平衡，各种资源遭受破坏，给人类社会带来灾难，经济发展也受到阻碍。

生态效益的基础是生态平衡和生态系统的良性、高效循环。生态效益的好坏，涉及全局和长期的经济效益。在人类的生产、生活中，如果生态效益受到损害，整体的和长远的经济效益也难以得到保障。农业生产中讲究生态效益，就是要使农业生态系统各组成部分在物质与能量输出输入的数量上、结构功能上，经常处于相互适应、相互协调的平衡状态，使农业自然资源得到合理的开发、利用和保护，促进农业和农村经济的持续、稳定发展。追求农机经营的生态效益，就是使工程技术措施为农业生产中的自然资源——日光、空气、水、营养元素等的有效利用创造条件。

农机经营要根据生态环境保护和农业可持续发展的要求，大力发展环保节能、节本增效机械，推广应用秸秆还田综合利用、保护性耕作、旱作节水、精量播种、化肥深施等机械化技术，改善农业生态和农村人居环境，实现人与自然的和谐共生。

（三）社会效益

社会效益是指每个部门、每个单位，或某项工作、研究的成果等对发展社会生产力和改善人民的物质、文化生活所作的贡献，体现的效果，即给社会带来的利益。农机经营的社会效益则指农机企业的经营活动为社会和他人所带来的效益。

搞好农机经营的目的之一是促进农业机械化的全面发展。发展农业机械化，是建设现代农业的迫切需要，没有农业的机械化，就没有农业的现代化；发展农业机械化，是社会主义新农村建设的重要任务，是全面建设小康社会的有效途径，是促进国民经济发展的有生力量，是构建和谐社会的必然要求。农业机械化的进一步发展，将更有力地促进农业的不断增效、农村经济的发展，有利于缩小城乡、工农差距，促进人与人、人与社会和谐发展，也是农机经营的社会效益体现。

三、费用的识别与分类

1. 费用的识别 在进行经济效果评价时，是将经济活动中取得的效果与投入的劳动消耗进行比较，投入劳动的量可以用实物量表示，也可以用货币量表示。费用是指为做某件事所必须投入的经济资源量。但一般所需的经济资源多种多样，因为用实物量分析不便，所以，为分析方便，常用货币量表示。

2. 费用分类 费用识别就是分析和确定为实现某技术应用项目要投入哪些费用，会引起哪些经济损失，是分析、计算项目费用的基础。通常情况下，项目的费用主要有投资费用、生产费用、转移支付等。

(1) 投资费用。投资费用是指实现一个项目所需的全部资金。不同的项目其投资费用不同，而同一项目在不同地方的建设其投资也不尽相同。但一般投资费用包括以下内容：

①征地费、拆迁费以及拆迁补偿费。项目建设需占用土地，需要购买土地的费用支出；有些地面上还有一些需要拆迁的已有建筑设施等，则需拆迁直接费用和拆迁补偿费用等。

②建筑及配套设施费用。进行生产、项目发挥作用所必不可少的建筑物、配套设施，如建设厂房、道路、配电设施等建设所需的费用。

③设备投资。如各种机床、锅炉、专用运输设备等。该项投资主要由工艺技术确定，包括购置、安装、运输全部所需设备的费用。

④流动资金。厂房建好、设备安装试运转正常，并不意味着项目已经实现，还需要购置生产的原材料、能源、水、电等，需要生产工人、管理人员到位，这些也必须有相应的费用支出。这些使生产得以进行所必需的费用即流动资金，也称周转资金。流动资金随着生产过程的不断进行在改变着形态，并循环地流入、流出企业。

⑤技术费。主要包括购买专利费用、技术转让费用、技术咨询费以及技术培训费、服务费等。

⑥项目管理费。主要有可行性研究、论证费用、项目设计费用、项目施工管理费用、审批注册费用等。

⑦其他费用。在实际的运行中，一个项目所要花费的费用种类很多，有些是国家、地区规定的特别支出的费用，还有一些不规范的费用支出，具体的种类往往因项目、地域不同而有差异，需视具体情况而定。如环境保护费（排污费）、电力增容费、投资方向调节税等，有些项目有，有些没有，有些项目收的多，有的则少。

(2) 生产费用。指企业在一定时期内用于生产过程的全部费用开支，也称之为生产成本。生产费用包括各项直接支出和制造费用。直接支出包括直接材料（原材料、辅助材料、备品备件、燃料及动力等）、直接工资（生产人员的工资、补贴）、其他直接支出（如福利费）；制造费用则是指生产过程中使用的厂房、机器、车辆及设备等设施及机物料和辅料，以及为组织和管理生产所发生的各项费用。设备设施的耗用一部分是通过折旧方式计入成本，另一部分是通过维修、定额费用、机物料耗用和辅料耗用等方式计入成本。

(3) 转移支付。转移支付是政府或企业无偿地支付给个人或下级政府，以增加其收入和购买力的费用。是政府或企业的一种不以购买本年的商品和劳务而作的支付，是一种收入再分配的形式。转移支付包括政府的转移支付、企业的转移支付和政府间的转移支付。

①政府的转移支付。如失业补助、失业救济金、农产品价格补贴、社会保险福利津贴、抚恤金、养老金、公债利息以及各种补助费等。政府的转移支付大多数带有福利支出性质，等于把政府的财政收入又通过上述支付还给本人。因而也有人认为政府的转移支付是负税收。政府转移支付的作用是重新分配收入，即把收入的一部分由就业者转向失业者，从城市居民转向农民。

②企业的转移支付。通常是指企业对非赢利组织的赠款或捐款，以及非企业雇员的人身伤害赔偿等。由于它也不是直接用来购买当年的商品和劳务，因此，这种款项也被认为是转移支付。转移支付在客观上缩小了收入差距，对保持总需求水平稳定，减轻总需求摆动的幅度和强度，稳定社会经济有积极的作用。

③政府间的转移支付。一般是上一级政府对下级政府的补助。确定转移支付的数额，一般是根据一些社会经济指标，如人口、面积等，以及一些由政府承担的社会经济活动，如教育、治安等的统一单位开支标准计算的。政府间的转移支付主要是为了平衡各地区由于地理环境不同或经济发展水平不同而产生的政府收入的差距，以保证各地区的政府能够有效地按照国家统一的标准为社会提供服务。

四、费用、效益的计量

在进行经营效果评价时，需要将费用和效益放在一个共同可比的标准上进行衡量和评价，即需要把各种各样的实物或非实物的投入和产出转换成同一度量的形式——货币形式；否则，就不能对经营的费用和效果直接进行比较和各种运算。但在现实的经济活动中有各种各样的价格，甚至同一种物品在同一地区的价格也有不同。若采用不同的价格计量费用和效益，得出的结果也自然不同。那么，在进行分析评价时采用什么价格呢？这就是费用与效益的计量问题。

1. 市场价格、计划价格和现行价格　市场价格就是商品在买卖过程中，由买卖双方共同确定形成的价格。这里市场泛指商品流通、交换领域，通常包括商品买卖的场所、商品购买者或购买集团以及商品买卖双方的行为和活动。价格是商品与货币相交换时的货币数量，即商品价值的货币表现。商品的价格越高通常表明该商品对满足社会需求的贡献就越大，反之则越小。由于受供求关系、商品效用的主观判断等多种因素的影响，市场价格有时并不等于商品的价值，只有在所谓的完全市场条件下，市场价格才等于价值。

计划价格是指按照价值规律的要求及国家在一定时期的政治、经济任务和路线方针政策，考虑商品的供求关系状况由国家统一制定的商品价格。

现行价格，顾名思义，也就是报告期当年的实际价格，如工业品的出厂价格、农产品的收购价格、商品的零售价格等。由于市场不完善，在没有形成均衡价格体系的情况下，企业产品的销售价格各不相同，同一企业的同一产品卖给不同的客户其价格也有不同，这种企业实际得到的价格称之为现行价格。用当年价格计算的一些以货币表现的物量指标，如国内生产总值、工业总产值、农业总产值、农副产品收购总额和社会商品零售总额等，反映当年的实际情况，使国民经济指标互相衔接，便于考察社会经济效益，便于对生产、流通、分配、消费之间进行综合平衡。

2. 机会成本与影子价格　由于资源的有限性，在进行生产的过程中需要把有限的资源进行分配，在多种用途中作出选择。此时若把某种一定量的资源用于某种用途从而获得一定的收益时，就必须放弃这种资源用于其他方面可能产生的收益。例如，有一块地在一个季节内用来种玉米，就不能再种大豆、芝麻、蔬菜等，得到了玉米的收益就不得不放弃大豆、芝麻、蔬菜等的收益。这部分被迫放弃的收益就称之为选择种植生产玉米的机会成本。即机会成本就是利用一定的资源获得某种收入时所不得不放弃的另一种收入。

影子价格是项目经济评价的重要参数，它是指社会处于某种最优状态下，能够反映社会劳动消耗、资源稀缺程度和最终产品需求状况的价格。但目前对影子价格国内外有着不同的论述。国内一些项目分析类书籍中认为，影子价格是资源和产品在完全自由竞争市场中的供求均衡价格。国外有学者认为，影子价格是没有市场价格的商品或服务的推算价格。它代表着生产或消费某种商品的机会成本。商务印书馆出版的《新华词典》对影子价格的解释是：在资源最优配置下由生产要素的任何边际变化所引起的福利增加，即资源最优配置下使用资源的边际成本。

由于资源的有限性，不同的使用将会产生不同的收益。例如，一吨石油可以用来发电，能使国民收入增加 5 000 元，也可以用来作为化工原料，能使国民收入增加 7 000 元，则这一吨石油的影子价格为 7 000 元；再就是，这一吨石油可以一半用来作为化工原料，一半出口，共能使国民收入增加 8 000 元，则此一吨石油的影子价格就是 8 000 元。即影子价格并不是恒定的，而是随着经济条件的不同而变化的。

影子价格的确定没有一般的统一方法或过程，在确定影子价格时主观判断起一定作用。在社会主义市场经济条件下，价格放开不等于价格完全自由，最高价格不能超过生产价格和影子价格水平；否则，就是暴利行为。

第二节　经营效益评价原则与程序

影响企业经营效益的因素很多，要想合理全面地评价企业的经营效益、首先必须建立企业的经营效益评价原则，根据原则制定评价的程序。农机经营企业既具有一般企业经营的共性，又有自己独自的特点，因此，应依据农机自身的特点建立自己特有的评价原则和评价程序。

一、概述

（一）基本概念

评价泛指衡量人物、事物的作用或价值。企业经营效益评价，是在会计学和财务管理学的基础上，运用计量经济学的原理和现代分析技术而建立起来的一门剖析企业经营过程，真实反映企业现实状况，预测未来发展前景的科学，是考察企业经营活动的一种综合性的评价方法。即运用数理统计和运筹学原理、特定指标体系，对照统一的标准，按照一定的程序，通过定量定性对比分析，对企业一定经营期间的经营效益作出客观、公正和准确的综合判断。

经营效益评价是对企业占用、使用、管理与配置经济资源效果的评判，这种评判不仅使所有者可以决定企业下一步的发展战略，还可以根据评价结果进行有效决策，引导企业改善经营管理，促进经营的经济效益提高。经营效益评价以企业经营的实际数据和主要经营指标为依据，通过定量分析，对企业经营状况进行综合性考察，揭示企业经营活动中的主要问题，掌握企业经营现状和经营成果，并为企业改善经营管理制订经营战略提供科学依据。

（二）经营评价的主要作用

首先，可以及时地发现企业经营活动中存在的症结问题。企业经营活动的目的在于谋求企业经营目标、企业能力与外部环境之间的动态平衡。因此，经营管理既是一种严谨的科学，又是一门高超的艺术。若想在错综复杂的经营环境中合理地组织经营活动而不出任何问题，几乎是不可能的。经营效益分析的重要作用之一，就在于能够通过大量的定量分析、计算，及时拨开种种经营"迷雾"，发现企业经营活动的问题症结所在。

其次，可为科学制订改善经营管理的合理方案提供依据。提出经营症结问题只是经营效益分析的第一步，更重要的还在于制订出解决经营问题、改善经营管理的诊断方案。这种方案，不仅对企业经营现状作出了客观的评价，而且通过拟定若干经营标准，为改善现状提供了一整套具体实施步骤和方法。

第三，有助于准确地判断企业经营活动的发展趋势。经营是企业管理过程中的一种高层次的活动，经营效益评价不仅要把握现在，更重要的在于昭示未来。在经营效益分析的活动中，大量的定量化的科学结论和预测数据，可以令人信服地分析出企业经营活动的发展轨迹，从而使企业不断调整经营活动的方位，制订出充满开拓精神的经营战略。

（三）农机经营企业经营效益评价的特点

农机经营企业的主要任务是为农业机械化服务，农业机械化的经济效果与其他生产活动的经济效果不同，它本身具有相应的特点，必须考虑这些特点的要求，才能使评价科学合理。农机经营效益评价的特点主要是：

1. 效益评价范围的不确定性 首先，农业机械是一种生产手段，它不仅提高了劳动生产率和作业质量，且强化了农业生产力，缩短了工作时间，有助于抗灾保产、改善动植物的生产环境和保证农时。这些都是农机化的直接经济效果。但是农业机械还不能使其工作效果直接加入到动植物的生物学过程之中。因此，它对于农业产量的增加只能起到间接作用，这种间接作用可以强有力地保证生物化学措施充分发挥其功能。农业机械可以解放劳动力，这是它的直接经济效果，但解放出的劳动力如何投入到新的生产领域、获得多大的经济效益，已经超出农机化的功能范围，农机化只是为其提供条件，其经济效果属于农机化的间接效果。这一特点要求我们进行评价时应科学地区分，既不能笼统地将一切经济效果囊括为农机化所有，也不能片面地只计算直接经济效果，而不计算间接经济效果。

2. 效益评价效果的全局性 农业生产不同于工业生产，农业的工作期间与生产期间是不一致的，在农业生产年度中，有很大部分工作期间并不带来产量或收入，而农业机械的使用恰恰大多在这种不能立即带来产品和收入的工作期间进行。在这种期间使用农机的经济效果属于中间经济效果，而不反映最终经济效果。这一特点要求我们进行评价时，不应只看到农机化的中间经济效果，而忽视了农业的最终经济效果，必须立足于农业的最终经济效果来评价中间经济效果。

3. 效益评价形式的多样性、复杂性 农业生产过程中，经济再生产与自然再生产相互交织，具有地域性、季节性和不平衡性。这种生产条件决定了农业机械的使用必须适应特定的农作制度，适应农机使用的多样性与复杂性。这就要求在评价时，既要注意单项农机或单项农机作业的经济效果，又要注意综合经济效果。即将农机与农艺、单机与机器系统以及机器与人力资源等结合起来考虑进行综合评价。

二、经营效益评价原则

为了对农机经营效益进行正确合理的评价，在进行评价时应遵循以下原则。

1. 满足农业需要　农机经营的主业是为农业生产服务，为生物技术在农业上的全方位、高品位应用提供支持，满足现代农业对工程技术的全方位需求程度，是评价农机经营效益的重要标准之一。农机经营要把最大限度和不断增长地满足现代农业对工程技术的需要作为经营的首要原则。

2. 效益最佳　追求最佳经营效益是企业经营的主要目的，由于不同企业经营活动的内容、时间、空间差异，不同的评价者对效益主体的理解各异，使经营效益评价有不同的视角，在进行经营效益评价时应按照效益最佳化原则，正确处理好宏观经济和微观经济的关系、当前效益和长远效益的关系、直接经济效益和间接经济效益的关系以及经济效益和社会效益的关系，使评价更全面、科学。微观经济效益是宏观经济效益的具体体现，而宏观经济效益是微观经济效益得以实现的前提和条件。两者是相辅相成的，在评价经济效益时，不仅要从企业自身局部的范围考虑，更要从国民经济范围评价，做到宏观经济效益最优，微观经济效益合理。还要注意当前效益和长远效益的统一，特别注意农机经营企业服务农业生产的特性，农业机械化为合理利用和保护资源、保持生态环境的平衡提供支持，满足可持续发展的需要。

3. 一致性　是指评价所采取的基础数据、指标口径、评价方法、评价标准要前后一致，相互可比。要保证指标在满足需要上的可比、消耗费用上的可比、价格上的可比以及时间上的可比。

4. 系统性　企业经营评价受到经济、政治、市场、管理、环境生态等多因素的综合影响，评价系统是一个多因素多层次的复合系统，所以在评价中必须应用系统理论与方法。在评价时，充分考虑评价的主观性和客观性，定性分析和定量分析相结合，用系统思想确立评价的导向，用系统分析确立评价指标的内涵，用系统分析方法作为评价的基本方法。

5. 真实性　评价过程中必须确保评价基础数据和基础资料的真实、准确，并采取一定的方法进行核实，以保证评价的结果的真实可靠。

6. 独立性　即评价的具体实施中，评价人员要保持独立性，不能受外来因素影响，要独立自主地运用自己的知识和经验，客观、公正、公平地实施评价。

三、经营评价的程序

经营效益评价程序，是指从确定评价对象到完成整个评价的全过程。具体过程见图 8-1。

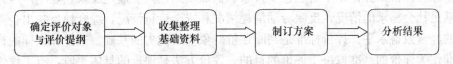

图 8-1　经营效益评价过程

1. 确定评价对象，拟订评价提纲　　评价对象的确定是开展评价的第一步，对象确定后，要根据对象确定评价提纲。评价提纲主要根据各个时期企业的中心工作和生产经营活动中出现的一些重大问题，制定出经营评价工作的总体计划，拟定出适合评价目标要求的评价提纲。主要内容包括评价的范围及主要问题、目的要求、完成时间、参与人员、所需资料、评价方式以及分工情况等。

2. 收集整理基础资料　　及时准确的经营管理信息是开展经营评价的前提条件。在进行企业经营评价时涉及的因素比较复杂，所需的资料是多方面的，有些是直接可以获得、直接使用的，有些获得后需要进行处理才能使用。在实际的工作中，要按照拟定好的评价提纲，根据评价的目的和要求进行收集和整理有关资料。通常需要以下几方面的资料：

（1）企业各项计划和定额方面的资料。包括劳动定额、物资消耗定额、各种费用定额、资金定额，以及有关产品产量、品种、质量、单位产品成本、可比产品成本降低率、利税等企业在一定时期内必须完成的指标等。

（2）企业各种核算资料。如会计、统计和业务核算资料等。这些资料反映了企业实际经营运作的状况和结果。会计核算的范围限于可用货币反映的活动，而对于那些不便于用货币反映的活动，如产品质量、机器设备的运转情况、职工的出勤情况等，则由统计核算和业务核算来反映。因此，将这几种核算有机结合起来，可更全面反映企业经营活动的情况。

（3）企业各项经济指标的历史资料。历史资料是企业以往生产经营活动状况的记录，具有一定的对比意义和研究价值。通过现状和历史的对比，便于考察各项经济指标在不同时期达到的水平，作为现实的借鉴。

（4）同行业国内外先进水平、平均水平的资料。将所评价企业的资料与国内外同行业先进水平比较，是确定评价结果优劣、寻找企业经营差距必不可少的。

3. 制订评价方案，开展具体评价工作　　评价方案的确定包括评价指标体系的建立、评价标准的确定和评价方法的采用。企业经营效益是一个综合性的经济概念，涉及经济、技术、管理和各项生产要素等诸多方面，要正确地评价企业的经营效益具有一定的复杂性。评价指标体系的建立和评价方法的采用是制订评价方案的核心。经营效益评价指标是对评价对象的某些方面进行评价，评价系统关心的是评价对象与其经营目标的相关方面，所以，一个企业经营效益综合评价指标体系不可能包罗万象、面面俱到，只能通过反映企业生产经营满足社会需求的情况，反映劳动消耗情况和资金运行情况，综合地反映出企业的经营效益水平。评价标准是判断评价对象业绩优劣的基础。选择什么样的标准作为评价的基准取决于评价的目的。评价方法是评价的具体手段，有了评价指标和标准，还要采用一定的评价方法将评价指标和标准运用到实际中，以得到公正的评价结果。采用什么方法要根据具体的情况而定，方法要科学合理、应用简便、评价结果贴近实际、准确可信。

4. 分析评价结果，给出评价结论 评价分析企业经营效果，其主要目的就是改善企业的经营，提高经济效益。通过对比分析，寻找差距，揭露矛盾，才能分清先进与落后、成绩与不足、节约与浪费等。从对比的差距入手，按其发生的时间、地点及直接原因研究这些结果形成的过程，将有关因素加以科学的分类，分析诸因素对问题的影响程度，抓住问题的关键所在，为解决问题提供依据。最后要根据分析的结果做出综合评价，给出评价结论，撰写评价总结报告。总结报告既要指出经营成绩，又要看到不利因素，指出经营活动中存在的主要问题，并提出可行的改进经营的措施，拟订建议和方案，促进企业经营效益的不断提高。

第三节 农机经营效益评价指标体系

经营评价作为现代企业经营管理工作中的重要手段，越来越受到企业管理者的重视。经营评价的内容也随经营概念的深入而更加广泛。经营效益表现在许多方面，为了全面准确地对企业的经营效果进行评价，必须借助于一个相互联系、相互补充的指标体系，才能评价其经营活动的全貌。制订经营效益指标体系，要有科学性和相对稳定性，指标应从当前计划、统计、财务和经营的实际情况出发，便于计算、应用和指导实践。

一、建立经营效益评价指标体系的原则

经营评价指标体系是联系评价者与评价对象的纽带，是联系评价方法与评

价对象的桥梁，只有科学合理的评价指标体系才可能得出科学公正的综合评价结论。所以，建立评价指标体系应遵循如下原则。

1. 以企业价值为导向原则　企业所有者的目标是企业价值的最大化，经营者是所有者利益的代理人，那么，所有者应将自己的这种目标要求传递给经营者，让经营者围绕既定的目标行事，促使经营者在实现企业价值最大化的基础上，实现各自的利益目标。企业价值的最大化应作为经营评价指标体系设定的唯一指标，如果企业有多个目标，将会导致经营者的努力在不同任务上的次优化分布，而产生企业价值的损失。

2. 系统性原则　与企业价值保持一致是建立经营效益评价体系的目标，但与企业价值具有相关性的指标可能有很多，而它们又可形成不同的组合，这样从既围绕企业价值又反映企业战略的指标中选取多少个用于考核经营者的业绩，也是在建立经营效益评价体系时必须考虑的一个问题。选取的评价指标应尽可能完整、系统地反映经营者的全部信息，同时还需要注意指标尽量精练，能够抓住主要因素，突出重点，不要面面俱到，以提高评价的效率。

3. 显现行业特点原则　选取的指标应具有代表性，能很好地反映经营者在某方面的特性，具有可比性。同时指标应具有明显的差异性，具有企业的个体特色。经营效益评价的目的是促使经营者按企业价值最大化行事，企业生存的环境是市场经济，这些因素使得经营者业绩评价的原理、方法体系、业绩指标有一定的共性。但每个企业在共性的背后，还有其独特的个性，这些会影响经营者经营效益指标的选择。一是经营效益评价指标的选择要符合企业所赖以生存的市场、法规、文化环境等因素的要求；二是经营效益评价指标的选择应具有行业特点。不同行业的技术、生产和销售特点各不相同，发展前景也各具特色，这些都可能对经营效益评价指标产生深刻的影响。

4. 可测性原则　选取的指标应符合客观实际水平，有稳定的数据来源，易于操作，同时要保证评价指标的变化规律性，有些受偶然因素影响而发生大起大落的指标不宜入选。

建立起来的评价指标体系应兼具行动上的可行性和价值取向上的实用性。前者表现为评价指标的可观察性和可计量性。后者表现为评价指标体系对企业经营决策的指导性。因为可以观察，所以可以记录并形成连续而全面的比较客观的资料；因为可以计量，所以可以比较精确地评价企业经营状况。通过对企业经营状况的结构分析以及动态的横向和纵向的比较，可以准确而及时地发现企业经营的优势和劣势，并帮助预见企业发展的机会、问题和挑战，为企业发展的短期、中期和长期决策提供相应的依据和对策建议。

5. 独立性原则　整个指标体系的构成应紧紧围绕评价的目的展开，层次分明，简明扼要；同时每个指标要内涵清晰、相对独立；同一层次的指标间应尽力不相互重叠，相互间不存在因果关系。

6. 科学性原则　经营效益评价指标体系的最佳状态就是在指标的价值一致性、计量的准确性、指标的可理解性、效益评价的成本等方面达到综合平衡。整个指标体系从元素构成到结构，从每一个指标的含义到计算方法，都应科学、准确。在具体的评价中，应注意定性分析与定量分析相结合，静态分析与动态分析相结合。

二、经营效益评价指标体系构成

企业经营活动是一个循环往复持续发展的运动过程，在变化过程中引起企业资产的增减、债权债务关系的变化、收益的形成及分配等经济活动。

企业经营效益评价指标体系的设置应能体现市场经济条件下现代企业生产经营的特点，同时充分利用企业财务、统计等资料准确地反映企业总体的经营状况，既要有企业经营成果和获利能力的指标，也要有反映企业偿债能力和拓展能力的指标；既要从生产要素的投入产出的对比关系上进行分析，也要考察企业经营规模、资产增值能力和投资者权益的变动状况；既要反映经济效益的高低，也要对社会效益、环境效益的影响有所体现。按照科学性、综合性、可比性、实用性的原则，农机经营效益评价的内容主要应有以下几类。

（一）收益性指标

收益性是指企业经营获取收益或盈利的能力。在商品经济条件下，企业的一切经营活动的净成果表现为利润额的多少，即利润是企业生产经营活动的最终成果扣除各种耗费以后的余额，因而它是企业经营经济效益考核的首要指标。收益性指标是衡量企业盈利能力及盈利水平和程度的经济数量尺度，也是一种综合反映企业财务成果的指标，具体主要有：

1. 总资产报酬率　是农机经营企业在一定时期内，税后净利润与资产总额的比率。反映企业净资产以及负债在内的全部资产的总体获利能力，是评价企业资产运营效益的重要指标。其计算公式是

$$AR = \frac{NP}{AG} \times 100\% \qquad (8-7)$$

式中：AR——总资产报酬率；

NP——净利润；

AG——资产总额。

在式（8-7）中，资产总额可以用期初与期末平均数，也可以用期末数。一般情况下企业可根据此指标与市场资本利率进行比较，若该指标大于市场资本利率，则表明经营者可以充分利用财务杠杆进行负债经营，获取尽可能多的收益。该指标越大，表明企业投入产出的水平越高。

2. 农机经营利润率 企业一定时期经营利润与经营收入额的比率。表明企业每单位经营收入能带来多少经营利润，反映企业主营业务的获利能力。计算公式是

$$FMP = \frac{MP}{FMN} \times 100\% \qquad (8-8)$$

式中：FMP——农机经营利润率；

MP——经营利润；

FMN——农机经营收入净额。

该指标体现农机企业经营活动最基本的获利能力，如没有足够高的经营利润率就无法形成农机经营企业的最终利润。因此，结合企业的经营收入和经营成本分析，能够充分反映出企业成本控制、费用管理、产品营销、经营策略等方面的不足和成绩。该指标高，表明企业产品定价科学、附加值高、营销策略得当，主营业务市场竞争力强，发展潜力大，获利水平高。

3. 成本费用利润率 一定时期内经营利润总额与经营成本费用总额的比率。它表示农机企业为取得利润而付出的代价，从农机企业支出方面补充评价的收益能力。其计算公式是

$$CPM = \frac{P}{CP} \times 100\% \qquad (8-9)$$

式中：CPM——成本费用利润率；

P——利润总额；

CP——成本费用总额。

该指标通过企业收益与支出直接比较，客观评价企业的获利能力。它从企业内部管理等方面对资本收益情况进行进一步修正，从耗费角度补充评价企业收益情况，有利于加强内部管理，节约支出，提高经济效益。该指标数值越高，表明企业为取得收益所付出的代价越小，企业成本费用控制得越好，获利能力越强。

4. 净资产收益率 指企业一定时期内的净利润与平均净资产的比率。其体现投资者投入企业的自有资本获取净收益的能力，是评价企业资本经营效益的核心。其计算公式是

$$NAP = \frac{NP}{ANA} \times 100\% \qquad (8-10)$$

式中：NAP——净资产收益率；
NP——净利润；
ANA——平均净资产。

式（8-10）中，净利润是指企业的税后利润，即利润总额扣除应缴所得税后的净额。平均净资产是企业年初所有者权益同年末所有者权益的平均数。它是评价企业自有资本及其积累获取报酬水平的最具综合性与代表性的指标，反映企业资本运营的综合效益。通过对该指标的综合对比分析，可以看出企业获利能力在同行业中所处的位置，以及与同类企业的差异水平。一般认为，企业净资产收益率越高，其自有资本获取收益的能力就越强，运营效益就越好，对于企业的投资人、债权人的保证程度就越高。

（二）生产性指标

生产性指标指企业的生产率，它是生产经营成果与投入的生产经营要素消耗的比值，表示投入到生产经营领域中的劳动、资金、设备、材料、信息等资源的有效利用程度。企业的盈利能力基础在于生产性，若没有生产效率的提高作为保证，盈利能力是不会稳定提高和具有持久性的。生产性指标主要有：

1. 农机作业产值 农机作业产值包括作业的收费及实物报酬的价值，以及农机作业的产品价值。其计算公式为

$$FJV = FMV + FJO \quad (8-11)$$
$$FMV = [UJV + (UJM \times UM)] \times J \quad (8-12)$$
$$FJO = JT \times FJP \times PV \quad (8-13)$$

式中：FJV——农业作业产值；
FMV——农机作业收费及实物报酬的价值；
FJO——农机作业的产品价值；
UJV——单位作业收费价格；
UJM——单位作业的实物报酬量；
UM——该实物单位；
J——作业量；
JT——作业时间；
FJP——农机作业生产率；
PV——该产品价值。

2. 劳动生产率 它是反映活劳动消耗与劳动成果之间比例关系的一项综合指标。反映企业水平和社会平均水平的情况。其计算公式是

$$LP = \frac{TVY}{LM} \qquad (8-14)$$

式中：LP——劳动生产率，元/人；

TVY——全年总产值（净产值）；

LM——投入的劳动者平均人数。

3. 经营费用收入率　表示单位经营费用带来的收入数。其计算公式是

$$MI = \frac{GI}{MG} \times 100\% \qquad (8-15)$$

式中：MI——经营费用收入率；

GI——收入总额；

MG——经营费用总额。

4. 资金产出率　反映经营者投入资金的使用效率。其计算公式是

$$CI = \frac{IGY}{CAG} \times 100\% \qquad (8-16)$$

式中：CI——资金收入率；

ICY——年收入总额；

CAG——年资金平均占用总额。

（三）流动性指标

流动性指企业资金运动的频率，主要评价企业经营过程中资金进出的速度及销售能力。企业投入生产经营过程的资金是否能够回收，回收的速度直接影响到企业经济运行的状况和经济效果。评价的指标主要有：

1. 应收账款周转率　反映企业应收账款的流动程度，是企业一定时期内赊销收入净额与平均应收账款余额的比率。其计算公式是

$$BTR = \frac{SCN}{BAB} \times 100\% \qquad (8-17)$$

式中：BTR——应收账款周转率；

SCN——赊销收入净额；

BAB——平均应收账款余额。

应收账款属于结算资金，其周转速度可说明应收账款变现速度和管理效率。回收迅速即可节约资金，也表明企业信用状况好，不易发生坏账损失。使用该指标，其目的在于促进企业通过合理制订赊账政策、严格销售合同管理、及时结算等途径，以加强企业应收账款的前后期管理。加快应收账款的回收活化企业营运资金。

2. 存货周转率　衡量企业销售能力和分析存货库存情况是否合理的指标。

其计算公式是

$$STR = \frac{SC}{SA} \times 100\% \qquad (8-18)$$

其中

$$SA = \frac{IS+FS}{2}$$

式中：STR——存货周转率；
SC——销货成本；
SA——平均存货；
IS——初期存货；
FS——期末存货。

该指标在反映存货周转速度、存货占用水平的同时，也反映企业的销售效率和存货使用效率。一般情况下，该指标越高，表明企业资产由于销售顺畅而具有较高的流动性，存货转换为现金越快，存货占用水平越低。存货周转率过低，则表明企业的库存管理不善，存货积压，资金沉淀，销售状况不好。

3. 流动资产周转率 反映企业全部流动资产利用率的综合性指标，是指一定时期内，企业销售收入净额与流动资产平均总额之比。其计算公式是

$$LAT = \frac{SI}{LAG} \times 100\% \qquad (8-19)$$

式中：LAT——流动资产周转率；
SI——销货收入；
LAG——流动资产平均总额。

流动资产平均总额指期初流动资产与期末流动资产的算术平均数。

流动资产周转率是将销售收入净额与企业资产中最具活力的流动资产相比较，既能反映企业一定时期流动资产的周转速度和使用效率，又能体现每单位流动资产实现价值补偿的高低和快慢。该指标值越高，表明流动资产周转越快，利用效果越好。在较高的周转速度下，流动资产相对节约，其意义相当于流动资产投入的扩大，从某种程度上增强了企业的盈利能力。若周转慢，则需要补充流动资金参与周转，降低企业的盈利能力。

(四) 安全性指标

安全性指标主要评价企业负债的安全性和短期负债的偿还能力。经营安全性越高，企业经营亏损的可能性就越小，收益能力就越稳定和持久。评价的指标主要有：

1. 资产负债率 该项指标用于衡量企业负债水平的高低情况，其计算公式是

$$CDR = \frac{DG}{CG} \times 100\% \qquad (8-20)$$

式中：CDR ——资产负债率；

DG ——负债总额；

CG ——资产总额。

资产负债率用以衡量债权人提供的资金占企业全部资产的比重，同时反映债权人发放贷款的安全程度，即检验债务人付款能力的大小。该指标对于企业的债权人、经营者和企业的股东来说，具有不同的意义。

从债权人的角度，最关心的是贷给企业的资金是否有安全保障。要求资产负债率越低越好，若此值过高，意味着债权人将承担较大的经营风险，可能蒙受损失。站在股东的角度，关心的是投资收益的高低，若企业负债所支付的利息率低于资产报酬率，就可利用举债经营获得更多的投资银行收益。而站在企业经营者的立场关心的主要是企业效益的高低，既要考虑企业的盈利，还要兼顾企业所承担的财务风险。

资产负债率不仅反映企业的长期财务状况，还反映企业管理者的进取精神。若企业不利用举债经营或负债的比率很小，表明企业比较保守，利用债权人资本进行经营活动的能力较差，对自己的前途信心不足。但是，负债也必须有一个合适的度，显然，负债率应小于100%，否则将出现"资不抵债"的状况，企业的财务风险将增大。

2. 流动比率 企业一定时期流动资产与流动负债的比率，反映企业短期付款或偿债能力。

企业的短期借款、应付及预收货款、应付票据、应付内部单位借款、应交税金、应付股利和其他应付款、应付短期债券、预提费用等构成企业的流动负债。企业的现金、各种存款、应收及预付款项、存货等形成企业的流动资产。流动负债与流动资产须保持一定的比例关系，这就是流动比率，即

$$LR = \frac{LA}{LD} \qquad (8-21)$$

式中：LR ——流动比率；

LA ——流动资产；

LD ——流动负债。

流动比率衡量企业资产流动性的大小，用其可以判断企业短期债务到期前，能转化为现金的流动资产用于偿还流动负债的能力。显然，流动比率至少应大于1，企业才能具有付款能力。流动比率高，表明企业短期负债能力强，流动资产流转的快。但过高则表明企业的资金利用效率低，对企业的生产经营

不利。一般而言，流动比率的高低应因企业的生产周期长短而异，生产周期较短的行业，流动比率可低些；生产周期长的企业，流动比率应相应提高。国际上公认的标准比率为2。

3. 速动比率 是指企业一定时期速动资产与流动负债的比率，用于衡量企业在某一时点上，运用随时可变现资产偿还到期债务的能力。其计算公式是

$$AF = \frac{AA}{LD} \tag{8-22}$$

式中：AF——速动比率；

AA——速动资产；

LD——流动负债。

在流动资产中，货币及结算资金（如各种存款、现金、应收及预付款项）与存货相比，流动性极大，兑现快，因此称之为速度资产。

速动比率是流动比率的补充，但速动比率表示的企业短期付款能力比流动比率更为明确。若速动比率过低，即使流动比率高，其短期付款能力也是低的；反之，若流动比率稍低，速动比率高，那么，短期付款能力也不会有问题。速动比率一般保持在1的水平较好，表明企业具有良好的债务偿还能力，又有合理的流动资产结构。

4. 长期资产适合率 是企业所有者权益与长期负债之和同固定资产与长期投资之和的比率。该指标从企业资源配置结构的角度反映企业的偿债能力。其计算公式是

$$LAF = \frac{OS + LD}{IC + LI} \times 100\% \tag{8-23}$$

式中：LAF——长期资产适合率；

OS——所有者权益；

LD——长期负债；

IC——固定资产；

LI——长期投资。

该指标在充分反映企业偿债能力的同时，也反映了企业资金使用的合理性。从维护企业财务结构的稳定性和安全性出发，该指标值高一些较好，但过高也会带来融资成本增加的问题。理论上认为长期资产适合率大于或等于100%较好。

（五）成长性指标

成长性是指企业生产经营规模在原有基础上不断增长和扩大的能力，用以

评价企业发展的潜力和发展趋势。一个经营良好的企业，不仅应有较高的收益、良好的偿债能力，还应有良好的发展前途。成长性评价的主要指标有：

1. 产值增长率 反映一定时期企业增加值也即附加值的增长速度，说明企业的生产规模变化情况。其计算公式是

$$VGR = \frac{VG}{VPY} \times 100\% \qquad (8-24)$$

式中：VGR——产值增长率；

VG——本年度产值增长额；

VPY——上年产值额。

产值的增加表明企业经营规模的扩大、生产和经营能力的提升。但不能盲目追求产值的增加，应注意分析使产值增加的要素，产值的增加与实力的增加一致。

2. 资产增长率 反映一定时期企业拥有的各种资产的增值情况，评价企业经营规模数量上的扩张程度。其计算公式是

$$CGR = \frac{TVG}{VB} \times 100\% \qquad (8-25)$$

式中：CGR——资产增长率；

TVG——本年总资产增长额；

VB——年初资产总额。

该指标从企业资产总量扩张方面衡量企业的发展能力，表明企业规模增长水平对企业发展后劲的影响。其值越高，企业在经营周期内的资产经营规模扩张的速度越高。

3. 资本保值增值率 反映企业所有者权益在一定时期内的变动水平，体现企业资本的保值增值情况，是评价企业发展潜力的重要指标。其计算公式是

$$CHI = \frac{FOG}{IOG} \times 100\% \qquad (8-26)$$

式中：CHI——资本保值增值率；

FOG——期末所有者权益总额；

IOG——期初所有者权益总额。

该指标能反映企业所有者权益的增长情况，展示企业发展的潜力，是企业扩大再生产的源泉。资本保值增值率等于100%，表明资本保值，大于100%表明增值。指标值越高，表明企业的资本积累越多，企业资本保全性越强，应付风险、持续发展的能力越强。

4. 销售收入增长率 是衡量企业经营状况和市场占有能力、预测企业经营业务拓展趋势的重要标志，作为评价企业成长情况和发展能力的重要指标。

其计算公式是

$$SIGR = \frac{SIG}{SIGP} \times 100\% \qquad (8-27)$$

式中：$SIGR$——销售收入增长率；
　　　SIG——本年销售收入增长额；
　　　$SIGP$——上年销售收入总额。

该指标大于零，表示销售收入增长，指标值越高，表明增长越快，企业的市场前景越好；若小于零，则说明企业的产品销售出现问题，市场份额在减小。

(六) 社会效益指标

该指标反映农机经营对社会效益的影响程度、对自然资源的有效利用情况以及对自然环境的有效保护等，主要有：

1. 社会贡献率 作为衡量企业运用全部资产为国家或社会创造或支付价值的能力。即为社会做出的贡献大小。其计算公式是

$$SCR = \frac{BCG}{ACG} \times 100\% \qquad (8-28)$$

式中：SCR——社会贡献率；
　　　BCG——企业社会贡献总额；
　　　ACG——平均资产总额。

企业的社会贡献总额，即企业为国家或社会创造或支出价值的总额，包括工资（含奖金、津贴等工资性收入）、失业保险、劳动保险、退休统筹及其他社会福利支出、利息支出净额、应缴增值税、应缴产品销售税金及附加、应缴所得税、其他税收、净利润等。

2. 单位净产值综合能耗 反映农机生产经营中能源的消耗水平，是指企业在统计报告期内的企业综合能耗与期内创造的净产值（价值量）总量的比值。其计算公式是

$$ENV = \frac{ECR}{NVR} \qquad (8-29)$$

式中：ENV——单位净资产综合能耗；
　　　ECR——报告期内综合能耗数；
　　　NVR——期内创造的净资产。

3. 单位产品生产耗水量 其计算公式是

$$PWC = \frac{WC}{QP} \qquad (8-30)$$

式中：PWC——单位产品生产耗水量；
WC——年生产耗水量；
QP——产品生产量。

4. 环境影响指标 用环境质量系数评价，其计算公式是

$$EN = \sum_{i=1}^{n} \frac{Q_i}{Q_{io}} / n \qquad (8-31)$$

式中：EN——环境质量指数；
n——排出的污染环境的有害物质种类，如废水、废气、废渣、噪声等；
Q_i——第 i 种有害物质的排放量；
Q_{io}——国家规定的第 i 种有害物质的最大允许排放量。

该指标体现生产经营活动对环境影响的后果，进而促进生产经营对环境污染的重视。

评价指标体系的设立除了上述介绍的几个方面之外，还应根据具体的要求和对不同问题的研究侧重点不同而设计相关指标。在实际的评价中，可以从中选择若干项作为评价体系，也可以从不同的项目中选择若干项组合成新的体系而开展分析评价。

第四节 经营效益的评价方法

经营效益评价的方法很多，用不同的评价方法将会得出不同方面的评价结果，为了能更准确地应用这些评价方法，首先必须要了解这些评价方法。

一、因素评价法

(一) 比较分析法

比较分析法是根据辩证唯物论中事物相互联系的原理，运用两个有联系的经营指标比较经营的效益。它是一种通过对同类的评价指标进行对比，分析经济现象间的联系和差异，研究差异产生的原因和影响程度，寻找改进措施的管理方法。在对企业进行生产经营过程及结果进行比较分析时，通常的做法是，将实际水平与计划水平进行比较，以考察计划的完成情况；将报告期水平与基期水平进行比较，以了解发展变化趋势及变化程度；将本企业现有水平与同行业平均水平或先进水平进行比较，以确立本企业所达到水平的高低；将生产要素利用程度进行比较，以反映企业的经营能力等。

比较分析法具体可以分为两类：差额比较分析法和相对比较分析法。差额比较法是通过将两个指标相减，根据计算出的差额大小以及正值或负值对评价对象进行评价。一般用来比较的指标为比率指标时，采用差额比较法进行对比；相对比较分析法是通过两个指标相除，根据计算出的计划完成程度相对指标（实际水平/计划水平）、比较相对程度（本企业水平数/同行业平均水平数）、动态相对指标（报告期水平/基期水平）对评价对象进行评价。

运用对比分析法时，要注意对比指标的比较内容、计量单位、计量方法和时间期限等方面的可比性。

（二）比率分析法

比率分析法是以两个相互有联系的指标的比率进行比较，即通过将相关的两种指标数值加以相对比较，求得比率相对数，然后据此对各种经营现象加以分析评价。

采用这种方法，可以把某些不同条件下的不可比指标变为可比指标，通过原指标计算出新指标，获得新认识，使之具有可比性。如，对不同规模的企业之间的利润水平进行比较时，先分别计算出各企业的资金指标与利润指标的比率，即资金利润率、资金周转率等指标，然后进行对比。

该方法常用于对企业财务状况的经营成果的分析评价，具体就是将企业同报告期财务报表中的各相关指标数据进行相对比较，计算出一系列相对比较指标，从而揭示各项目之间的相互关系，并据此揭示、分析和评价企业本期的经营成果和期末财务状况，发现企业经营过程中存在的问题，以便为今后的经营决策提供依据。

比率分析法是以事物的相互联系为基础的，要求用作计算比率的两个指标必须具有某种联系，如因果关系、部分与整体关系等。若指标之间不相关，则不能计算比率。

（三）因素分析法

经营结果与影响经营的因素有着极为密切的关系，因素分析法就是对构成某一复杂现象的各个影响因素分别进行分析，从而测定每个影响因素对该复杂现象的影响方向和影响程度。其基本步骤是：

①明确经营效益的差距，并将其作为分析的对象。

②找出产生差距的因素，并按其影响程度排列顺序。

③用评价法或排列图法确定重要因素。

④对每个主要因素应进一步找出第二、第三层次的原因。

⑤针对所找出的原因制定改善措施。

在实际进行复杂现象的影响因素分析时,根据影响因素在数量上的联系,可以概括为两类。

第一类:现象的总量等于各个影响因素的数量之和,如

$$PMC = DCM + DCA + ME \quad (8-32)$$

式中:PMC——产品生产成本;

DCM——直接材料费用;

DCA——直接人工费用;

ME——制造费用。

第二类:现象的总量等于各个影响因素的数量之积,如

$$DCM = PO \times RMC \times RMP \quad (8-33)$$

式中:DCM——直接材料费用;

PO——产品产量;

RMC——单位产品原材料消耗量;

RMP——单位原材料价格。

上述两类现象的因素分析方法是不同的,下面举例说明。

1. 现象的总量等于各个影响因素的数量之和 表 8-1 所示为某企业的一种产品某年的实际单位成本与计划单位成本资料,现进行产品的各个成本项目对单位产品成本的影响分析。

表 8-1 某一产品的成本项目以及对单位产品成本的影响分析

产品的成本项目	计划成本 (元) ①	实际成本 (元) ②	实际比计划 增减数(元) ③=②-①	实际比计划 增减率(%) ④=③/①	各项目对单位成本的 影响程度(%) ⑤=③/391
材料费用	285	267	-18	-6.32	-4.60
人工费用	60	61	+1	+1.67	+0.26
制造费用	46	52	+6	+13.04	+1.53
单位成本合计	391	380	-11	-2.81	-2.81

这是一个现象的总量等于各个影响因素的数量之和的关系,即复杂现象为单位产品成本,依据的经济关系是

$$PC = PME + PLC + PMF \quad (8-34)$$

式中:PC——单位产品成本;

PME——单位产品的材料费用;

PLC——单位产品的人工费用；

PMF——单位产品的制造费用。

其分析方法是：

第一步，计算每个成本项目的实际数与计划数的差额（表中第4列）。这些差额分别代表每一成本项目对单位成本的绝对影响额；

第二步，分别将每个成本项目的差额与单位产品的计划成本进行相对比较（表中第5列）。其结果就表明各个成本项目对单位产品成本影响的方向和程度；

第三步，计算各成本项目对计划总成本的影响程度，对影响因素分析排序。

结果表明实际单位成本比计划成本降低了2.81%，从绝对额讲，支出减少了11元。各个成本项目对此变化所引起的影响分别为：材料费用的变化使其减少了6.32%，少支出18元；人工费用的变化使其增加了1.67%，多支出1元；制造费用的变化使其增加了13.04%，多支出了6元。可见制造费用的变动率最大，材料费用变动的绝对额最多。三种因素的变化综合形成了单位成本的实际变动，其材料费用的变动对单位成本的影响最大，对降低成本的贡献最大；制造费用的影响次之，且制造费用的增加抵消了材料费用的减少。要继续降低成本，应分析造成制造成本上升的原因，在降低制造成本上采取措施。

2. 现象的总量等于各个影响因素的数量之积　对此类复杂现象的因素分析主要是借助于指数体系进行。指数是指相对数，它既可以用实际数除以计划数求得，也可以用报告期数值除以基期数值求得。前者反映计划完成的情况，后者反映现象的发展变化程度。

指数体系是指若干指数由于数量上的联系而形成的整体。其表达式是

$$PMEC = PMUN \times PCN \qquad (8-35)$$

式中：$PMEC$——单位产品原材料费用成本；

$PMUN$——单位产品原材料消耗量指数；

PCN——单位原材料价格指数。

上述关系表明：单位产品的原材料费用变化取决于原材料消耗量和原材料价格的变动。由此，可以在原材料费用发生变化时，分别分析原材料消耗量、原材料单价变动对它的影响方向和影响程度。下面举例说明这种分析方法的应用。

假设前例中单位产品原材料费用成本项目的有关具体内容如表8-2所示。

第八章 经营效益分析与评价

表8-2 某一产品的单位产品成本中原材料费用项目情况

材料名称	计划数			实际数			假定的总费用 $P_0 \times W_f$ (元)
	耗用量 W_0 (kg)	单价 P_0 (元/kg)	总费用 $P_0 \times W_0$ (元)	耗用量 W_f (kg)	单价 P_f (元/kg)	总费用 $P_f \times W_f$ (元)	
A材料	180.0	1.00	180.00	165.0	1.03	169.95	165.00
B材料	60.0	1.30	78.00	62.5	1.20	75.00	81.25
C材料	13.5	2.00	27.00	11.0	2.00	22.00	22.00
合计			285.00			266.95	268.25

单位产品原材料费用项目的变化可用原材料费用指数表示（MFI）

$$MFI = \frac{\sum P_f W_f}{\sum P_0 W_0} = \frac{266.95}{285} = 93.67\%$$

$$\sum P_f W_f - \sum P_0 W_0 = 266.95 - 285 = -18.05(元)$$

即单位产品的原材料费用实际比计划降低6.33%，绝对额减少18.05元。

下面分析各种原材料耗用量、单价变动对总的原材料费用变动的影响。在进行分析时，通常是在假定一个因素可变，其他因素不变的前提下，逐个地替换因素，并加以计算。具体分析如下：

原材料消耗变动对材料费用的影响（原材料消耗量指数MCI）。

$$MCI = \frac{\sum P_0 W_f}{\sum P_0 W_0} = \frac{268.25}{285} = 94.12\%$$

$$\sum P_0 W_f - \sum P_0 W_0 = 268.25 - 285 = -16.75(元)$$

这里，是将原材料价格因素固定为计划数 P_0 进行分析。结果表明A、B、C三种材料消耗的变动，使实际的材料费用降低了5.88%。从绝对数看，原材料费用减少了16.75元。

原材料价格变动对材料费用的影响（原材料价格指数MPI）

$$MPI = \frac{\sum P_f W_f}{\sum P_0 W_f} = \frac{266.95}{268.25} = 99.52\%$$

$$\sum P_f W_f - \sum P_0 W_f = 266.95 - 268.25 = -1.30(元)$$

这里，是将原材料消耗量因素固定为实际数 W_f 进行分析。结果表明A、B、C三种材料价格的变动，使实际的材料费用降低了0.48%。从绝对数看，原材料费用减少了1.3元。

从结果可见，材料消耗的变化是影响材料费用的首要因素，而材料价格的影响较小。反过来讲，要继续降低产品成本，应注意在降低材料价格上挖潜。

因素分析法是一种寻求影响经营效益因素的有效方法。但在实际运用时应注意：所选择的因素必须是和该经济指标有直接联系的因素，同时注意各因素的相互依存关系。还必须认识到分析是在假定一个因素变动时，其他因素保持不变的情况下进行的，具有一定的主观性，应结合实际情况做具体的分析。

二、综合评价法

(一) 动态分析法

动态分析法是对经营状况或经营过程在时间上的发展与变化进行的评价。它要借助于评价指标和经济数学模型来认识其发展变化的过程和规律性。传统的常用动态指标有：发展水平、增长量、发展速度、增长速度、平均发展速度和平均增长速度等。

动态法常用的具体方法之一是动态指数法。即采用百分制计分，以得分的高低来反映企业经营效益的高低。首先对选定的经营指标按其重要程度确定标准分值（其分值总和为100分），再将各项指标的报告期水平和基期水平进行对比，计算出对比结果，根据对比数值按标准计分，然后将各项指标的得分相加，即是报告期该企业综合经营效益的动态指数值。该方法是从动态角度来评价企业经营效益的一种综合评价方法。具体方法是：

第一步，选取指标体系中有关经济指标的项目作为综合评价指标。

第二步，确定各项指标的计分标准。

第三步，对指标进行计算、比较和定级，分为若干档次记分。各项指标均将报告期累计完成数与上年同期进行比较，并将比较结果分为若干档次记分。例如，实行三档计分，可将比较结果分为改善、持平和退步三档。与结果分级对应，递增速度超过一定值（该值视具体情况而定，可以同行业评价发展速度为准）视为改善，递减速度超过一定值的视为退步，增减速度等于或小于一定值的视为持平，每项指标改善的计满分，持平的计标准值的中间分，退步的计0分。

第四步，评价。以总分的高低来综合评价企业经营效益状况，得分越高，企业经营状况越好。

这种评价方法的优点是：只要有了各项经济效益指标的经常统计，掌握了基期和报告期的指标数值，就可以很容易地进行计算和评分，并可以基本上反映出一个企业的综合经营效益提高或降低的变化趋势。

这种评价方法的缺点是：由于它是一个动态指数，在地区企业之间只能比较提高和进步情况，而不能比较静态经营效益水平的高低，因此必然会出现"鞭打快牛"的不合理现象。因为，基础水平高的企业，增长速度不一定很高，而增长较大的企业，经营效益水平不一定就高。

动态指标的运用，必须注意观察和划分经营发展的不同阶段，同时注意指标中的平均数指标，它虽然可以作为代表值说明问题，但它抵消了经营状况的实际波动，而无视波浪式起伏的事实。

（二）综合指数法

这种方法是将各项经济效益指标报告期的实际数值与该项指标的统一标准基数（全国的、同省市的、同地区的平均水平或平均先进水平）进行对比，计算出对比结果，同时，根据各项指标的作用和重要程度确定权数，然后计算出它们的加权平均数，作为评价企业经营效益的综合指数。

具体方法、步骤是：

第一步，确定评价指标体系。所选定的指标必须是数值越大表示经济效益越好的正指标。如果入选的是数值越小表示经济效益越好的逆指标，则应加以说明，并在计算对比数时作相反的处理，即把分母改为分子，把分子改为分母。

第二步，确定统一的评价标准值。把全国同省、市或地区的某年各项经营效益指标的实际平均值或平均先进水平作为评价标准值，从而使各企业之间具有可比性。

第三步，确定各项指标的重要程度权数。由权威部门召集有关单位和专家进行共同研究，确定一个符合实际情况且多方公认的重要程度权数，在一定时期内统一使用。各项经济指标权数之和一般应等于 100。

第四步，计算各项指标的对比系数。对于数值越大越好的正向指标，将该项指标报告期的实际数值除以该项指标的标准值，得出对比系数值。对于数值越小越好的负向指标，将该项指标的标准值除以该项指标报告期的实际数值，得出对比系数值。如果各项指标的权数之和为 1 或 100%，则将各项指标的对比系数乘以该项指标的权数，加总后就得出了某个企业的经营效益评价指标的综合指数。如果各项指标的权数之和不等于 1 或 100%，则仍按计算各项指标对比系数的加权平均数，作为企业经营效益评价指标的综合指数。其计算公式为

$$k = \frac{\frac{a_{11}}{a_{10}} \times f_1 + \frac{a_{21}}{a_{20}} \times f_2 + \cdots + \frac{a_{n1}}{a_{n0}} \times f_n}{f_1 + f_2 + \cdots + f_n} = \frac{\sum_{i=1}^{n} \frac{a_{i1}}{a_{i0}} \times f_i}{\sum_{i=1}^{n} f_i}$$

(8-36)

式中：k——经营效益综合指数；

a_{i1}——第 i 项指标报告期实际数值；

a_{i0}——第 i 项指标的标准值；

f_i——第 i 项指标的权数。

经营效益综合指数可以大于 100%，指数值越大，表明企业经营效益越好。

这个方法的特点是：综合指数反映的是企业经营效益高低的实际水平，而不是企业经营效益增长幅度大小的水平。这有利于企业之间进行合理公正的横向对比。同时，由于采用了统一的标准值作为计算依据，因此评价过程更具有可比性和公正性。采用这种方法进行的企业经营效益综合评价，有利于引导企业着力于提高整体经营效益，而不是片面追求发展速度。

（三）模糊综合评判法

在企业经营指标体系中，由于各指标的影响因素程度、重要度不同，以及有些指标可以通过统计方法获得，而有些指标则难以直接得到，只能采用专家评价法。对于这样的评价问题，运用模糊综合评判法可以较好的解决。模糊综合评判法是以模糊数学为基础，应用模糊关系合成的原理，将一些边界不清、不易定量的因素定量化，从多个因素对评价事物隶属等级状况进行综合评价的一种方法。

运用模糊综合评判法对企业经营效益评价的基本步骤是：

1. 确定评价因素集及对应权重向量 建立评价指标体系，设 x_1, x_2, $\cdots$, x_m 表示评价对象的 m 个评价指标，则评价对象的评价因素集为

$$U = \{x_1, x_2, \cdots, x_m\}$$

确定每个评价指标的对应权重系数 $W = (w_1, w_2, \cdots, w_n)$，即每个单因素（指标）在评价指标体系中所起的作用大小和相对重要程度的度量。通过有目的地分配和调整各因素（指标）的权数，可以表现出评价者在把握企业经营状况评价指标体系上的倾向性和灵活性。一般采用层次分析法（AHP）确定各因素的权重。

2. 建立评判集 设 $V = \{v_1, v_2, \cdots, v_n\}$ 为刻画每一因素所处状态的 n 种状态，即指标的评判等级及相应的评判标准。确定评判等级及标准是进行评判的度量的基础，也是定性评判与定量评判结合的桥梁。评判等级通常可分为 4~6 级，评判标准的含义随评判等级的划分而相应得到确定。如取 $V = \{$很合理，较合理，一般，较不合理，很不合理$\}$ 几个等级，这里 $n=5$。

此外，还可以根据需要确定对应评语的参数向量 $C = (c_1, c_2, \cdots, c_n)^T$。

该得分可以根据评价级别的需要灵活确定。

3. 构建模糊评判关系矩阵　确定单因素评价隶属度向量，进行单因素评判。对单个因素 u_i 的评判得到 V 上的模糊集 $R_j = \{r_{i1}, r_{i2}, \cdots, r_{im}\}$，它是从 U 到 V 的一个模糊映射，其中 r_{ij}（$0 \leqslant r_{ij} \leqslant 1$, $i = 1, 2, \cdots, n$; $j = 1, 2, \cdots, m$）表示从因素 u_i 考虑该事物能被评为 v_j 的隶属度。模糊映射确定的模糊关系

$$R = (r_{ij})_{mn} = \begin{bmatrix} r_{11} & r_{12} & \cdots & r_{1n} \\ r_{21} & r_{22} & \cdots & r_{2n} \\ & & \vdots & \\ r_{m1} & r_{m2} & \cdots & r_{mn} \end{bmatrix} \quad (i = 1, 2, \cdots, m; j = 1, 2, \cdots, n)$$

称为模糊关系评判矩阵。

4. 进行模糊综合评判　由 $B = WR$ 可得综合评判向量。从 B 中可以看出某个评价对象对评判尺度的综合隶属度。且还可以得到综合评价值 $A = BC$，从而能够根据实数 A 的大小对多个评价对象进行排序。即采用最大隶属度原则确定企业经营状况所属的等级。

下面举例说明模糊综合评判法的应用。

现组成一个 10 人的专家小组，采用模糊综合评判法对一个农机企业的经营状况进行评价。其评价步骤是：

第一步，确定评价指标及评价等级。这里仅选用前述指标体系中的一级指标作为评价因素集 $U = \{x_1, x_2, \cdots, x_m\}$。即收益性指标（$x_1$）、生产性指标（$x_1$）、流动性指标（$x_3$）、安全性指标（$x_4$）、成长性指标（$x_5$）和社会性指标（$x_6$），共六大项。

第二步，确定每个评价指标的对应权重。根据上述六类指标对经营状况影响的程度分析，考虑到企业经营的效益和对社会的贡献，以及企业的后续发展，专家组讨论后最后确定，设六类指标的权重依次为：收益性指标 0.3、生产性指标 0.2、流动性指标 0.1、安全性指标 0.1、成长性指标 0.15 和社会性指标 0.15。即权重系数

$$W = (0.3, 0.2, 0.1, 0.1, 0.15, 0.15)$$

第三步，建立评判集。这里将每个指标划分为四个等级，即

$$V = (很好, 好, 一般, 差)$$

第四步，构造评判对象的隶属度矩阵。专家组对各项指标的相关资料进行了计算分析，经充分讨论后，就评价对象在指定的评价指标下应归属于哪个等级进行了投票，结果见表 8-3。表中评价等级栏下的数据是得票数。

表 8-3 专家评价表

评价指标 u_i	权重 w_i	评价等级 v_i			
		很好	好	一般	差
收益性	0.3	3	4	3	0
生产性	0.2	2	5	3	0
流动性	0.1	1	4	3	2
安全性	0.1	1	3	4	2
成长性	0.15	2	4	3	1
社会性	0.15	2	3	3	2

则企业经营状况的隶属度矩阵为 R。它是一个 6 行 4 列矩阵，用得票数/总人数表示其元素 r_{ij}。

由表 8-3 可得隶属度矩阵为

$$R = \begin{bmatrix} 0.3 & 0.4 & 0.3 & 0 \\ 0.2 & 0.5 & 0.3 & 0 \\ 0.1 & 0.4 & 0.3 & 0.2 \\ 0.1 & 0.3 & 0.4 & 0.2 \\ 0.2 & 0.4 & 0.3 & 0.1 \\ 0.2 & 0.3 & 0.3 & 0.2 \end{bmatrix}$$

第五步，计算评价对象的综合模糊评定向量，进行模糊综合评判。

综合模糊评定向量是表示评价对象关于各个评价指标的隶属的加权平均数（即综合隶属度）的向量，记为 B，即

$$B = WR \qquad (8-37)$$

$$B = (0.3 \quad 0.2 \quad 0.1 \quad 0.1 \quad 0.15 \quad 0.15) \begin{bmatrix} 0.3 & 0.4 & 0.3 & 0 \\ 0.2 & 0.5 & 0.3 & 0 \\ 0.1 & 0.4 & 0.3 & 0.2 \\ 0.1 & 0.3 & 0.4 & 0.2 \\ 0.2 & 0.4 & 0.3 & 0.1 \\ 0.2 & 0.3 & 0.3 & 0.2 \end{bmatrix}$$

该农机企业的综合评判结果为

$$B = (0.21 \quad 0.395 \quad 0.31 \quad 0.085)$$

即该企业在评语 $V = \{$很好，好，一般，差$\}$ 上的隶属度分别为 (0.21, 0.395, 0.31, 0.085)。按照隶属度最大原则，可以得到该农机企业的经营处于"好"的状况。

如果将评价指标划分的四个等级｛很好，好，一般，差｝赋以一定的分值，即参数向量，还可以求出评价对象的综合得分数。在对多个评价对象进行评价时，利用综合得分，可以将评价对象进行排队，得到更为完善的评判。

例如，将 $V=$ ｛很好，好，一般，差｝的等级赋值为：很好＝0.9，好＝0.7，一般＝0.5，差＝0.3，即参数向量 $C=$ (0.9, 0.7, 0.5, 0.3)。

则该企业的评价综合得分为：

$$A = BCT \qquad (8-38)$$
$$= 0.9 \times 0.21 + 0.7 \times 0.395 + 0.5 \times 0.31 + 0.3 \times 0.085$$
$$= 0.646$$

若有多个企业参与评判，则根据综合得分的多少，可依次排列顺序。得分多者经营效益好，得分少者效益差。

第九章
农业机械化项目可行性研究

项目可行性研究是在投资决策前，对项目有关的社会、经济和技术等各方面情况进行深入细致的调查研究；对各种可能拟定的项目方案和技术方案进行认真的技术经济分析与比较论证；并对项目建成后的经济效益进行科学的预测和评价。在此基础上，综合研究、论证项目的技术先进性、适用性、可靠性，经济合理性、有利性、可能性和可行性。由此确定该项目是否投资和如何投资，或是就此终止不投资，还是继续投资使之进入项目开发建设的下一阶段等结论性意见，为项目决策部门对项目投资的最终决策提供科学依据和作为开展下一步工作的基础。

第一节 概 述

项目通常指在特定的时间内和特定地区，运用各种资源以获得预期效益的全部投资活动。农业机械化项目通常指农机部门为促进农业和农村经济发展，提高农业机械化水平所进行的有组织、有目的、有计划的投资活动。如农业机械化基建项目、农业机械化科学研究项目、农业机械化新技术推广项目等。

一、农业机械化项目分类

由于各种项目的性质、内容不同，为了有目的、有针对性地对项目进行管理，可从不同的角度对项目进行分类，就农业机械化项目而言，通常可按以下几个方面对项目分类。

（一）按项目投资性质

1. 基本建设项目 指农机部门为增强服务能力、提高服务水平而进行的固定资产新建和扩建活动。基本建设主要指土建工程、设备购置和设备安装，但也包括项目前期的勘测与设计、土地争购、拆迁补偿、职工培训、施工管理等。具体包括：

(1) **新建项目**。包括新建行政、事业、企业单位，以及上述单位新建的经济服务实体，如新建农机局、农机推广站、农机化学校、农机服务站、农机工程开发公司、农机修配厂、农机加油站等。

(2) **增建和扩建项目**。如某农机制修厂增建生产车间、新增生产线项目，某农机服务站新增挖掘机等，以及行政事业单位增建业务用房、职工宿舍等项目。

(3) **整体性迁建项目**。如农机化学校的迁建，农机制修厂的迁建等。

(4) **恢复性项目**。遭受各种自然灾害毁坏严重，整个企、事业单位需要重新建设的项目。

2. 技术改造项目 指农机部门为提高服务水平和服务质量，促进产品升级换代或降低能源及原材料消耗，加强资金综合利用，防治环境污染，提高经济和社会效益，对原有生产设施进行的以内涵为主的扩大再生产。如对现有企事业单位原有车间、生产工艺、工程设施和技术装备进行的技术改造、设备及建筑物更新，为扩大生产能力而进行的单纯的设备更新；为提高运输、装卸能力对原有的交通运输设施（包括运输工具、库房、道路、码头等）而进行的更新改造工程；为了节约能源和原材料，治理"三废"污染或综合利用原材料而对现有企事业单位进行的技术改造工程；为了防止职业病和人身事故，对现有建筑和技术装备采取的劳动保护措施；对现有水、电、热、通讯、道路系统而进行的改造；现有企事业单位由于环境保护和安全生产的需要而进行的迁建工程等。

3. 农业综合开发项目 指农机部门以农业机械化为手段，以提高农业生产能力为目的而进行的中低产田改造、荒地开垦、滩涂开发、农田基本建设工程、优质高效农林牧渔产品的机械化开发和加工等活动。农业综合开发项目，一般列入农业的基本建设项目中。

4. 科研和技术推广项目 指农机部门就某项农机化新技术、新机具所组织的科研或普及应用活动。其中科研活动一般列入科委的科研项目，而科技成果的普及应用，则根据资金来源作为推广项目单列、基本建设或技术改造项目。

5. 其他项目 指以上不能包括的其他农机化项目，如就某项农机化专题而进行的调研活动等。

(二) 按项目用途

1. 生产性项目 指直接用于物质生产或为满足物质生产需要而建设的项

目。包括：

（1）工业建设项目。如农机修造企业生产车间、办公室、实验室、仓库、生产用锅炉、锅炉房等建筑物的建设，生产用设备的购置及安装，生产用器具、工具、仪器的购置。

（2）农、林、水建设项目。如农、林、牧、渔场，农机作业队、农机服务站等农业生产用办公室、修理间、仓库、水利工程、池塘、码头、农副产品加工用房的建筑，农业机械、工具、器具、仪器的购置以及中低产田改造、荒山荒地开垦、滩涂开发、农机工程开发、农副产品机械化开发等开发项目。

（3）流通建设项目。指商业流通企业的营业用房、仓储设施、运输设施、铁路、公路、机场、桥梁、码头建设，车辆、船舶、飞机购置，通讯器材购置等。

2. 非生产性性项目　包括：住宅及附属建设；文教卫生建设，如农业机械化学校等；科学研究机构建设，如农机鉴定站、农技推广站等；生活设施建设，如公用水、电、暖管道、招待所等；行政机关的建设等。

（三）按项目建设性质

1. 新建项目　指从无到有"平地起家"开始建设的行政和企事业单位或独立工程。现有行政和企事业单位一般不属于新建项目。但有的单位原有规模很小，经过建设后其新增加的固定资产价值超过原固定资产三倍以上，也应作为新建项目。

2. 扩建项目　指在原单位内或其他地点，为扩大原有生产能力或服务水平而增建生产车间、分厂、独立的生产线等方面的项目。行政、事业单位在原单位增建业务用房（如农机化学校增建教学楼、图书馆等）也可作为扩建。

3. 改建项目　指对原有设施进行技术改造或更新（包括相应配套的辅助性生产、生活福利设施），而没有增建生产车间、分厂或生产线的项目。现有企事业单位为适应市场变化而改变主要产品种类，或原有产品生产作业线因各工序之间能力不平衡，为填平补齐发挥原有生产能力而增建的车间，也应作为改建项目。

4. 单纯建造生活设施　指在不扩建、改建生产性工程和业务用房的情况下，单纯建造职工住宅、托儿所、学校、食堂等生活福利设施的项目。

5. 迁建项目　指为改变生产力布局或城市环境保护和安全生产的需要等原因，而搬迁到另地建设的行政和企事业单位。在搬迁另地的建设过程中，不论是维持原规模还是扩大规模，都为迁建。

6. 恢复项目　因自然灾害、战争等原因，使原有固定资产全部或部分报废，以后又投资恢复建设的项目。不论是按原规模恢复，还是在恢复的同时又扩建的，都为恢复项目。尚未建成投产或未使用的项目，因自然灾害或人为因素而损坏重建的，仍按原建设性质划分。

7. 单纯购置项目 指单纯购置不需安装的设备、工具、器具，并不进行工程建设的项目。

另外，按建设项目的规模，可分为大中型基本建设项目、小型基本建设项目和更新改造限额项目；按项目单位，可分为基础性项目（如农林水利设施、交通、通讯、能源、城市公共设施等）和公益性项目（如科学、教育、文化、卫生、体育、环保等事业）。

二、农机化项目管理

（一）项目周期及阶段

项目周期是指从项目策划到项目完成并投入生产或运行为止的项目活动的全过程。由于项目性质、技术经济要求、自然资源条件、环境因素各不相同，项目周期又划分为不同的阶段。农业机械化项目一般将项目周期划分为项目策划、项目准备、项目评估、项目实施和项目评价验收五个阶段。

1. 项目选择与立项阶段 这一阶段的主要任务是通过对市场的调查、预测，提出投资项目的目标，筛选并确定投资项目。

2. 项目准备阶段 主要是收集、整理项目技术分析、经济分析、社会分析等方面的资料，并进行项目可行性研究。

3. 项目评估阶段 通过派出专门技术人员，对项目进行评估和审查，提出评估报告，做出能否对该项目投资的决策。

4. 项目实施阶段 这一阶段包括从项目投入到项目竣工验收为止所延续的时间。在这个阶段除实施建设内容外，还包括项目主建单位对项目承建单位的检查，项目主管部门对项目实施部门的监督。

5. 项目评价阶段 该阶段指对已完成的项目进行事后验收或评价。通过生产实践检验该项目是否达到设计要求、项目的实施效果和管理水平，并从该项目的成功与失败中积累项目的管理经验，提高项目管理水平，为下一周期服务。

（二）项目管理程序及特点

1. 项目管理程序 项目的管理程序是把项目周期落实具体化、制度化，成为项目执行过程中必须遵循的原则，不可任意变换、更改。一般投资项目的管理程序如图9-1所示。

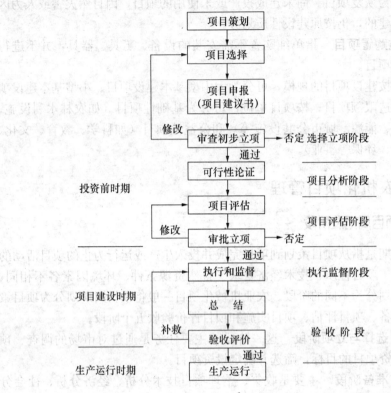

图9-1 项目管理程序

从管理程序来看，虽然各国各种项目的具体程序有所差别，但都非常重视投资前期的活动。其中，有些内容初看起来似乎有些重复，例如项目选择、可行性论证、项目的评估，实际上它们是从不同深度和角度来对项目进行分析的，这种多层次论证是为项目决策从各方面提供科学论据。联合国工业发展组织编写的一本小册子明确指出："一项工业活动的最后成败，就主要取决于投资前勘察和分析是否适当。无论项目实施和经营得多好，如果投资前的根据不足，要对该项目进行技术和经济上的矫正是十分困难的。"同时还指出，"在投资前期，项目的质量和可靠性比时间因素更为重要。"所以对项目投资的前期活动要认真对待，不能怕麻烦、怕费时间、怕花钱，不能以感情代替科学，不能凭主观意志办事。

2. 项目管理程序的特点

（1）有联系、有制约。项目管理的五个阶段是相互衔接密切相关的。只有在前阶段完成后才能进入下一阶段。前一阶段是后一阶段工作的基础，往往又是工作对象。例如，不进行可行性研究，项目的评估就无基础，而项目评估的对象又是可行性研究的结果。相互制约则表现为程序不能任意逾越、转换、变更项目周期的阶段等。

(2) 步步深入、不断发展。项目周期的五个阶段是一个步步深入、不断发展的过程。后续程序比前面工作更深入、成熟、完善。一个项目开始时的准备工作总是比较简单，多为面上工作。例如，项目选择是项目的开始，这时主要是搜集资料和利用已有的经验，无需作仔细和深入的推敲，比较简单。而项目的分析（可行性研究），则是在项目选定后广泛收集大量的资料，多方面对项目进行深入仔细的分析，研究的深度、广度、难度都大大超过前者，工作的结果也较完善。

(3) 范围广、学科多、问题复杂。项目的管理涉及的范围广，包括社会、经济、技术、资源等各方面，需要运用多种学科的知识来解决问题。工作本身有创新性，相同的或可借鉴的经验较少，工作中未知因素又不确定，需要借鉴过去的经验、综合的科学技术知识，创造性地加以解决。

(4) 周期性。项目管理的周期性不仅是指项目都按照一定发展阶段形成的周期，还包含在完成一个项目的最后阶段，又产生对新项目的设想，进而为选定新项目奠定基础。

第二节 项目的选择与立项

一、项目的来源及选择

(一) 项目的来源

项目管理周期的第一阶段是选择和立项。其目的是寻找各种可行的农业机械化项目，以促进农业机械化事业的发展。项目的建设可来自许多途径，最常见的有以下几个方面。

1. 各级政府部门 政府机构是经济建设的具体组织者和协调者。他们在制订国家或地方的经济、科学发展规划时掌握较全面的信息资料，有时可以根据国家经济发展的需要和地区的特点提出一些具体的项目。这些项目由于与政府有关联，权威性大，选中的可能性也就大。目前，我国很多农业机械化示范工程项目都是由政府提出来的，如农业节本增效工程、粮食自给工程、农业机械化综合示范县等。

2. 有关技术和经济专家 技术和经济专家由于掌握了较多的专门知识，他们对事物发展的动向和国内外信息掌握较多，其中一些人往往具体参加地区规划的制订，所以，他们能根据自己的分析和判断，对农业机械化的发展提出许多设想，供各部门参考，一些可形成项目。

3. 现有规划　很多省市都有自己的农业机械化发展规划和具体目标，而这些规划已选定了重点和优先发展与推广的农业机械化技术，如我国南方一些省市将水稻生产机械化列为农业机械化的重点和难点，因此，可围绕水稻生产机械化提出很多项目。

4. 调查　通过调查可以了解某个地区的市场需求情况及农民对农业机械化方面的要求。如农民最迫切在什么作业上实现机械化，农民希望购买和使用什么类型的机器等。根据这类调查资料，也可以提出有关的农业机械化项目。

（二）项目选择的原则

选择项目是整个项目管理工作的基础，是项目活动的起点。项目选择的恰当与否，不但直接影响项目能否通过审查而立项，而且作为示范工程项目，其建设的成败和运行的优劣对本地区农业机械化事业的发展也会产生影响。因此，项目管理部门和项目实施单位必须积极组织项目，做好项目选择和立项前的各项准备工作，主要包括市场调查和预测、可行性研究、项目评估和项目申报等工作。为提高项目的成功率，在选择项目过程中，应遵循以下原则。

1. 符合农业机械化发展规划　农业机械化发展规划是农业机械化发展的根本大计，是加快农机化发展的重要保证，因此，在选择农机示范项目时不但应符合当地的农业机械化发展规划，而且也要与上一级的农业机械化发展规划相衔接，使项目为实现规划服务，保证农业机械化事业的持续、健康发展。

2. 符合国家和地方政府的有关政策　国家和地方往往对一些农业机械化技术的发展和推广有一些倾向性的意见，以引导农业机械化事业的发展，而且往往对一些农业机械化技术也有考虑，如项目符合上述要求，则被立项的可能性就会大些。

3. 结合本地区的实际情况　农业机械化的发展牵涉诸多因素，因此各地应根据自身的实际情况，在选择农业机械化示范项目时，应注意发挥本地优势，扬长避短，搞出自己的特色，以求投资取得好的回报。

4. 要符合市场经济的基本规律　进行农业机械化示范项目建设，其目的是推动农业机械化事业的发展，虽然项目要投资，但要考虑所示范的技术、机具能否在市场经济规律下推广，不然的话，这样的示范是无意义的。

5. 以现有技术和前期工作为基础　项目的建设必须要有一定的工作基础，如在已有较多农业机械化高产示范村、示范乡（镇）的基础上，申请进行农业机械化综合示范县建设等。

二、项目的申报与立项

(一) 项目申报

经分析研究后确定的备选项目,要正式办理规定的申请手续。在项目管理程序中,该文件统称为申请表,有时也称为项目建议书,一般包括如下内容:

(1) 项目背景。项目的由来及背景,申报的理由及意义。

(2) 项目地区概况。项目地区的地理位置、社会、经济、文化及自然条件的简述。

(3) 项目目标和内容。要求达到的目标,项目实施的内容。如地点、规模、关键技术、设备情况、完成时间及计划进度等。

(4) 项目投资概算及资金筹措方案。投资总额及分项资金、资金来源(拨款、自筹或配套等各占比例)、资金分期估算。

(5) 效益估算及风险分析。经济效益、社会效益、敏感性分析。

(6) 贷款偿还办法。偿还的日期、份额、贷款的偿还方式。

(7) 项目的组织、管理与协调。

(二) 项目报送程序

对于编制好的项目申请表或建议书,要按一定的程序报送审定机关,但申报不同的项目,其报送程序有所不同,一般报送程序为:

(1) 固定资产投资项目与技术改造项目。根据投资规模的大小,按规定分别报送各级计委、经委审定。需上一级计委或经委审定的,同时报上一级农机计划部门。

(2) 农业综合开发项目。上报当地农业综合开发办公室,由其会同有关业务主管部门(包括农机部门)评估立项,然后分别上报,逐级衔接,最后由省农业综合开发办公室会同有关业务主管部门审定。

(3) 粮食自给工程项目。上报当地财政部门,由财政部门会同有关业务主管部门(包括农机部门)平衡后逐级上报,最后由省财政部门会同有关业务主管部门审定。

(4) 新技术、新机具推广项目、财政支农项目。上报当地财政部门审定。需省财政扶持的,由农机财务部门逐级上报,省农机局平衡后报省财政厅审定。

(5) 农机服务体系建设项目。由农机财务部门逐级上报,省农机局汇总平衡后报省财政厅审定。

(6) 丰收计划项目。上报当地丰收计划办公室汇总平衡,然后分别逐级上报，省丰收计划办公室初选后，由各省农机局报农业部审定。

第三节　农机项目评估与管理

一、农机项目评估及作用

项目评估是对经过可行性研究的拟建项目的技术选择、经济要素等方面进行行政的评审，是投资者及主管部门对项目的可行性研究进行检查和评价，并对项目可行性做出最后结论。项目评估工作虽然不属于项目建设单位的工作范畴，但作为项目建设单位，也有必要了解评估工作的内容和程序，以便更好地配合评估单位做好项目评估工作。

（一）项目评估的基本原则

项目评估是一项非常重要的工作，因此，必须运用科学的方法，实事求是地进行评估，并遵循以下原则：

1. 遵循社会主义基本经济规律，严格执行国家经济建设的方针政策　我国的一切经济建设活动都要受社会主义基本经济规律支配，社会主义生产建设的目的在于满足人民不断增长的物质和文化生活的需要。因此，项目评估必须结合我国国情，严格按国家的方针政策办事。

2. 讲究综合经济效益　进行项目评估时，必须注意使项目的直接效益与间接效益、近期效益与远期效益、经济效益与社会效益、企业的微观效益与国家的宏观效益相结合。当微观效益与国家的宏观效益发生矛盾时，微观效益要服从宏观效益。

3. 坚持方案优化和多方案优选　进行项目评估时，必须注意每一方案的经济效益水平，从所有方案的对比分析中，选出经济效益、社会效益和生态效益均好的方案。

4. 注意配套项目同步建成　主体项目和配套项目可以不同时开工，但必须同时建成，同时投产。实践证明，只有实现有关项目同时建成，同时投入生产，才能充分实现其生产力，增加生产，尽快收回投资，提高投资的经济效益。

5. 坚持实事求是　进行项目评估时，一定要深入进行调查研究，掌握真实情况，采用科学方法，客观进行评价。

（二）项目评估的作用

项目评估的作用是投资决策科学化的体现，它在固定资产投资领域发挥着重要作用。具体来说主要有以下几个方面：

1. 项目评估是项目取得资金来源的依据　管理固定资产的专业银行为了确保资金的投向，掌握项目管理的主动权和追求自身的经济效益，未经评估的项目，银行不予贷款。因此，不经评估的项目不能确保资金来源。

2. 项目评估是投资银行参与项目投资决策的基础　由于投资银行在项目评估中掌握了拟建项目各方面的基本资料和数据，对项目的经济效益和风险程度做到心中有数，因而在参与项目投资决策时有发言权、干预权，有可能避免或减少项目投资决策的失误或风险。

3. 项目评估是投资银行管理项目的重要环节　通过项目评估，投资银行不但可以掌握拟建项目规划研究时期的重要资料数据，如项目提出的依据，确定项目规模和产品方案的依据、市场预测资料、项目工艺技术、主要设备选型和主要技术经济指标、原材料和燃料供应以及能源等情况，而且还可以了解项目投产使用时期的一些重要预测数据，如项目的盈利水平、贷款偿还能力和投资回收期等。这些数据和资料都是投资银行管理贷款项目所必需的重要依据。

4. 项目评估可使项目的微观效益和宏观效益达到统一　在评估项目时既进行财务评价，又进行国民经济评价，并且在判别标准上，要求两者都具有较好的经济效益，否则项目就不能通过，这自然就使项目的宏观效益和微观效益得到了统一。

5. 项目评估是实施项目管理的基础　项目评估完成以后，便会形成一套关于该项目的系统的档案资料，它是对项目实施管理的基础和依据。在项目实施过程中，管理人员可把项目实际发生的情况与评估时所掌握的资料进行对比分析，及时发现设计施工、项目进展、资金使用、物资供应等方面的问题，以便于采取措施，保证项目的顺利建成。

（三）项目评估与可行性研究关系

项目评估与可行性研究既有联系，又存在着区别。可行性研究，研究的是项目在技术上和经济上的可行性；而项目评估是提供资金的政府部门、主管单位及银行等金融机构对可行性研究进行的检查和评价，是评估者从长远和客观的角度，对可行性研究的准确度进行的分析与判断，对项目可行与否做出的最后结论。所以，项目评估是在可行性研究的基础上进行的，评估的对象是可行性报告。

1. 项目评估与可行性研究之间的联系

①项目评估与可行性研究都属于项目建设的前期工作，即项目决策前的工作。

②二者理论基础、内容和要求上基本一致。

③二者互为因果关系，有了项目的可行性研究才有项目的评估；不经项目评估工作，可行性研究也不能最后成立。因此，可以说项目评估是可行性研究的延伸和再研究，二者互相补充和引证。

2. 项目评估和可行性研究之间的区别

①可行性研究基本上属于项目论证工作，而项目评估属于项目决策阶段的工作。

②可行性研究一般由设计单位和工程经济咨询部门进行，项目评估则由政府机关、项目主管部门、贷款银行、金融机构或由上述部门委托的咨询评估机构进行。

③可行性研究一般以项目技术的先进性和建议条件方面的论证为侧重点，而项目评估通常以项目的经济效益和偿还能力为重点。

④可行性研究通常是从宏观到微观逐步深入的，而项目评估则是将微观问题拿到宏观中去权衡。因此，与可行性研究相比，项目评估处于更高级的层次或阶段。同时，评估的目的在于决策，所以项目评估比可行性更具有权威性。

⑤可行性研究是项目投资决策的依据，而项目评估不仅是项目决策的依据，更是银行参与决策和决定贷款与否的依据。因此，两者不能相互代替。

二、项目评估程序

进行项目评估的一般程序是：组建项目评估小组；制订项目评估工作计划，包括明确评估目的、内容，列出所需资料目录及制订进度计划等；调查研究、收集资料，对可行性研究报告进行审查分析；最后撰写评估报告，如图9-2表示。

1. 组建项目评估小组 组织有关专家组成项目评估小组，小组成员中应包括工程技术人员、经济分析人员、市场分析人员等，指定小组负责人，并明确成员分工。小组负责人全面负责项目评估工作的正常进行；工程技术人员负责项目建设条件分析、技术设计分析以及与工程建设及安装有关内容的评估；经济分析人员负责项目建设的必要性分析、市场分析、投资估算、财务分析、经济分析的评估。

2. 制订项目评估工作计划

（1）明确评估目的。即根据项目的性质和特点，提出通过评估需解决什么问题，达到什么目的。

第九章 农业机械化项目可行性研究

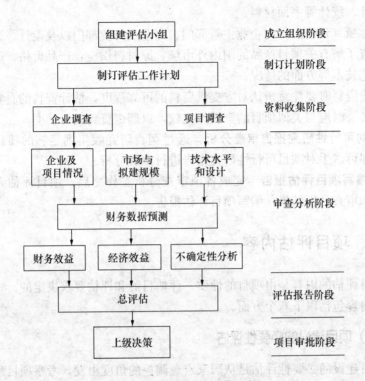

图9-2 项目评估工作程序

（2）明确评估内容。指为了满足评估要求，达到评估目的，必须明确评估的具体内容，以及为此需通过的途径，采用的资料，需进行的调查研究工作等。

（3）列出评估所需资料目录。包括市场预测所需资料、投资估算所需资料、工艺与技术分析所需资料、财务与经济效益评价所需数据资料，确定调查地点、部门和人员分工等。

（4）制订评估时间进度。即根据评估的时间要求、调查评估的具体内容以及范围，制订各个步骤、各项工作的时间进度以及完成编写项目评估报告的时间。

3. 调查研究收集资料 根据项目评估的内容和要求，通过企业调查和项目调查，收集所需资料。据此可以对项目可行性研究报告中的基本数据、资料等进行查证核实，并作进一步的分析研究，同时注意收集和补充必要的数据、资料、有关文件和技术经济基本参数，作为项目评估的基础资料。

（1）企业调查。即对承担该项目的企业进行调查。调查内容包括历史情况、生产规模、生产经营情况、财务情况以及存在的问题等。要求企业提供近期的会计、统计等书面材料。

（2）项目调查。即向企业主管部门、商业及外贸部门以及设计、咨询单位等，调查了解有关项目产品的国内外市场、原材料供应、产品价格、产品成本以及工艺技术等方面的情况。

收集资料时要注意辨认对方提供资料的可靠程度，估计资料的真实性和正确性，必要时应与类似项目的资料作比较，以确定资料的可信度。

4. 对可行性研究报告审查分析 通过调查研究收集到足够的项目评估资料后，即可着手对项目可行性研究报告进行审查分析。

5. 编写项目评估报告 完成各项审查分析工作之后，项目评估人员要根据调查和审查分析结果，编写项目评估报告。

三、项目评估内容

项目评估的内容是由项目的性质、评估目的和评估要求决定的。一般项目评估的内容包括以下八个方面。

（一）项目建设的必要性评估

项目建设的必要性评估是从国家宏观调控的角度出发，考察项目建设在社会经济发展中的作用和对衡量项目建设的必要性。评估的内容包括：

①分析项目建设是否符合国家产业政策和产业结构调整，是否适应国家总体经济布局和地区经济结构的需要。

②考察该项目产品的国际、国内市场需求状况，对其发展趋势进行调查和科学预测，从而做出定量分析和判断。

市场是影响项目效益的关键环节，产品价值得失需要良好的市场为依托，因此，市场调研与预测成为项目评估的一项重要内容，市场调研与预测的具体内容包括：①调查分析产品的消费对象和产品的消费条件；②调查产品的社会需求量、拥有量和市场销售动态；③分析企业的生产规模和产品的更新周期；④调查产品的价格和当地工资水平；⑤分析产品出口的可能性。

（二）项目生产和建设条件评估

项目生产和建设条件评估主要是考察分析项目生产建设环境是否具备基本的建设条件和生产条件，具体评估内容有：

①考察项目的选址是否合理，包括工程地址、水文地址以及地形、气象等自然条件是否适宜，是否符合总体规划的要求。

②分析能源、动力、交通运输是否有可靠的保障，经济是否合理。

③考察生产及建设所需原材料及数量是否落实，是否有可靠的来源及供应协议，并分析其对生产规模的影响。

④考察相关配套项目是否同步建设，零配件供应是否落实。

⑤分析产品方案和资源的利用是否合理，并注意资源优势的利用和技术进步的相互关系。

⑥环境保护和生态平衡是否有环保部门批准认可的方案。

⑦基础设施条件，如生活福利、文化体育、商业网点、公共交通也应有统一规划和合理布局。

(三) 项目技术评估

项目技术评估是关系项目投入产出的一个关键环节，主要是针对项目经济和技术等诸多具体问题进行评审。技术评估的目的是对技术方案进行审定，以确定它的工艺技术和设备的先进性及适用性，确保选择最佳方案。因此，技术评估需要对建设项目中的种种技术因素进行审查和论证。具体评估内容有：

（1）技术设备的先进性。新建项目所采用的工艺技术和设备应具备一定的先进程度，在符合国家技术发展政策和技术装备政策的前提下，应比现有的装备有所提高和进步。

（2）技术设备的经济合理性。在评估项目的工艺和技术设备时，不能片面追求先进程度，应该考虑生产率、经济性、实用性和性价比，还应考虑最大限度地提供就业机会。

（3）技术设备的适用性。分析产品的技术方案是否符合国情，在考虑技术方案的先进性时，还要考虑管理水平是否具有消化吸收能力，讲适用性的目的在于量力而行，注重实效。

（4）技术设备的安全可靠性。一项先进技术和先进设备从实验到应用于生产，要经过反复的实验，并通过严格的工业鉴定，才能进行推广。

（5）技术设备的协调一致性。项目在采用先进技术和设备时，还应考虑是否与相关配套的技术标准协调一致。如果从不同国家引进那些生产同类产品的生产线，造成标准各异，将不利于零配件供应的社会化协作，并难以形成产品的标准化、系列化和通用化，更难以达到集中生产、创造规模效益。

引进先进的技术和设备，要更多地考虑国内的配套能力和消化吸收能力，切忌盲目引进和重复引进。为了节省资金，还应注重选择最佳引进方式，如采用补偿贸易、技贸结合、设备租赁、合资经营、合作生产等方式。

(四) 项目的财务分析及经济效益评估

财务分析及经济效益评估中,不仅要考虑项目的微观效益,还要考虑项目的宏观效益,同时还要分析项目建成投产后是否具有偿还本息的能力,这是关系项目生存能力的一个重要方面。财务及经济效益评估是根据预测的数据,计算评价企业经济效益的各项指标,包括投资利润率、借款偿还期、收益净现值、内部收益率等主要指标的计算分析,按国家现行财税制度,从财务角度分析计算项目效益、费用,考察项目的获利能力、借款偿还能力以及外汇效果,以判别项目建设本身的财务的可行性。同时还要考虑项目的财务管理能力,筹资计划等,直接关系着项目的经济效益和社会效益。因此,财务分析需要按动态和静态效益指标相结合的方法,对财务的各方面进行详细的审查。

财务和经济效益评估的主要内容有:

(1) 财务获利能力。分析评估项目的获利能力,需要从两方面考察:一是所有投入资源的财务报酬率,考察项目所能承受的利率水平(筹资前);二是借款者自有资金的报酬率(筹资后)。同时还要考察项目因受产品价格、财务收支折现率、投资人物、自然灾害等影响的承受能力等。

(2) 筹资计划。项目筹资来源一般有政府投资、自筹资金、利用外资、银行贷款、股票债券筹资等。评估筹资计划不但要着重审查项目是否有足够的资金来源,而且还应审查来源是否正当,是否符合国家的资金投向和金融政策,项目借款者制定的筹资计划是否适宜,银行贷款比重是否适宜。在审查筹资计划时要特别注意落实借款者的自有资金,包括所占比重、支付形式和计划安排、落实情况。要认真对项目的自筹能力进行调查核实,弄清自筹资金来源及分年自筹计划是否可行。

(3) 贷款清偿能力。贷款偿还期的长短,反映项目的大小和经济效益的高低,也是判别银行决策能否贷款的主要依据之一。测算贷款偿还期的关键是正确分析寿命期内贷款资金利息和偿还的资金来源。在审查分析贷款清偿能力时,要对项目的偿还期、宽限期限、每年偿还额度的合理可行性进行重新审查。同时,还要考察借贷者的信用观念及信誉情况。

(4) 财务管理能力。分析评估项目申请者的财务管理能力,是落实项目的重要一环。主要考察借款者的财务机构、财务制度是否健全,财务管理能力及人员素质是否能适应项目的执行。

(五) 项目的组织管理评估

项目的组织管理是搞好项目的重要保证,组织管理的好坏直接关系到项目的成败。因此，项目评估必须十分重视对项目组织管理的检查。项目组织管理评估主要考察以下内容：

（1）分析项目单位的组织机构是否健全、合理，能否适应项目的实施，项目单位的性质与隶属关系，以及项目单位的历史沿革等情况。

（2）对项目单位的领导班子，尤其是企业主管人员的情况进行考察，看人员配备是否齐全，分析他们的管理能力、经验、业务工作水平和经营作风是否适应项目的管理需要。同时，还要分析他们的个体素质和群体素质。

（3）考察项目单位的各种规章制度以及生产责任制的落实情况，分析预测各种上交、提留、承包指标和措施是否合理。项目单位的核算方式、分配方法是否符合国家的有关政策和合理程度。

（4）考察分析项目单位的劳动力来源和劳动力的文化、技术素质以及生产、管理技能，考察劳动力能否适应本项目所采用的技术方式。

（5）考察项目单位的人员培训计划、培训师资及设施是否落实。

（6）考察项目单位的技术力量、技术人员构成以及项目单位的技术基础是否适应项目发展的需要。

（六）项目建设的国民经济评估

项目的国民经济评估是从国民经济全局的总体利益出发，全面分析和综合评估项目对国民经济和社会产生的综合效益，这是国家项目投资的重要依据，也是项目评估的一项重要内容。项目建设国民经济评估的主要内容有：

（1）分析项目的国民经济效果。考察投资新增国民收入的净增值和新增国民收入率；投资回收期和投资利润率；国民经济收入现值；创汇率和净外汇收益现值。

（2）分析项目的社会效果。包括就业效果指标、分配效果指标、外汇效果指标、产品的国际竞争能力指标。

（3）分析项目的非量化社会效果。包括间接性、辅助性社会效益。主要分析项目的基础结构设施影响、技术拓展影响及对环境的影响。

（七）项目不确定性评估

项目不确定性评估是项目评估的组成部分，它以研究分析各种不确定因素对项目的财务效益和国民经济效益的影响为内容。由于财务效益评估和国民经济效益评估、测算的各种数据，都是假定未来各项指标数值不变的情况下进行的，但是情况总是在不断地变化，任何估算和预测都很难与实际一致，这种差异可能带来风险。因此，观察和分析不确定因素对项目的影响就非常必要。

项目不确定性评估的主要内容有盈亏平衡分析、敏感性分析、可能性的直觉判断分析、风险分析和决策分析。

(八) 项目总评估

项目总评估是项目评估的最后一个内容，它在汇总以上各个方面评估结果的基础上，通过最后的综合权衡、分析判断，对整个项目的评估结果做出明确的结论，并提出报告和建议。在总评估过程中，应始终贯穿综合协调、比较选择、补充完善和为决策提供依据的原则展开工作。

四、项目评估报告

在对可行性研究报告全面审查的基础上，项目评估人员要根据调查和审查的结果编写项目评估报告。因为项目评估报告是决策投资与贷款的依据，所以编写时应实事求是，认真仔细。

1. 编写评估报告的要求

①全面收集资料，核实评估数据。评估报告必须以详尽精确的资料和数据为基础，分析项目是否可行。资料和数据的可靠、精确直接决定评估工作的质量。

②评估人员应站在公正的立场，科学地、客观地给予评述。

③切忌照搬可行性研究报告，应该对可行性研究报告中提出的方案、论据提出见解，要求评估报告源于可行性研究报告，但也不能超出自己的职权范围。

④要善于用数据说明问题。数据是用数字表明的事实，善于运用数据说明问题，就能使评估报告具体实在，说服力强。

⑤评估报告要简明、清晰、逻辑严谨，结论明朗、语言精练。

2. 评估报告的一般格式

(1) 企业概况。企业的历史、机构、领导人员、技术人员、经营管理情况以及近三年来的生产情况和财务情况。

(2) 项目概况。项目的基本内容、主要产品、建设项目以及投资的必要性。

(3) 市场调查和预测。市场的需求、供应、生产规模和竞争能力。

(4) 生产建设条件。资源、原材料、公用设施、建设场地和交通运输条件。

(5) 技术和设计。工艺、技术和设备的评估。

(6) 环境保护。环保措施、治理方案和生态平衡。

(7) 企业财务效益评估。投资利润率、资金利润率和贷款清偿期等指标以及财务净现值和财务内部收益率等指标。

(8) 国民经济评估。投资利税率、经济净现值和经济内部收益等指标。涉及产品进出口的项目，应进行外汇效果分析，计算经济外汇净现值、经济换汇成本和经济节汇成本。

(9) 不确定分析。采用盈亏分析、敏感性分析和概率分析等方法对价格等敏感性因素进行风险分析，并提出预警和防范对策。

(10) 总评估。总述项目建设的必要性、技术适用性和先进性、经济合理性和风险性，以及相关项目是否同步建设，投资来源的可靠性。

(11) 建议。提出是否同意批准和贷款的结论性意见，并指出项目决策和实施中应注意解决的问题。

(12) 主要参考资料及文献。

(13) 附件。各类评估表。

3. 评估报告的呈报与建档 评估报告撰写完毕后，由评估小组负责人召集评估人员讨论通过，签名盖章，呈报项目决策部门，为决策提供依据。

项目评估小组应及时总结经验，并将评估过程中收集的资料、数据、报表、情况分析、计算公式及评估报告副本装订成册，立卷存档，备查、备用。

五、项目建设管理

项目评估合格后，投资前期的活动就基本结束了，项目转入建设时期或具体实施阶段。所谓项目建设管理是指项目实施阶段对项目建设所进行的计划、组织、指导、协调和控制。

(一) 项目管理组织

1. 目的 建立项目管理组织的目的在于协调各方面力量完成投资项目，其工作包含了项目建设的全过程。项目管理组织是一个临时性的非长设机构，它因项目而设置，到项目完成而结束。

2. 项目经理 项目经理对项目实行全权管理并且负有直接责任。一般情况，建设单位和承包单位都应设项目经理，前者对项目建设的全过程负责，即从任务开始阶段一直到竣工验收，后者只对分工的某些专业负责。

3. 常用项目管理组织形式

(1) 工程指挥部式。工程指挥部是由专业部门和地方高级行政领导人兼任正副指挥长,用行政手段组织指挥工程建设,由所属的设计和施工队伍承担工程项目的设计与施工。

工程指挥部对工程项目建设不承担经济责任,业主在指挥部中处于次要的地位,也无明确的经济责任。设计和施工单位与建设指挥部的关系都属于行政隶属关系,无严格的承包合同,不承担履行合同的责任,这是当时历史条件下的产物。

(2) 部门控制式。这种方式是指某项目由单位的某一部门负责组织实施。这个部门可以是单位负责人领导下的一个分部,也可以指定某一专业部门进行负责。对农机系统来说,就是项目的实施由农机局的某个处、室,如计划财务、农机管理或科教部门负责。

(3) 项目组。这种形式是指项目的成员来自不同部门,一般是从项目管理部门抽出一名项目经理,再从其他部门抽调一些人员,建立一个项目作业组。这种形式,运用于大型的项目或时间要求紧、涉及部门较多的项目。

(4) 矩阵组织形式。在这种形式下,项目人员既受项目组领导,又受原在的业务部门领导。如某农机局某个农业机械化示范工程项目建设,项目组由计划财务处、农机管理处、科教处各一名同志组成,但这些同志并不离开原来工作的各处。这种形式运用于一个建设单位同时进行几个项目的情况。

从目前我国农业机械化示范工程项目建设管理的理论来看,各种项目大小性质各异,具体管理组织上有些差异。总体来看,农机项目建设管理主要由农机部门负责,属于部门控制式,也有些涉及面较广的项目实行矩阵式组织形式。

(二) 项目计划管理

项目计划管理,一是指农机部门对项目的计划管理,二是指项目单位对具体项目的微观计划管理。农机部门的计划管理主要是确定项目建设的先后顺序、项目建设计划、投资结构与规模及各项目的实施计划等。而项目单位的主要任务是办理项目的计划审批手续,控制投资规模,保证项目按期完工。

1. 项目建设计划的内容 项目建设计划包括计划表和文字说明两大部分。一般项目建设计划表由三部分组成:项目建设投资表、大中型项目建设表及项目建设所增生产能力计划表。项目建设计划主要包括长期计划、中期计划、年度计划等。

2. 项目建设计划的编制程序 按目前项目管理程序,项目建设计划的编制程序分为三个工作阶段:一是各单位提出本单位年度建设计划安排建议,由主管部门初审后,上报计划审定机关,需上一级业务主管部门平衡条件的,须同时报上一级业务主管部门；二是计划审定机关依据上级部门下达的计划额度，对所上报计划全面分析平衡，核定计划，并按照统一计划、分级管理的原则，明文下达各主管部门；三是主管部门根据计划审定部门下达的计划，按项目要求下达各项目建设单位。

(三) 项目物质管理

项目的实施过程，也就是物质的消耗过程。对农业机械化示范工程项目来说，很大部分资金将用于购置农机具，因此，加强物质管理，尤其是加强农机管理，是农业机械化示范工程项目管理的一项重要内容。

由于各种项目用于购置农机的来源不同，其相应的农机具的管理也不相同。总的可将农机化项目的物质管理工作划分为两个阶段。第一是购置前的阶段，该阶段的主要工作是制订采购计划。采购计划包括项目所需要的物质、工程和服务的种类、名称、数量、金额、采购方式、采购日期和程序等内容。第二是采购后的管理阶段。一般的农机项目资金有三种情况：一是完全由国家或地方政府出资；二是国家或地方政府补贴一部分，农民自己出一部分资金；第三种情况是完全由农民自己出资。应据不同情况，制订相应的管理办法。主要是明确农机的所有权、使用权和调配权。

具体做法是：中央、省、地方财政及农机主管部门投入资金购置的农业机械设备属国有资产，应建立固定资产明细账，由项目区建立的农机管理服务分站全权管理使用；利用项目资金引导，调动农民自筹资金购置的农业机械设备由中心站与农户共同管理，分站享有调配权，所有权归农户；农民自筹资金购置的农业机械设备，由购机户自行管理，乡镇站、分站及作业队为农机户提供技术指导和服务。

(四) 项目财务管理

财务管理是项目建设管理的工作中心之一，由于各种农业机械化项目的资金来源及结构不同，相应的具体管理也会有所差异，但基本原则和方法却是相同的。财务管理的基本原则包括健全管理制度、做好财务管理的基础工作（如严格审批手续，完善原始记录，定期编制财务报告）及加强财务监督等。

项目建设的其他管理工作还有工程技术管理、档案管理等。

(五) 项目竣工验收

项目建设完成后，应对项目全面检查、总结，由上级主管部门进行验收，并做出总的评价。项目竣工后，应编制项目竣工决算。它是以实物量和货币为计量单位，综合反映竣工项目的建设成本和财务状况的总结性文件，也是项目竣工验收报告的重要组成部分。大中型项目的竣工决算表一般包括竣工工程批次表、竣工财务决算表、交付使用财产总表与明细表、结余材料设备明细表和应收应付款明细表等。

项目验收是建设单位向投资方汇报生产能力或效益、质量、成本收益等方面情况的过程。项目的正式验收，据项目的重要性、规模大小和隶属关系组织验收委员会。验收委员会依据项目合同，对项目计划完成、建设财务管理、物质管理、档案管理、总体效益方面做出正确的评价，在此基础上写出项目验收意见。

第四节 农机化项目可行性研究

一、可行性研究概述

可行性研究是随着技术的进步和经济管理科学的发展而兴起，并日趋完善的一门综合性实用科学。它是运用多种社会科学、自然科学知识和研究方法，对投资项目的技术、财务、经济、社会和生态方面的效果进行综合分析评价和多方案对比，找出最优方案，为决策部门提供可靠依据的一项重要工作。

（一）可行性研究的概念和作用

1. 可行性研究的概念 可行性研究是对投资项目进行调查、研究、分析、论证和评价，以确定项目是否符合技术先进、经济合理、实施可行的一系列活动的总称。可行性研究是保证实现项目最佳经济效果的必要手段和方法。可行性研究的成果是可行性研究报告，也简称可行性研究，因而可行性研究既指研究活动本身，又指研究成果。

可行性研究的任务是根据规划的要求，通过对拟议项目在技术和经济上是否合理可行，进行全面、综合的技术经济调查研究，分析其技术上是否可行、经济效益是否能达到预期目标以及有无风险，以便决定实施这个项目，还是放弃这个项目。

2. 可行性研究的特点 可行性研究具有以下五个方面的特点：

（1）综合性。它涉及各类学科、研究方法、及对各种因素的分析。如农机化项目的可行性研究，不仅涉及农、林、牧、副、渔、工业、交通、水利等部门，还涉及对劳动力、畜力、土地、气候、生态环境、生物、信息、技术、资金、经营管理、能源及社会等条件的分析。由于一个大型开发项目，要涉及多部门、多学科，所以，在可行性研究中，为相互弥补自身知识的不足，往往需要各种专业人员的配合协作。

（2）预见性。它的研究重点是产前分析评价，并尽量将不确定性因素量化进行可能性的分析，预见评价项目实施后可能产生的技术、经济、生态环境和社会效果。所谓预见，是在事物、情况产生或发现之前所做的推测或判断。科学的预见是根据实践过程中发现的各种因果联系，对发展的趋势和结局所做的正确预见，它是人的主观能动作用的一种重要表现。预见要借助于科学的预测方法，要做到定性分析和定量分析相结合，以提高可行性研究的准确度。

（3）动态性。进行经济建设要有资金周转的观念、时间观念、利息的观念、科学经营和决策的观念。因此，仅用静态的投资评价指标和分析方法是不够的，需要采用多种动态分析计算方法，如时间序列变化对资金价值和技术影响的分析、增量分析、投入产出综合平衡分析等。在可行性研究中，信息和预测的分析、贴现值和未来值的计算以及不确定因素的分析等动态分析往往贯穿在方方面面。

（4）经营性。以计划经济为主的生产型模式是根据指令性计划和现有资源及条件制订生产建设方案，主要以完成产量、产值及利润计划为标志，其投资和日常费用是由上级拨款供给。经营型模式是在国家计划指导下，由企业根据市场需要（包括现实和长远）自行核算、自行创造条件（包括外部条件的引进和组织）、自行承担风险和经济责任。这样，可行性研究就成为经营型企业的经济活动中必不可少的内容和方法。

（5）实用性。其他数学方法所计算的结果都只是决策的参考数据，而可行性研究的计算结果，一旦决策并签订合同后，就有法律性的约束力，就成为执行的依据。

3. 可行性研究在农业机械化中的作用　农业机械化是用先进的技术装备武装农业，是提高劳动生产率的主要手段和技术措施。要提高农业机械化的经济效果和社会效果，必须对农业机械化的环境条件、技术的适应性和经济上的合理性认真研究分析，这就要进行农业机械化的可行性研究。它的重要性主要表现在：

①根据我国农业机械化的经验教训，认真搞好可行性研究，有利于发展适合我国国情的农业机械化技术。发展农业机械化应按科学的经济规律办事，要注意研究农业机械化的环境和条件，技术上和经济上是否可行。因此，搞好可行性研究，有利于选择使用适合当地经济条件和技术水平的农业机械，保证农业机械化事业的健康发展。

②农业机械化是一项社会经济活动，投入一定资金后，要求取得一定的经

济收益和社会效果，特别是将无偿投资改为有偿贷款和开始引用外资来搞农业机械化建设项目，更是需要进行财务分析和经济分析，计算资金的回收偿还能力。选择既能保证农机的使用经营单位在经济上合算，又对整个农村经济的全面发展有利的农业机械化项目。合作经济组织和个人集资办农业机械化项目，也需要进行可行性研究。

③搞好农业机械化可行性研究，以利于更好地发挥农业机械化的作用，促进农村的产业结构的合理调整，加速农村剩余劳力的转移，大幅度地提高劳动生产率。从农业机械的使用经营者的角度考虑，哪些机械化项目经济效果最佳，哪种经营模式经济效果最好，以及如何搞好劳力、资金、能源等条件的协调，都需要通过可行性研究、统筹安排，确定农业机械化的重点、步骤，根据需要、可能和合算的原则，有选择地发展我国的农业机械化事业。

（二）可行性研究的系统模型

可行性研究的重点是以市场需要为前提，经济效果为中心，从技术、经济上进行全面综合分析，研究社会需要的发展趋势、技术的现实与可能、经济的合理与效果，如实地反映客观存在的矛盾和问题，为决策提供科学的依据。

可行性研究必须具有系统性，这就要注意前后左右的相关因素，研究它的总体最佳效果。特别是大型开发项目和综合治理项目的可行性研究，具有复杂的时空结构。从空间结构说，它是由许多部分交织组成的一个有机整体，任何一个部分不协调，整个项目的研究结果就会受到影响；从时间结构来说，大型项目的开发从行为开始到项目的最终完成，是由许多阶段组成序列关系的一个完整周期，任何一个阶段出问题，计划就会受到破坏。通过对时空结构的分析，使整个项目能以最少的时间、人力和物资消耗去完成，并达到质量好、成本低、适应性强、效果最佳的要求，这是系统进行可行性研究的总目标。

可行性研究的目的是围绕项目需要、可能和效果三个方面进行系统分析，而后进行决策。需要是来自农业资源、自然环境、国家计划、市场信息；可能是从项目的功能、费用、时间、可靠性等主要因素考虑；效果是通过对项目总体效果进行综合分析计算而确定。在分析计算时，对不同的指标，不能用代数和的方法计算，而要用统一的换算当量进行处理，然后再计算总体效果，进而进行总评价，决策其可行或不可行。这样一来，整个工作就形成了一个系统模型，如图9-3所示。

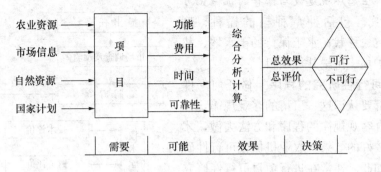

图9-3 可行性研究系统模型

(三) 可行性研究的范围、程序及内容

1. 农业机械化可行性研究的范围 如果把农业机械化看作一个总的工程或一个系统工程，它要包括许多分支工程。按广义农业的观点，应包括农、林、牧、副、渔业生产的机械化。农业机械化的本身，又包括产前、产中和产后等各个领域。农业机械化生产及其产品加工项目的可行性研究，内容也是多方面的，它可以是某个生产环节、某种机械设备，也可以是某个生产企业、某个生产过程或一个地区、一个部门的综合机械化问题。农机化可行性研究的范围应包括：

（1）种植业机械化的可行性研究。包括田间作业机械化的整地、播种、插秧、中耕、收获、植保、排灌等；产前作业机械化的种子清选、种子处理；产后作业机械化的脱粒、清粮、干燥、入仓；农田工程机械化的平整土地、开掘沟渠、水土保持等项目。

（2）畜牧、渔业机械化可行性研究。包括养鸡、养猪、养牛、淡水养殖、近海养殖和捕捞以及牧区的机械化项目。

（3）林果业机械化可行性研究。包括苗圃的整地、播种、育苗、装运、移栽等；干鲜果树的中耕、施肥、病虫害防治、修枝、摘果及果实装运等机械化项目。

（4）农副产品加工机械化的可行性研究。包括粮食、油料、饲料、纤维、果品、果实、皮毛等加工；粮食加工又包括碾米、磨面、分级、装运、豆制品生产等的机械化项目。

（5）农村能源利用机械化可行性研究。包括小水电及水力利用的水轮机、发电机、水利机械、水轮泵等作业；风力利用的风力机械、传动装置、发电机组作业；沼气生产利用的沼气池结构、进出料、清池、沼气利用装置等项目。

(6) 生态环境建设与保护的机械化可行性研究。包括种草种树的播种、喷药、挖坑、移栽；水土保持的蓄水堰、截流沟、护坝、抗旱井等项目。

2. 可行性研究的程序 做任何一件事情，都要认识这一事情的客观规律，并按照符合客观规律的程序和方法去做，才能取得较好的效果，农业机械化可行性研究也是如此。通常在进行项目可行性研究时，可归纳为如下程序，如图 9-4 所示。

(1) 提出任务。根据当地条件和社会需要，提出研究的项目，分析项目在农业发展战略目标和规划指标中所起的作用，确定实施项目的必要性。搜集与项目有关的技术、经济及社会的资料和数据，如掌握农业区划和规划、农机化区划和规划、机械技术参数、机组性能、测试数据、经济信息及政策规定等。在此基础上，为可行性研究提供足够数量和比较准确的数据及资料。

(2) 市场调查及预测。对国内外市场

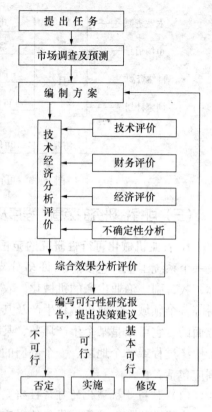

图 9-4 可行性研究程序示意图

和需求进行全面的调查和预测，并在调查相关情报和预测的过程中，按照广、快、精、准的基本要求，即调查内容要有广泛性，情报要多、要全面，反应要快、要及时，信息要有针对性和准确性，为分析项目的先进程度或竞争能力以及研究项目的可行性提供必要的依据。

(3) 编制方案。根据市场调查和预测，通过分析、研究和计算，确定项目的目标、条件和设施，编制出可供选择的方案和实施计划。一般情况下，在生产单位制订方案时，应对产品的品种、质量、产量，对所需原材料、设备、能源，对所需资金、劳力，对产品的销路，对建设周期及生产的组织，对项目所取得的经济效果等，都要提出明确的要求。

(4) 技术经济分析评价。对所编制的方案和实施计划，进行技术经济对比，从中选优。通过分析国内外技术情报资料，掌握技术发展趋势，研究所采用技术的先进性、适应性和可靠性，对所采用技术的寿命周期做出分析判断，特别要注意分析技术的地区适应性，必要时要进行试验。对项目的经济效果分析，一方面要通过财务分析，计算企业的盈利情况和还贷能力；另一方面要通过经济分析，评价该项目的社会经济效益。在经济分析中，要分别采用静态和动态的计算方法，计算出各项经济指标，以便进行综合分析评价。

（5）综合效果分析评价。对技术上可行和经济上合算的项目，还要进行综合效果评价，如生态效果、社会效果及综合经济效益等，在综合效果评价中，要通过对影响项目经济效果的不确定性因素进行分析，对项目可能遇到的风险做出足够估计，并提出相应的对策。

（6）编写可行性研究报告。将可行性研究各阶段的成果进行归纳整理，根据多方案的详细论证，进行项目的综合性评审，选出最佳方案，做出可行或不可行的评价结论，并对不可预见的因素提出应变和补救措施，作为领导决策的依据。

3. 农业机械化可行性研究报告的内容 农业机械化可行性研究项目，包括农业、林业、牧业、工副业和渔业各生产部门的机械化项目，也包括农业机械化系统内部的科研设计、产品制造、新技术新产品推广、产品供应及运用、修理等项目。农业机械化项目可行性研究是全面论证拟议中的机械化项目在客观上是否需要，技术上是否可行，经济上是否合算。可行性研究的内容随项目的不同而有所差别。一般应包含下列内容：

（1）项目提出的背景和意义。包括提出该项目的依据、项目投资的必要性、项目的性质和研究工作的范围等，即说明为什么要上这个项目。根据市场调查情况和情报分析，做出需求程度的定性分析。

（2）需求预测和项目规模。包括同类项目的生产经营情况，做出市场需求预测，本项目在国内外市场的竞争力，项目的建设规模、方案和发展方向以及主要技术指标等。

（3）地理位置和环境条件。包括项目的位置范围、自然条件、农业生产条件、项目区农业生产水平和经济条件，分析项目实现的条件，即分析国家政策、规划及当地的生态环境、资源、交通、能源、劳力、所需设备及物料等各方面的条件是否允许。

（4）项目所需资源和所采用的技术、设备情况。包括土地及其他原材料的种类、数量和来源，分析所采用农机技术的成熟程度及适应性。主要看技术经济指标是否先进，所需机械设备的性能、数量、质量是否可靠，当地自然条件、农艺条件、使用操作人员的水平是否适应。

（5）方案设计。包括项目范围、技术来源、生产方法、生产和辅助设施的布置方案、对原有固定资产的利用情况等。

（6）投资估算及资金筹措。包括固定资产投资、流动资金总额、阶段投资额、资金来源以及贷款偿付方式等。

(7) 项目施工期限及实施进度建议。生产、销售所需人员的数量、质量及组织领导等。

(8) 综合评价，提出方案抉择建议。从宏观角度和微观角度相统一的原则来进行社会效益、生态效益和经济效益的综合评价，提出方案抉择建议。

二、农业机械化可行性研究的原则

(一) 农业机械化可行性研究的原则

可行性研究具有综合性、实用性都很强的特点，根据我国的经济体制和农业机械化本身的规律，进行农业机械化可行性研究应遵循的原则是：

1. 政策性原则 进行农机化项目的可行性研究，衡量某一农机化建设项目是否可行，必须掌握党和国家的有关方针政策，并以之为指导，对项目进行分析评价。社会主义生产的目的决定了在对项目进行评价时，不但要进行货币价值的计算，还要重视该项目是否能创造生产和生活所需要的使用价值。在分析研究某个农业机械化项目时，一方面要进行财务分析，计算该项目的年利润额和投资偿还期，更重要的是看该项目是否符合国家长远计划的要求，认真分析该项目对整个国民经济乃至整个社会产生的影响。即分析该项目对实现国家经济发展目标的作用，同时，还要充分考虑农机生产、能源供应、劳力与资金的安排、产品销路等各方面是否符合优化的商品经济的要求，使项目的投入和产出都纳入国民经济计划之中。背离国民经济发展总目标和计划经济宏观控制的项目是不可行的。

2. 配合性原则 由于重大的农机化项目都要纳入国家和地区经济建设发展规划，要在国家计划部门组织，科研、生产和银行等单位配合下进行。已列入发展规划的项目的可行性研究，必须征得综合计划部门的同意和确认，才可能正式列入国家计划。农机化项目的可行性研究，一般是受计划部门或生产单位委托，由科研部门组织有关专家进行技术和经济咨询论证。在论证中一般应有生产单位和银行的人员参加。因为生产单位负责项目的实施和经营，对生产经营条件最熟悉，对财务经济核算最关心，对同行业的技术信息、市场信息最灵敏，提出的意见最为决策者所重视；银行负责对资金信贷方面的审查和落实，他们对资金周转、时间、利息观念较强，对资金的回收、贷款的偿还重视，这在项目的财务分析和经济分析中都是十分重要的。只有几方面力量密切配合，可行性研究才会更科学、更切合实际。

3. 多指标原则 既重视微观效果，也重视宏观效果，评价指标采取多指标化。农机化项目是为农业生产服务的机械技术措施，农机具的经营者和使用者要求获得好的经济效果；而机械化项目的实施，对劳力的节约、资源的开发利用、环境的保护和整个社会物质文明、精神文明的建设也必然会起到促进作用。因此，研究农机化项目的可行性，不但要衡量经营、使用者的经济效果，还要分析评价该项技术措施对国家经济建设和社会的效果。这就要求农机化项目的评价要采取多指标化，既要计算直接效果，又要分析其间接效果；既要搞好定量分析，还要充分重视定性分析。对建设项目的经济评价，特别是宏观经济评价，要求各个评价指标的概念准确、理解一致，使项目之间、行业之间有可比性。重视宏观效果的分析评价，这是我国社会主义制度和农机化项目本身的作用所要求的。

4. 因地制宜原则 要充分考虑不同地区的不同条件和多方面影响因素，因地制宜地进行综合分析评价。某项农机化措施能否取得好的技术经济效果，受多方面因素的影响，与所实施地区和单位的自然条件、经济条件、农业生产水平、科技教育管理水平以及市场交通条件都有密切关系。某项机械化措施在甲地是可行的，在乙地就不一定可行。因此，研究其可行性，必须对当地各方面条件和实施单位的具体情况进行认真考察，具体分析和采取相应的措施，做到因地、因条件制宜。又因为我们研究的是广义的农业机械化，是用先进的生产工具装备农、林、牧、副、渔各个生产部门，使其由传统生产方式转变为现代化生产方式，而农业的机械化措施只有和其他先进技术措施密切配合才能取得好的效果。因此，在制订和评价某项机械化技术方案时，必须研究有关的生物技术、耕作技术、加工工艺技术等，力求与之相适应。

5. 分析计算原则 要根据评价项目的性质和贷款形式选择适宜的分析和计算方法。农业机械化可行性研究，多用于投资较大的企业经营性项目，对这类项目不但要分析其是否符合国家计划的要求，还要设计几个可行方案，运用静态和动态分析的计算方法，比较准确地计算出各方案所能给予企业经济利益的各项指标，并进行敏感性分析和概率分析。对于农业机械化宏观决策项目，如农业机械化发展规划、机器淘汰更新办法等，要着重研究其环境条件和对国民经济其他方面的影响，分析计算资金来源、资源条件、技术条件、劳力安排以及实施的步骤办法等，对其各项技术经济指标，也要进行计算。对于投资兴建为农业机械化发展服务的各种事业性质的项目，如兴建农业机械化科研、技术推广、维修服务、教育培训等单位，进行可行性研究中，要在达到项目目标要求的前提下，选择投资少、兴建快的方案。利用国内贷款，一般采用在单利率比较投资和利润未来值的办法衡量其投资效果；利用外资，一般采用按复利率贴现的办法计算其投资效果的各项指标。另外，在计算某机械化建设项目所需投资时,应同时考虑实施该项目对其他技术措施提出的新的要求以及达到这一要求所需投资。在计算该建设项目取得的经济效果时,也同样应将因新增投资而增加的收入计入该项目的总收益之中。

(二)农业机械化可行性研究的阶段和任务

任何一个农机化项目的可行性研究,都必须在投资前进行,并按其工作的进展程序划分为机会研究阶段、初步可行性研究阶段、详细可行性研究阶段和决策评价阶段进行,见表9-1。

表9-1 可行性研究的阶段、目的和要求

研究阶段	研究目的	要求
机会研究	鉴别投资机会,研究项目设想	调查研究鉴别开发机会,确认项目研究必要性、研究的范围和关键问题
初步可行性研究	初步选择方案	确定选择方案的标准,初步确定可供选择的方案,鉴别是否进行下一步研究
详细可行性研究	细致拟订最佳方案,全面进行技术经济论证	按详细标准再调查,选择最佳方案,确认方案的可行性
决策评价	项目决策	做出投资最后判断

(引自《现代工业科技管理》)

农机化重大、复杂项目的可行性研究,要由粗到细、由浅到深、逐步深化,最后才能确定该项目是否可行,才能决策行动。但对一些小项目,不一定要分四阶段进行,可以分两步或三步。

1. 机会研究阶段的任务 机会研究阶段的重点是确定投资的意向,分析投资的可能性和来源,为研究投资项目的立题设想提供建议,寻找最有利的投资机会。此阶段的研究比较粗略,主要靠有关行家的经验和现有资料,做出初步判断和经验估计,而不是详细分析和计算,要求估计的准确度在70%左右。

2. 初步可行性研究阶段的任务 本阶段的研究重点是进行农机化项目的初步选择和研究范围的确定。有许多项目单靠机会研究还不能决定取舍,这就要进行初步可行性研究,分析项目投资机会是否真的有希望,判断项目是否有生命力,据此做出进一步研究的决定。

本阶段的任务是利用现有资料,并适当补充调查项目产品的市场需求、资源条件、技术上的可能性等有关情况,预测发展中的市场容量,估计资源利用量,对开发采用的新技术的适应性、原材料来源的稳定性做出概算,初步论证技术的经济效果。在初步调查中,发现有明显的薄弱环节或不合理事件,要研究影响程度,探索有无补救措施和途径,若项目不可行,应立即停止进行可行性研究,以免浪费人力、财力和时间。一般来说,此阶段准确度要求在80%左右。

3. 详细可行性研究阶段的任务　这一阶段重点是通过项目方案的比较形成规划。主要工作是针对具体项目的不同方案,在资源来源、规模、技术和经济等已有某些定论的基础上,对一些关键问题再做深入研究,或者列入专题,或作专门试验验证,最后落实费用和投资的收益,做出详细技术经济论证。

本阶段在技术分析中要着重分析研究其适应性。经济分析和经济评价要达到一定的精确度,为主管机关进行最终决策提供重要依据,以防止产生较大偏差;在方法和程序上,应避免繁琐、重叠和周期过长,所列专题调查分析、典型试验都要有明确的结果和较准确的论证依据;在项目的相关因素上,对所需费用和收益数据、实施需要的辅助条件等,都要经过严格筛选调整,反复考察证实,使其具有较大的可信度和可靠性。此阶段论证准确度要在90%以上。

4. 决策评价阶段的任务　本阶段重点是进行项目评定和投资决策。根据详细可行性分析的内容,写出可行性研究报告,对项目做出可行或不可行的决策性评价。

各阶段的可行性研究的具体任务,可根据上阶段进行情况而定。如果在机会研究或初步可行性研究阶段就认为不可行,则下一阶段也就不必再继续进行。对于重大复杂的研究项目,往往需要花费较长的时间和巨额的经费,需分为四个阶段由粗到细,逐步深化进行研究,确认其可行性。

(三) 可行性研究的资料收集与资源落实

1. 资料收集与资源落实的内容　要正确论证一个项目的可行性,首先必须把项目所需的各项基本条件弄清楚,据此对项目的可行性做出分析和评价。资料收集和资源落实的主要内容为:

(1) 地理条件。主要包括地理位置、范围及四邻情况、地形地貌特征、河流水系分布、地质条件和自然灾害情况。

(2) 自然资源。主要包括气候资源,如气温、降水、蒸发、风力、日照等多年累积资料;土壤资源,如土壤类型分布、土壤肥力、危害性土壤情况等;土地资源,包括土地、耕地、园地、林地、草地、荒山等情况;水资源,包括水文资料和水文地质资料;生物资源,包括山区、平原、江河和海洋的生物资源;能源资源,包括水力、电力、火力、太阳能、风能、石油、煤炭、沼气、生物质能等；矿产资源，着重落实资源类型、分布、面积、储量、质量、开发前景、开发途径、能提供的资源量以及存在的问题等。

（3）社会经济情况。主要包括所属行政区划情况；人口、户数、劳动力及其构成情况；现存产品产量、产值情况；社会服务体系情况；科技、文教、卫生情况；农民收入及生活水平等。

（4）基础设施。包括交通运输、通讯、能源供应等。

（5）产品市场情况。主要包括国内外产品市场现状、产品市场渠道、产品的竞争能力及发展趋势、产品价格。

（6）农业机械化情况。包括现有机具种类、数量、农业机械化水平，有关农机产品的价格与性能。

（7）有关技术经济资料。包括项目所在地近期和远景的规划，有关规范标准化及经济评价的基本资料等。

2. 资料收集和资源落实的方法 通常采用调查研究和实验法。

（1）调查研究。调查是取得可行性研究数据资料和落实资源的基本方法。具体的调查方法又有全面调查、重点调查、典型调查和抽样调查之分。

（2）实验法。对新的技术、新的机具、新的方法可采用实地实验的方法取得有关资料。

三、可行性研究的评价方法

（一）技术可行性分析

技术可行性分析是从技术角度出发，确定项目有关的技术指标、工艺方案，并评价其先进性或适用程度。因为有些项目社会有需求，但是技术不可行，这种项目也无法建设。一般技术分析的内容包括：项目先进性分析，项目的工艺性分析，技术、资源、原料可行性分析，配套项目的可行性分析，项目的寿命分析等。

1. 技术先进性分析 技术指标先进性论证的重点在于说明拟开发的项目或产品的技术指标在国内外的先进程度。技术上的先进性是相对的，不同时期有不同的要求。在确定技术先进性时应从所处的发展阶段出发，不脱离当前实际，并具有适当的超前意识。

（1）适应性。是指项目的技术既符合本地区的具体条件，又能获得最大的技术效果，不是盲目追求先进。对先进技术人们往往非常注意，但经常会忽视先进技术所必需的配套技术和设备及相关应用条件。在特定情况下很多先进技术并不经济或者不能发挥应有的作用，如大型农机在小田块上作业。

(2) 可靠性。进行农业机械化示范工程项目建设,应选择那些可靠性好的技术或机具,可靠性可用首次故障时间、平均故障时间、平均维修时间、平均寿命和使用寿命来表示。

(3) 安全性。

(4) 对生态环境的影响。

2. 工艺性分析 技术先进性分析是考察项目或产品的具体性能和结构指标,而工艺性分析讨论的问题是如何实现这些要求,且成本低、质量好,以及现有的技术手段能否适应这些要求,差距是什么,应采取什么措施等。

一个项目或产品实施的工艺方案或生产方法可能有多种。如水稻机械化栽植,可用机抛秧,也可用机插秧;再如化肥深施、免耕播种等都有不同的方法、不同的机器供使用。将几种不同的工艺技术路线进行比较,从技术角度挑选出最适合的工艺技术路线,是工艺技术分析的首要任务。在确定了某一种工艺路线后,还需从现实角度对关键技术的可行性,有关工艺设备、工艺方案的经济效果及实施条件等进行分析。

(二) 经济效益分析

1. 静态评价方法 静态评价分析是对短期建设项目或比较简单的建设项目进行可行性研究时应用的方法。静态评价分析没有考虑时间变化引起的资金价值的变化,即不考虑时间因素对投资效果的影响。因此,静态评价分析不能反映投资效果的真实情况。在可行性研究中的机会研究和初步可行性研究阶段是一种常用的方法。该方法的指标有投资回收期、投资效果系数、追加投资回收期及单位生产能力投资额等。

(1) 投资回收期。所谓投资回收期,通常指项目投产后,以每年取得的净收益将初始投资全部回收所需的时间。一般从投产时算起,以年为计算单位。计算通式为

$$\sum_{i=0}^{T}(B_t - C_t) - K_0 = 0 \qquad (9-1)$$

式中:T——计算得到的投资回收期,以年为单位;

K_0——初始投资,包括固定资产和流动资金;

B_t——第 t 年的收入;

C_t——第 t 年的经营费用(不含折旧费);

$B_t - C_t$——第 t 年的净收益。

若项目投产后每年的净收益相等,则投资回收期为

$$T = \frac{K_0}{B-C} \qquad (9-2)$$

投资回收期反映了初始投资得到补偿的速度。若是单方案评价,则应将 T 与国家(或部门)规定的标准回收期 T_A 进行比较,如果 $T \leqslant T_A$,则认为方案是可取的。如果 $T > T_A$,则认为方案不可取。在多方案评价时,一般以投资回收期最短的方案为最优方案。

(2) 投资效果系数。简称收益率或投资收益率,是项目投产后,生产达到设计能力的正常年份每年获得的盈利与总投资之比。计算公式为

$$E = \frac{M_A}{K_0} = \frac{B - C - D}{K_0} \qquad (9-3)$$

式中:E——投资效果系数;

M_A——年盈利;

B——年收入;

C——年经营费用(不含折旧);

D——年折旧费。

(3) 追加投资回收期。一般来说,在满足相同需求的情况下,投资相对大的方案,其生产成本要相对低一些。追加投资是指两个互斥方案所需投资的差额。追加投资回收期是指投资大的方案,通过每年所节约的成本额来回收比另一方案多花的投资所需的时间。计算公式为

$$T_{12} = \frac{\Delta K}{\Delta C} = \frac{K_1 - K_2}{C_1 - C_2} \qquad (9-4)$$

式中:K_1、K_2——两个方案的投资额,且 $K_1 > K_2$,ΔK 即为追加投资额;

C_1、C_2——两个方案的年生产成本,且 $C_1 > C_2$;ΔC 为年成本的节约额。

当追加投资回收期小于标准抵偿年限时,说明追加部分的投资效果是好的,即投资大的方案比较有利。追加投资回收期在两个方案比较中具有直观、简便的特点,但它仅仅反映方案之间的相对经济性,并不说明各方案本身的经济效果。

2. 动态评价方法 动态评价分析法又称现值法,它是建立在资金增值的理论基础上的。因此,在分析项目效益时,它考虑资金的时间价值,将拟建项目整个经济寿命内的净资金流量折现,即将不同时点的资金流入与流出换算成同一时点的价值,来分析项目的经济效益。具体指标或计算方法有净现值法、净现值指数法、预期收益率、动态投资回收期、总费用现值等。

(1) 净现值法。净现值是指工程项目方案在使用年限内的总收益现值与总费用现值之差,它可表示为经济寿命期内逐年净收益现值之和。当反映资金时

间因素的标准折现率 i 已知时，计算公式为

$$NPV = \sum_{t=0}^{n}[(B_t - C_t - K_t)/(1+i)^t] \qquad (9-5)$$

式中：NPV —— t 年内各年净收益现值之和；
B_t —— 第 t 年的收益，即年销售收入；
C_t —— 第 t 年的经营费用（不含折旧）；
K_t —— 第 t 年的投资额；
n —— 方案的使用年限（经济寿命）。

当方案的投资为一次性时，即在零年全部投入，则式（9-5）可简化为

$$NPV = -K_0 + \sum_{t=0}^{n}[(B_t - C_t)/(1+i)^t] \qquad (9-6)$$

在利用净现值法来评价单方案时，当 $NPV \geqslant 0$ 时，表示项目的收益率大于或达到标准折现率，方案可取；当 $NPV < 0$ 时，则说明项目的收益率达不到标准折现率，方案不可取。多方案比较时，一般以计算年限内累计净现值最大的为最佳。但不能简单地根据净现值大小来选优。因为净现值大小只表明净收益总额，不能说明资金的利用效率。用净现值为标准选择方案往往趋向于选择投资大盈利多的方案。为此应引入效益费用以及现值指数作为辅助标准，其计算公式分别为

$$\mu_A = \frac{\sum_{t=0}^{n}[B_t/(1+i)^t]}{\sum_{t=0}^{n}[(C_t + K_t)/(1+i)^t]} \qquad (9-7)$$

式中：μ_A —— 效益费用比；

$$\mu_B = \frac{\sum_{t=0}^{n}[(B_t - C_t)/(1+i)^t]}{\sum_{t=0}^{n}[K_t/(1+i)^t]} \qquad (9-8)$$

式中：μ_B —— 现值指数（净现值比）。

(2) 内部收益率法，又称内部报酬率。使项目在计算期内净现值为零（即总收益现值与总费用现值相等）时的折现率，称为该项目方案的内部收益率。用公式表示如下

$$NPV = \sum_{t=0}^{n}[(B_t - C_t - K_t)/(1+i)^t] = 0 \qquad (9-9)$$

使式（9-9）成立时的 i^* 就是所求的内部收益率。对于独立方案来说，当其内部收益率 i^* 大于标准折现率时，则认为该方案可行；反之，则方案不可行。

(三) 项目不确定性分析

项目不确定性分析,就是分析不确定因素对投资方案经济效益的影响程度,其目的是通过分析,找出主要的不确定因素,分析这些因素变化后项目投资收益的变动情况,弄清项目抗风险的能力,以避免投资决策失误。另外,通过不确定性分析也可提醒项目管理人员在项目实施和运行期间,对主要的不确定因素加以高度重视,采取相应措施,消除或削弱其影响。

产生不确定性的原因是多方面的,如市场环境变化、技术环境变化、生产能力变化、经济政策变化等。常用的不确定性分析的方法有盈亏平衡分析、敏感性分析和概率分析等。

1. 敏感性分析 就是在诸多不确定因素中,找出经济效益反应敏感的因素,分析这些因素的变化对项目经济效益的影响,并建立敏感性因素与经济效益指标间的对应定量关系。

敏感性分析是在不确定型工程技术决策中常用的一种评价方法。它是在经济效益分析的基础上进一步分析某些不确定参数变化对决策目标影响的敏感程度。如果某些参数可能变化很大,但对决策目标影响不大,即在决策时该参数不敏感;反之,某些参数的大小稍有变化,则在很大程度上影响决策目标,它们在决策时是高度敏感的。

敏感性分析的步骤是:①确定分析指标;②设定不确定因素;③计算分析不确定因素的变动对分析指标的影响程度,并建立对应的数量关系;④找出敏感因素;⑤对综合效益分析的结果做进一步评价,选择既可靠又现实的替代方案。

[例 9-1] 某地进行棉花机械化生产,种植无酚棉,同时进行无酚棉副产品加工。此方案需追加设备投资 8 000 元,年增加净产值 42 437 元,其追加投资净产值比为 5.3。若棉花产量、售价,小麦产量、售价,物质费用发生变化时,对追加投资净产值增量比的影响情况如表 9-2,试进行敏感性分析。

表 9-2 追加投资净产值敏感性分析

变化率	+20%	10%	0	−10%	−20%
棉花产量	9.64	7.47	5.3	3.136	0.96
棉花售价	9.64	7.47	5.3	3.136	0.96
小麦产量	7.40	6.35	5.3	4.250	3.20
小麦售价	5.99	5.65	5.3	4.960	4.62
物质费用	3.65	4.48	5.3	6.130	6.95

根据表 9-2 中的数字可绘制出坐标示意图，如图 9-5 所示。

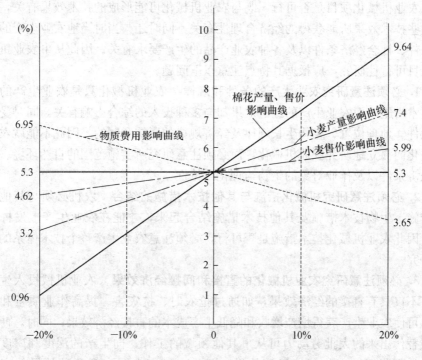

图 9-5　敏感性分析示意图

从以上分析看出：棉花产量、售价的变化对追加投资净产值的影响最大，其次是小麦产量和物质费用。

2. 概率分析　概率分析法是对一些不确定因素可能带来的风险进行定量分析的一种方法。要通过调查研究，取得必要的资料，确定各种可能变化情况（后果）的概率，据此进行分析和决策。其步骤为：①定出各种可采取的行动方案；②根据调查研究和资料分析确定可能发生情况的概率值；③根据概率值计算各行动方案的期望值；④根据期望值做出决策。

设 x 为特定的变动值（不动因素的变动值），$P(x)$ 为特定值将发生的概率，则期望值 $E(x)$ 的计算公式为

$$E(x) = \sum_{i=1}^{m} x_i P_i(x) \qquad (i = 1, 2, 3, \cdots, m) \qquad (9-10)$$

要求 $\sum_{i=1}^{m} P_i(x) = 1$。较好的方案应有较高的期望值。

（四）农业机械化可行性研究应注意的问题

农业机械化项目是否可行，既与农业机械化可能形成的技术效果有关，又与这些技术效果所能获得的经济合理性有关，同时还与当时当地农业生产的自然条件、社会经济条件以及各种农业产品的生产要求有关。因此从事农业机械化项目可行性研究，应根据其特点注意以下问题。

1. 必须注意研究农业生产的条件和规律　农业机械化只是农业生产的一项技术措施，而农业生产的经济效果却与多种投入的综合影响有关，同时受自然条件、地理位置、生物生长规律及经济规律的影响和制约。因此不能就农业机械化而孤立地研究农业机械化，而必须注意研究所实施范围的自然环境、社会经济条件以及作业对象的生物与理化等特性。

2. 必须注意研究机械化措施与其他技术措施的结合　农机必须与其他工程措施、生物技术措施及其他技术措施结合起来，才能在农业生产上发挥作用。因此农业机械化技术措施是否可行，必须注意农业生产整个技术体系的协调研究。

3. 必须注意研究农业机械化的直接和间接经济效果　农业机械投入生产后，不仅具有直接的经济效果，如通过抢农时、抗灾害、提高作业质量和效率，可使农业生产获得增产增收和降低生产成本的直接经济效果；同时，使用机械替代出来的大批劳动力可从事其他领域的工作，向生产的深度和广度进军，从而获得一定的间接经济效果。因此在研究中要注意两种效果的有机结合。

第十章
成果转化与技术推广

科技成果按科学研究工作的性质可分为基础研究成果、应用研究成果和开发研究成果。不同层次的农业科技成果，其转化过程是不同的。本章在科技成果转化基础理论研究的基础上，以农业机械化为平台，详细论述推广的原理与方法、技术成果推广体系以及成果转化与知识产权保护等方面的内容，旨在加速科技成果的转化和新技术的推广及应用。

第一节 概 述

一、基本概念

(一) 农业科技成果转移与转化

1. 农业科技成果的转移 农业科技成果的转移是指不同来源的科技成果向其他领域的移植。它包括科学技术从科研系统向生产系统的转移、从城市向农村的转移、从生产超前发展地区向生产落后地区的转移、行业之间的转移、国家之间的转移，以及在科学技术自身系统内输出与输入的活动过程。

农业科学技术作为人类共同创造的财富，从一个国家转移到另一个国家，从一个地区转移到另一个地区，是人类社会中一种客观存在的日常活动。当今世界技术转移已成为科技活动乃至国家经济活动的一个重要组成部分。我国在特定历史条件下提出的"科技兴农"，就是把农业科技成果从科研单位（包括大专院校）向农业生产转移，服务于现实的农业经济目标，使科学技术在发展生产、繁荣农村经济和提高农民物质文化生活水平中发挥应有的作用。

2. 农业科技成果的转化 农业科技成果的转化是有计划、有组织、有目标地把潜在的、知识形态的生产力转化为现实的、物质形态的生产力，并通过农业生产环节在生产中应用的过程。从广义上来讲，是指科技成果由科技部门向生产领域运动的过程，包括基础研究成果向应用、开发研究的转化，应用、开发研究的成果向实物性成果的转化，直到在农业生产中加以推广、应用，形成生产能力，并获得直接和间接的经济效益为止。从狭义上来说，科技成果的转化是指科研单位把在小范围或试验场、实验室条件下取得的科技成果，应用推广于实际生产中去，在生产领域中发挥作用，形成生产能力，并取得效益。

（二）中间试验与成果示范

1. 中间试验 是观察科研成果在不同地区不同条件下具体表现的试验，是验证推广项目是否适应于当地的自然条件、生态条件、经济条件及确定新技术推广价值和可靠程度的过程。同时，中间试验又是一种开发性试验，是一种技术在当地推广的可行性研究。通过试验找出符合当地条件的最佳实施方案及工艺。

2. 成果示范 是在推广人员的指导下，向农民推荐并展现某些农业科研成果，是继中间试验之后的第二个必须经过的步骤，是技术逐渐传播和扩散的过程。成果示范用具体效果说明一项新技术可以在当地应用并具有优越性，以引起农民采用新成果的兴趣，达到推广新技术的目的。成果示范是一种可以用全部感官去学习的推广方法。美国"推广之父"南伯提出，用农民的实际成功经验去推广新技术，更能引起农民学习的兴趣。成果示范一般布点在宜推广的区域，让农民可以亲眼看到，具有较强的说服力和示范性。

3. 中间试验与成果示范的区别 中间试验的本质作用是研究新技术的可行性，而成果示范是用成功实例向农民推荐先进技术的一种方法，属中间试验以后的推广步骤，是为农民提供学习新技术的样板。二者不能互相代替。

（三）农业技术开发与推广

1. 农业技术开发 是指利用农业领域的基础、应用研究成果，经过对成果的消化、吸收、研究和转化，为生产开拓出新产品、新材料、新设备、新技术和新工艺的各种技术活动。农业技术开发可以将知识形态的农业科研成果应用于农业生产的必要环节。主要内容包括：对拟推广的新产品、新技术进行中间试验；在一定生产条件下进行扩大技术成果的可行性研究；对原有产品、技术进行改进；国内外引进技术的消化、吸收和创新；新技术的转移、开发利用；科学地、系统地总结群众（专业户、示范户）经验；单项技术成果的组装配套、综合运用等。

2. 农业技术推广 是应用农业科学及行为科学原理，通过教育、咨询、开发、服务等方法，采用试验、示范、培训、技术指导等方式，将农业生产过程中的新技术、新技能、新知识与信息传递给农民，使集科技、教育、管理、生产于一体，具有社会性、系统性及综合性的专项开发活动过程。需要说明的是，农业技术推广的涵义是随着时空的变化而演变的。因此，在人类历史上的不同社会阶段，不同国家的农业技术推广曾有过不同的涵义。

二、农业科技成果转化的形态

农业科技成果是农业科研劳动者对自然和物质世界进行探索改造的结果，是用于促进农业生产发展的知识形态产品。根据农业科技成果的内在特点及外在特性，农业科技成果的转化有两种渠道：一是通过商品化进入生产领域；二是通过非商品化、非流通形式进入生产领域。按能否商品化，农业科技成果转化一般有以下五种形态。

1. 物化产品 这类产品是有形的，是农业生产中需求的"硬件"，可以形成商品化。如种子、农药、化肥、地膜、食用菌、药材、畜禽、疫苗、苗木、农业机械等，采取适当的交换方式可以将这类农业科技成果全部或部分地收回研制成本，有些成果还能创造较高的利润。

2. 技术性产品 该类成果以非物化信息形态存在、传播和被使用，包括抗旱技术、栽培管理技术、生态技术等。多以技术承包、技术入股、联产技术服务、技术经济一体化承包和组建技术产业公司等方式获得经济效益。

3. 技巧和技能 这类技术既难物化，也不易信息化，常常只能意会，难以言传，需要拥有者亲自教授，使用者用心体会才能掌握，一般为有丰富经验的技术干部和人员所特有。诸如果树修剪、看苗施肥、农机修理等技术。这类成果需要供需双方通过系列化服务，实现其成果的商品性交换。

4. 服务性的知识产品 诸如土壤区划、开发方案、区域种植、农村规划等农业科技成果，既非物化产品，又非信息性产品，虽然能够为农业生产科研服务，具有价值和使用价值，但因没有商品性的交换价值，不能商品化，更不能形成技术市场。这类成果的转化需要国家或地区政府部门组织实施，其受益者是一定区域内的广大民众，转化的效果主要表现为社会效益和社会进步。

5. 应用基础研究 如生理机制、科学方法、规律性研究等科技成果，性质与第4类相同，只不过其服务对象是直接面向科学研究。

随着我国社会主义市场经济的不断发展，技术市场的逐步完善，科技成果商品化的领域不断拓宽，技术有偿转移或转化的比例会逐渐增加。这种科技与经济有效结合的良好运行机制，有助于提高全民族的科学文化素质，加速科技成果向生产领域的转化，从而推动我国社会主义经济建设的发展。

三、农业科技成果的转化过程

任何农业研究项目,当通过了项目验收或成果鉴定以后,就要通过技术示范、推广等形式,使科技成果尽快在农业生产上普及应用,形成现实的生产力,这一过程就是农业科技成果的转化。由此看出,农业科技成果转化的过程包括产出成果到传播成果,再到采纳成果三个阶段,即成果产出系统(研究系统)、成果传播系统(转化系统)和成果采纳系统(生产应用系统),能否形成现实的、直接的生产力,关键在于成果转化三个系统的有效运行。

(一)农业科技成果转化的基本过程

研究农业科技成果转化的基本过程,有助于加快科技成果的转化,使新的科技成果尽快地转化为现实生产力。

可直接应用于生产实践的科技成果一般属于应用技术研究成果范畴,分为物质技术成果和方法技术成果两类。但不管哪类技术成果,只有农业科技推广人员经过发展研究、技术推广这一实践活动,将成果传授给农民或转化为农民的劳动技能,才能有效地用于生产实践,产生经济效益。这种经济效益一般表现在三个方面:一是发挥技术的潜力,如良种的增产效益;二是扩大使用范围,如扩大良种面积带来的效益;三是延长使用时间,并降低转化费用的效益。农业科技成果转化的基本过程如图10-1所示。

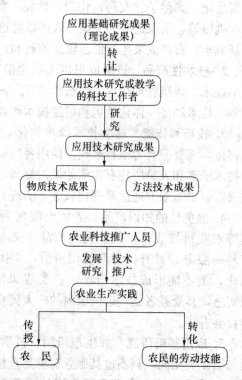

图10-1 农业科技成果转化的基本过程

(二)农业科技成果的传播

科学技术的传播与物质文化的交流,不断推动着社会生产力向前发展。作为在科技成果转化过程中占有主导地位的农业技术推广，既是农业传播，亦是农业技术推广过程。传播学作为一门新兴学科，是专门系统研究人类的一切传播行为和过程的科学。在农业技术推广工作中，了解一些有关传播学方面的知识，掌握一些传播技术，会给推广工作带来极大的便利，并会取得事半功倍的效果。因此，农业技术推广工作者应该学习一些传播学的基本理论与方法，懂得信息传播的基本规律，熟练应用各种传播工具、手段和技巧，将新的农业科技与信息迅速、有效地传播给农民，应用于生产实际，转化为生产力，以提高农民素质、增加社会财富。

1. 传播的基本概念　传播作为一种人类活动，是伴随人类诞生就开始的社会现象。它是指个人或团体主要通过各种符号，向其他个人或团体传递信息、观念、态度或感情的过程。

2. 农业科技成果传播的基本要素　为了将科技成果有效的传播，有必要进一步了解传播的基本要素以及各要素的主要功能。传播构成的基本要素有信息、信息源、传者、媒介、受者、信息宿和反馈。这几部分有机结合，缺一不可。

（1）信息。信息是人的精神产物的外化和内储。在农业科技传播中，信息则主要是指农业科学技术、成果及各种有用的农业知识。传播的目的就是将农业科技信息及时有效地传播给农民，应用于农业生产和农业经营。

（2）信息源。即指信息的来源。如科研机构、大专院校以及从事信息资料加工的机构，都是信息流或简称信息源。从具体的推广角度看，信息源包括的范围则更为广泛。比如，在推广某项新技术时，推广人员或推广机构是技术的传播者，在获得信息后，也成了信息源，我们称这些为次生信息源。由信息源及其派生出的许多次生信息源，构成一个庞大的多级传播体系。

（3）传者。指在传播中具有收集信息、传播发散信息的个人（如推广人员）、群体或组织（如技术推广站）。要成为一个出色的传者，首先就要按照传播对象的需要，从信息源或其他渠道广泛而准确地收集信息，然后针对传播对象的文化水平、经济状况、心理素质、社会环境等因素，对信息进行加工处理，达到能方便、有效地传递给传播的对象。

（4）媒介。是信息的载体，是沟通传者与受者的桥梁。在农业科技成果转化中，除最基本、最直接的传播媒介语言之外，还有广播、电影、电视、报纸、图片、录像、计算机及其网络等媒介，给现代科技、信息的传播带来了很大方便。这就要求作为传者的推广人员要不断更新、补充知识，学会熟练使用各种传播媒介，使科技信息尽快传到农民当中，促进科技成果向现实生产力的转化。

(5)受者。与传者相对应,受者是从传播媒介中获取信息的个人、群体或组织。在农业技术传播中,传播的受者主要指农民。农民从传播媒介获取信息后,需要有一个消化吸收的过程。如果将推广人员或组织(称为传者)对信息的加工处理看成是编码(密码编制),那么农民对信息的吸收、消化过程则是编码信息还原,称为译码。实际工作中,一项新的科学技术往往要经过推广工作者的大量工作,才会被农民接受和采用。

(6)信息宿。是信息被使用的场所,即信息的最后归宿,是传播过程的终点。信息经传播媒介从信息源(流)到达信息宿,就达到了传播的目的。像传者和受者一样,信息源与信息宿也是相对应的。比如,在农业科技成果转化中,农民在获得农技信息后,应用于生产实际,产生经济效益,使信息被接受。信息源与信息宿是变化和发展的,信息宿产生效益后,会成为新的信息源,经过技术传播,寻找下一个信息宿,农技推广人员就是要加快这种信息源向信息宿转化的过程。

(7)反馈。反馈是信息传播到受者后作出的反应,并通过一定的渠道返回给传者,影响下一次传播行为的过程。传者在得到反馈信息以后,便可据此调整、修正目前和将来的传播行为。改善传播的信息或传播的方式,使推行工作趋于完善,信息反馈是传播工作中的重要组成部分。

四、农业科技成果转化的条件

加速农业科技成果的转化,不仅要提高成果的转化率,更主要的是把那些对全局有重大影响的科技成果尽快在生产中形成规模效益。成果的转化过程是第二次发明,是成果的再创造,是涉及科技、经济与社会等诸多因素的复杂过程,转化需要一些必备的条件。

(一)成果必须"适销对路"

实际工作中,经常有这样的情况:一些农业科技成果一经问世,便很快引起广大农民的兴趣和关注,在生产上不推自广,且在较长时间内"走俏";而有的成果虽已问世多年,并做了大量宣传工作,却一直不能引起农民的浓厚兴趣,很快出现"疲软";还有的成果,不论宣传工作多么努力,始终得不到农民的重视,由于"滞销"而不得不作为"废品"束之高阁。上述三种情况,究其原因可能是多方面的,但最根本的还是成果本身是否具有过硬的转化功能。成果的质量是转化的基础,衡量成果合格的标志,一是成果的成熟性,二是成果的适用性,三是成果的效益性。尤其效益性是决定成果命运的关键。

1. 成果的成熟性 是指科技成果的可靠性和稳定性。也就是要经过多年多次重复和不同生产条件、气候条件的验证，实践证明确实是增产增收、有经济效益的，并形成相互配套的技术成果才是成熟的。

2. 成果的适用性 是指科技成果在生产上的适应范围和适用条件。我国地域辽阔，各地自然条件千差万别，经济技术发展也不平衡；加之，农民的知识水平存在很大的差别，而农业技术又有强烈的地区适应性，因此对成果的适用性必须进行严格的鉴定。

3. 成果的效益性 是指成果被采用后应具有的经济效益、社会效益和生态效益。因此，鉴定系统要确切评价新技术对提高产品产量和质量、降低生产成本、改善劳动条件和生态环境等方面的有效作用。只有技术上先进性而无经济上的合理性的成果，往往不能转化为直接生产力，这样的技术只能是贮备成果。技术是手段，效益是目的，所以必须讲求技术和经济的统一。

（二）做好科研与推广之间的衔接工作

成果鉴定以后，如何送到千家万户转化为生产力，这既是推广部门的主要工作，也是科研单位义不容辞的责任。科研部门作为成果的生产单位，应根据本地区农业生产发展的需要，从本单位科技实力出发，调整好本系统的科研方向，明确任务，创造更多的科技成果，增加技术贮备。此外，也要积极进行技术推广和开发工作，采取多种形式把科技成果的信息传递到生产领域，并通过成果示范的信息反馈，解决好成果应用中出现的新问题，使成果得以完善和发展。另一方面，推广部门要把成果接过去，利用推广机构分布广泛和拥有专门推广人才的优势，搞好技术传递和培训工作。推广部门要变革旧体制的弊端，理顺关系，采取有效的组织措施，制订合理的推广计划，进行技术宣传和培训，把成果送到各层次科技服务组织和农民手里，相对缩短转化周期，使成果转化成现实生产力，并及时向研究部门反馈实施中反映出来的问题，对技术进一步改进、完善。

要发挥科研单位和推广机构两方面的积极性，就要制定相应政策，使双方对成果的转化具有共同的责、权、利，形成利益双向激发机制，使成果转化释放活力。

（三）提高农民的科学文化素质

科技成果转化成功与否，关键取决于成果的采纳系统。农民是采纳系统的主体，其科学文化素质在很大程度上影响着对成果的消化、吸收和应用能力。技术培训是农业技术推广的重要手段，也是一种教育活动。这就要求教育、科研、推广紧密结合起来，围绕成果转化这个中心，广泛开展不同层次尤其是对农民的技术培训。通过各种有效途径加强教育，尽快提高农民的科学文化素质，以增强农民对科技成果的接受能力。

（四）实行技、物、政三结合

农业科技成果的转化是以相应的物质和资金为前提的。如病虫害防治技术要有对路的农药品种；模式化栽培要投入相应的配套装备；示范基地建设要有设备、器材和经费等。因此，农业科技成果要形成规模效益，必须有配套的条件，其中技、物、政是三个最基本的要素。技术是核心，物质是基础，政府支持是保证，三者缺一不可。

（五）拓宽农业技术推广的内涵

农村实行家庭联产承包责任制以后，要使不同素质的农民都能接受并能够准确使用先进农业科技成果，扩大社会化服务则显得更为必要和迫切。农业技术推广部门可以配合技术推广，从事一些经营服务活动，如经销农药、化肥、地膜、良种、苗木、机具等，也可以通过技术承包等形式，在做好技术示范的同时，增加自身的经济收入，打破原有的单一推广模式，将技术推广变为产前、产中、产后的综合服务。提高科技推广的生命力，扩大技术推广的内涵。

（六）制定有利于农业科技成果转化的政策和法令

发展农业一靠政策，二靠科技，三靠投入。促进农业科技成果的转化，要有政策与法律作保证，诸如农业技术合同法、农业机械化促进法、成果专利法、有偿转让法、农业技术市场管理法、税收政策、农业科技转化项目补贴政策、农机购置补贴政策、农产品的优质优价政策、农业科技转化有成绩者的奖励政策等。调动各级领导和广大科技工作者的积极性，向农业倾斜、向科技转化工作倾斜、向从事科技成果转化人员倾斜。同时，调动广大农民的积极性，提高他们采用科技成果的自觉性，只有这样才能促进农业科技成果的转化。

五、农业科技成果的转化对象

（一）农民对科技的需要

农业科技成果转化的对象是农民，大多数农民都是以家庭为单位的农业经营者，有着共同的、一般的需要。同时，由于不同地区农民所处的经济环境、经营条件、文化教育程度、经验以及年龄、性别等各方面的差异，又各有不同的需要。农业技术推广人员只有调查和分析不同地区、不同类型农民的需要，才能有的放矢地制订推广目标和计划，激励各类农民的行为，使科技成果得到有效传播。

1. 大多数农民的一般需要　目前，我国农民一般都是自给性生产，多为家庭农业经营者，其社会经济地位和抗风险能力决定了农民既渴望先进的农业生产技术，又怕承担技术风险，由此产生的一般需要是：

(1) 生存需要。指满足个人和家庭成员生活物质的基本需要，解决吃、穿、住问题。

(2) 经济安全需要。表现为宁愿保住现有收入水平，也不愿靠运气或冒风险去创造更多的利益。基于生存和经济安全这两种需要，大多数农民对一项新技术的采用的积极性并不高，习惯沿用传统的农业生产技术。

(3) 增加收入和改善生活条件的需要。农民渴望学习有用的新技术，加入某些合作组织，解决自己不能单独解决的生产问题。希望通过学习和合作改善自己的经济状况。

2. 地区条件差异引起的不同科技需要　农业生产的区域性很强，农业生态类型和农业经济结构类型多种多样。因此，不同地区的农民在发展农业生产上有着不同的科技需要。如北方干旱半干旱地区，土地面积相对较大，需要大中型动力机械，而南方由于土地规模小，则更需要中小型机械；"老、贫、边"地区的农民迫切需要利用当地自然资源和劳动力资源，在政府扶持下，改善交通，脱贫致富；在农业水平相对较高，农民生活较好的地区，农民迫切需要引进现代农业技术，发展商品生产；人多地少、劳动力过剩的地区，农民需要提供复种轮作、立体生态农业等节省土地、提高土地利用率的新技术；在人少地多、劳力不足地区的农民，则需要提供省工、省时的技术和机具。

3. 农村青年的科技需要　农村青年一般指年龄在 15～24 岁的农村人口。这些年青人大多受过较多的基础教育，但缺乏农业生产的技能和经验。他们不满足于传统农业经营的模式，对新技术、新知识有着强烈的渴望。但是，由于社会文化、经济环境及其他因素的差异，不同地区的青年需要的科技内容和程度不同。一般来说，农村青年主要有四个方面的需要：①农业生产技术等职业技能的提高；②文化水平、科技意识、社交能力、自尊心、自信心等个人素质的提高；③民族意识、热爱家乡、振兴农业和农村等公民责任感的增强；④组织、领导能力的培养。

4. 农村妇女的需要　在我国随着男性劳动力流向非生产领域的人数的增多，农村妇女在农业劳动中的比例也在增大，她们在农业生产中做出了重要贡献。同时，农村妇女在农业生产中的地位和作用日趋重要。

大多数农村妇女是家庭农业经营的成员，同样具有一般农民的需要。但是，与农村男性相比，多数农村妇女受教育的程度较低，在文盲中所占比例也较大；加上家务劳动时间多，参加社交的机会少，以及受到传统习俗的较大限制等，致使她们的需要常常被忽视。因此，必须加强对农村妇女的基础普及教育，通过各种方式对她们进行技术培训，提高她们科学种田的能力。制订培训计划时，要考虑到她们的实际困难，给她们创造尽可能多的方便条件。应针对她们的特点，确定技术培训内容，例如，除了大田生产的一些新技术外，还要多讲一些关于家禽饲养管理方面的配套技术等。

（二）农民对技术的心理反映

农业科技成果转化对象的主体是农民，由于农民的社会经历受到物质生产方式、教育水平、风俗习惯、宗教信仰以及所处的自然地理和政治环境的影响，形成了农民所特有的复杂心理状态，且直接影响着农民对于农业科学新技术的认识。因此，了解和掌握农民对科学技术的心理反映，对于做好农业技术推广工作，促进科技成果转化是非常必要的。

1. 渴求心理　大多数农民，尤其是年轻农民在解决温饱问题之后，并不满足于目前的生产、生活状态，而是要求不断增加经济实力，提高生活水平；特别是党的富民政策使广大农民渴求致富，学科学、用科学、讲科学的意识大大增强。农民中出现了有的订阅科技报纸和杂志，有的花钱参加技术培训，还有的把子女送到农业学校学习的现象。农民这种对科学技术的渴求心理，对农业科技推广工作十分有利，这部分农民是农业科技推广工作的主要依靠力量。

2. 农本心理　"以农为本"是我国农民长期以来恪守的信条。目前虽有些变化，但多数农民仍认为当一个地地道道的庄稼人是自己的本分。他们对自己承包的土地过分偏爱，总认为那是他们的安身立命之本，即使一些兼工兼商的农民也不愿向他人转让自己承包的土地。基于这种以农为本的心理，农民对农业新技术十分关心，要求十分迫切。

3. 自给心理　长期自给自足的小生产经营方式，使农民形成了一种封闭的"小而全"的思维方式，"干柴细米屋不漏，万事不用把人求"是他们的理想境界。因此，对农业技术的需求，一般只是为了满足个人或家庭的物质需要。当物质需求一旦得到满足，对新技术的追求就会淡化。显然，农民的这种自给心理对进一步推广农业新技术是不利的。

4. 守旧心理　农民喜欢从自己过去体会中寻找经验，与现今事物相比较，经验中没有的事，没见过、没听说过的就不相信，更不愿接受。在农业生产中，"粪大水勤，不用问人"是这种心理的典型反映，对于生产技术中的某些陈规陋习，总是不愿轻易抛弃。在横向比较中往往是近距离的，空间上总是考虑本地如何、本村如何，远方的事情或经验犹如天方夜谭，可望而不可即。随着传播媒介的现代化，近距离比较正在改变，但还是觉得近距离的可信度高。这种固守旧传统、排斥新技术的守旧心理是农业科技推广活动中的直接障碍。

5. 怕风险心理 多少年来的风风雨雨，生产生活的诸多变化，以及单薄的经济实力，多变的自然条件和市场的风险因素，使农民形成了牢固的求稳怕乱心理。由于害怕失败后会影响自己的生产和生活，在作生产和技术决策时，总是前思后想、谨小慎微。这种心理也是影响农业科技成果推广的障碍之一。

6. 从众心理 农民在寻求经济上安全的同时，还本能地寻找一种心理上的安全，表现在技术采用上就是从众心理。当一项技术未被大多数人接受时，即使自己有把握，也难下决心采用，在心理上总有一种不安全感。相反，对大家一哄而起采用的技术，尽管自己没多大兴趣，不做又怕别人笑话，总觉得大家一起冒风险，失败了也没有人取笑，谁也不愿抢"鲜"、冒"尖"、出"风头"，怕"出头椽子先烂"，宁做仿效者。

7. 直观务实心理 农民的总体文化素质低，是现实主义者，对一些技术问题的判断和决策，往往是简单、直观的。往往根据一家一户的实践判断是否可行，若有失败的教训就不加分析地认为肯定不行，并不追究失败的原因，这种简单的否定判断，使许多有利用价值的技术被排斥。直观则表现在多注重事实根据，不相信别人的说教，不相信间接经验，不敢轻信书本知识，只有左邻右舍谁成功了，才能相信。因此，农业科技推广要特别注意做好示范工作。

（三）科技在转变农民行为中的作用

农业科学作为一般社会生产力，可以转化为直接的、具体的农业生产力。但这并不是说它已成了社会生产力的独立要素，而是必须渗透融合到生产力诸要素及其相互关系中去，才能实现这种转化。科技要渗透到生产力的各要素中去，需要两个方面的配合：一是要通过多种形式的宣传、培训、教育，使科技变为劳动者的生产知识、劳动技能；二是需要物化成新的生产资料，如动植物新品种、新机具、新原料、新能源等。这样才能创造新的生产力或提高生产力水平。劳动者是社会生产力中起主导作用的最积极、最活跃的要素，与物相比，人是主体，起着决定性作用。

农民是农业生产力中的劳动者。为了满足增加收入、改善生活的目标要求，农民需要改变以往的传统耕作技术和旧习惯，接受新的生产知识，改变自己的行为模式与生活方式。采用新技术和新方法，这是个人行为的改变，而新技术、新方法被广泛传播和普及应用，则是团体行为的改变。农业技术推广工作的重要任务，就是诱导农民行为的改变，包括知识的改变、技能的改变、态度的改变、个人行为的改变和团体行为的改变。

1. 知识的改变　我国农民对传统的农业知识和经验比较熟悉，但由于总体文化水平较低，科技素质不高，大多数人对现代农业科学技术缺乏了解和认识。对化肥深施、保护性耕作、精量播种等先进的生产技术还是一个模糊的概念。这就必须通过科技推广、宣传、培训等方式，使农民增加科学知识，更新旧观念，开阔新思路，学习新技术、新方法，并应用于生产实际。

2. 技能的改变　首先是让农民知道有某些新技能比以往采用的习惯做法更好更有效，激发他们学习和应用这种技能的兴趣。农民得知该技能确实能带来经济效益时，就会通过各种方式学会这些技能，然后进入熟练阶段，并应用于生产实践之中。

3. 态度的改变　农民对一项新技术的态度是其行为改变的核心。通过推广、教育、信息和配套服务，就会使农民对这项技术有所认识，并从原来不感兴趣到产生兴趣和热情，然后就会产生愿意学习和采用这项新技术的行为倾向。认识、情感和行为倾向这三种因素，共同表现为农民对新技术的态度改变。

4. 个人行为的改变　农民在得到科研和推广人员的指导和帮助，发现自己能够学会所提供的新技术，并具备采用新技术的条件后，就会开始采用这项新技术。当新技术的利用显示出比传统方法优越的时候，就会确认这项新技术，并在生产上加以应用，以至于取代习惯的传统技术，达到行为上的转变。

5. 团体行为的改变　在一定区域范围内的技术普及，是以大多数人的行为改变为基础的。在技术传播过程中，通过少数先驱者的技术采用、示范，加上技术人员的具体指导、宣传和帮助，新技术就会在该区域得到广泛传播和普及应用，改变原来的团体行为，此时也就实现了当地某项技术的革新。

研究显示，人的知识上的改变比较容易，态度上的改变就较难，所需时间也较长；个人行为的改变就更困难，所需时间也更长；而最困难、花费时间最长的还是团体行为的改变。农民行为的改变是农业科技成果转化的决定因素，农业技术推广的目标在于改变农民落后的行为，而且这种改变是自愿的改变。因此，农技推广工作必须考虑人的各方面因素，不同情况区别对待，具体问题具体分析，利用说服、劝导、培训、试验、示范、传递信息和其他沟通形式及手段来引导，使农民在知识、态度和信念等方面自觉转变，最终达到团体行为的改变。

六、科技政策

当前的科学技术体制改革，在运行机制方面，要改革拨款制度，开拓技市场，克服单纯依靠行政手段管理科学技术工作、国家包得过多、统得过死的弊病；运用经济杠杆和市场调节，使科学技术机构具有自我发展的能力和自动为经济建设服务的活力。在组织结构方面，要改变研究机构与企业相分离，研究、设计、教育、生产脱节，军民分割、部门分割、地区分割的状况；强化科技创新和技术成果的转化；促进研究机构、设计机构、高等学校、企业之间的协作和联合，并使各方面的科学技术力量形成合理的纵深配置。在人事制度方面，要克服"左"的影响，扭转对科学技术人员限制过多、人才不能合理流动、智力劳动得不到应有尊重的局面，造成人才辈出、人尽其才的良好环境。具体需要做的工作有以下几方面：

（1）对技术开发和技术推广逐步实行合同制管理。主要从事这类工作的独立研究机构，应当通过承担国家计划项目、接受委托研究、转让技术成果、合资开发、出口联营、咨询服务等多种形式，在为社会创造经济效益的过程中，取得收入、积累资金。

（2）促进技术成果的商品化。科学技术是人类智力劳动的产物，它已成为独立存在的知识形态商品，逐步形成技术市场，成为我国社会主义商品市场的重要组成部分，需要科技推广工作者积极疏通技术成果流向生产的渠道，改变单纯采用行政手段无偿转让成果的做法，积极发展技术成果转让、技术承包、技术咨询、技术服务等多种形式的技术贸易活动，以适应社会主义商品经济的发展。

（3）注重产学研相结合。农业技术推广机构应同研究机构、高等学校密切合作；加强同乡镇企业、各种合作组织以及专业户、技术示范户、能工巧匠的结合；以点带面，积极做好供、产、储、运和加工等各方面的技术服务以及新技术的推广工作。在推广过程中发现课题、研究课题、验证成果、反馈效应，真正解决生产实际问题，提高经济效益，增加经济收入。

（4）改革科学技术人员管理制度。科学技术人员是新的生产力的开拓者，必须培养德、能、勤、健的科技队伍。要逐步形成老、中、青的科技队伍梯队；建立激励机制，发挥人员的工作潜能。

必须改变积压、浪费人才的状况，促使科学技术人员合理流动，采取各种政策和优待措施，吸引科学技术人员到最需要的地方去工作。科技人员在做好本职工作的情况下可以适当兼职，以促进知识交流和发挥人才潜力。

七、科技的作用

按照经济活动的产业分类，科技属于第三产业的范畴。第三产业被解释为繁衍于有形物质财富生产活动之上的无形财富的生产部门。科学技术正是这样一种特殊的产业，它通过自身对经济发展和社会进步的乘数效应、渗透效应和变革效应，将科技成果转化为直接的生产力，而神奇般地放大社会生产力，创造着巨大的社会财富，成为现代经济发展的决定性因素。

科技进步所带动的交通运输、邮电通讯事业的发达，加速了世界市场的形成，促进了国际分工与交换的深化，为交易中介事业开拓了广阔的市场空间，又提供了便捷灵敏、四通八达的联络商品交易的条件和丰裕的信息资源。

科技进步的先导作用及技术成果的商品化，使技术市场成为市场体系中的主要组成部分，技术商品成为商品中的珍品。技术商品的卖方为了加速转让技术成果，买方为了早日应用先进技术，都希望经纪人提供中介服务，牵线搭桥。

科技劳动的结晶是科技成果，在市场经济条件下，科技成果要商品化、产业化、国际化，都离不开市场，离不开流通。成果通过应用而转化为直接生产力，成果转化是科技劳动的出发点，也是归宿。

第二节　农机化技术推广原理与方法

我国农业技术推广体系在长期发展中逐渐形成以下特点：一是由政府领导，农业行政部门主管，以政府兴办的各级农业技术推广机构为主体，组织、协调、实施各项推广工作；二是农业技术推广与农业教育、农业科研归入政府不同部门，各自独立，通过政府组织"三农"协作，共同开展农业开发、集团承包，分工承担重点推广项目、农业攻关项目等科教兴农活动，对推广做出各自的贡献；三是专业推广机构按农业、畜牧、水产、农机化、经营管理分别组成，自成体系；四是推广机构的职能以技术推广、社会化服务和教育引导为主，通过运用各种推广手段，执行国家计划，并提高农民经济收益；五是全国农业技术推广网络以县、乡两级推广机构为重点，分别作为推广网络结构的中枢和骨干；六是推广队伍由专业科技人员和农民技术员组成，实行专群结合、分工合作的办法。

一、农业技术推广的概念

要做好农业技术的推广工作，就要不断地研究农民的心理特征、行为变化规律及诱导其行为变化的方法论。即研究影响农民行为变革的客观因素及其规律，有效诱导农民行为变革的方法论。

1. 狭义的农业技术推广　是指以服务与行政相结合的方式推广农业技术，是以"创新扩散"理论为基础，以农业的产中服务为主要内容，以技术传递、技术指导、成果示范等为主要方法的技术推广。其主要目标是使农民掌握这些知识和技能，增产、增收，改善环境和农民的生活。

2. 广义的农业技术推广　是指以教育的方式推广农业技术，以行为科学为主要理论基础，其主要目标是使农民获得实用的知识，促进农村人才培养和智力开发。通过组织、教育和沟通等有效手段和方法来影响、引导农民，增进其知识，提高其技能，改变其态度，增强其自我决策能力，促使农民自愿行为的改变，从而加速农业的发展和农村的社会进步。

广义农业技术推广工作的范围一般包括：有效的农业生产技术指导；农产品运销、加工和储藏指导；市场信息与价格指导；资源利用和保护指导；农户经营和管理指导；农户生活指导；农村领导人、青年骨干培养；农村团体工作改善指导；公共关系指导等。

我国现阶段农业技术推广工作正处于由狭义农业技术推广向广义农业技术推广的过渡阶段。

二、农业技术推广活动的实质

（1）农业技术推广是由机构部署的一种有组织的职业活动。农业技术推广都是由国家事业机构或者民间机构部署和组织的职业活动。

（2）农业技术推广是改变农民行为的过程。农业技术推广的对象是农民，农民需要的变化直接影响着农业技术推广活动。一般来说，狭义的农业技术推广工作，是让农民被动接受农业技术，进而影响农民行为的改变；而广义的农业技术推广，则是通过组织、教育手段来诱导农民采用新技术，使农民自愿变革其行为。

（3）农业技术推广具有双重目标。农业技术推广目标主要体现为两个方面：一是国家农业政策的需要，也就是说农业技术推广必须结合国家宏观经济发展的战略需要；二是农民自身的需要，包括经济富裕、生活改善、智力的拓展、科学技术成果应用能力的培养、社会交往、社会活动的组织和引导等。

综上所述，农业技术推广的概念可以表述为：农业技术推广是一种活动，是把新科学、新技术、新技能、新信息，通过试验、示范、干预、沟通等手段，根据政府和农民的需要，传播、传授、传递给生产者、经营者，促使其行为变革，以改变其生产条件和生活环境，提高产品质量和经济收入，提高智力以及自我决策的能力，以实现农业发展和农村社会进步为最终目的的一种活动。

三、农民行为改变原理

我国是一个拥有近 10 亿农民的国家,农民是农业技术推广的主要对象,只有改变和优化了农民的行动,才能彻底改变农业和农村的落后面貌。

(一) 存在的问题

目前,我国农民行为改变过程中存在三方面的问题。

1. 研究滞后 中国农业技术推广理论和方法是 20 世纪 80 年代初引进的,长期以来侧重于农业技术推广的体系、体制、方法研究及农业技术推广经验的总结,对于农业技术推广对象的农民及其行为的研究显得较弱。

2. 体制需要创新 计划经济条件下,农民的生产行为甚至包括生活行为基本上是统一的,农业技术的推广往往采用简单的行政命令。社会主义市场经济体制下,广大农民成为自主经营,生产方式、规模及其投资都由农民自己决定,原有的农业技术推广方法已不再适应新体制。

3. 应重视提高农民素质 改变农民行为的内因是农民自身的素质。农民自身素质高,改变其行为的驱动力容易引入,阻力较小;相反,则不易引入。因此,农民的素质亟待提高。

(二) 农民行为的改变方法

农民行为的改变,又称为农民行为改造,指的是行为变革者通过对人的行为研究,利用不同的外在手段,达到引导、优化农民行为的目的。其根本内容是对行为的强化、弱化和方向的引导。从原理上来讲,就是通过期望目标的设定和行为的激励来实现农民行为的改变。

1. 行政命令方法 这种方法所对应的农业技术推广方式是自上而下的机制。该方法的依据是:①农民的需要是简单的,动机是单一的,一套政策就可以解决各地的大部分问题,所以政策的目标和内容是最重要的;②农村、农业、农民的中心问题是农业的生产问题,所以体现在政策上就应该以作业过程和提高产量为中心;③农民的教育程度较低,思考新的问题的能力有限,探讨问题的解决方案应由推广专家和官员替他们寻找;④职业性的推广专家和政府官员比农民见多识广、能力强。整个推广工作的关键不在于发动农民寻找解决问题的办法,而在于怎样让农民听指挥,并遵照执行。据此,行政领导或推广机构运用组织赋予的权力,迫使农民去做某事,农民独立自尊的人格未受到重视,意见很少被采纳。

从教育的观点上看，这种方法没有发动农民，不能启发农民去思考问题，不能激发农民学习科技、运用科技的积极性，农民只能被动地接受新知识和新技能。

运用行政命令的方式去改变农民的行为，可用在农民有能力办到、有必要去办，但并没有意识到的工作，如农膜的使用、秸秆禁烧等。一般能在相对较短的时间内使较多的农民发生行为变化。但是，要维持和控制这种变化是非常耗资的，组织费用和成本较高，而且人们也不一定总能按要求行事。另外，这种方法也不适合调动人们的积极性。

2. 农民自发式 这种方法是由农民依据自己在生产中的需要，主动寻求新的技术，在此过程中达到改变态度、改变行为的目的。其依据是：①农民比任何人更了解自己的需要，让农民自己来陈述自己的需要是最合适的；②农民对符合他们切身利益的事情，会表现出极大的热情，较愿意给予支持，通过农民的参与来激励他们的学习行为；③农民可以自由地发表自己的见解和观点，民主观念会得到巩固和加强。

这种完全依靠农民自发地陈述需要、主动寻找、学习采纳，并改变态度和行为的方法，能反映农民的切身要求，解决他们真正想解决的问题。但这种方法需要农民有一定的文化水平和认识问题、分析问题的能力；需要将零散的观点整合成大众的基本观点；同时还需要有一个比较通畅的、能快速沟通的交流渠道。而这些条件在我国的大部分农村尚不完全具备。

3. 咨询方式 这种方式是由农民提出要求，经专家和官员协同分析，拟定突破口并进行一系列工作指导和帮助的改变方式。

其优点是：不但注重农民的参与，也注重专职人员的重要性，兼顾了农民的切身需求与专业人员的理论观点；目标与行动方案能体现各方的见识和智能，将农民的积极性与专业人员的理性分析有机地结合起来。这种方法融合了前两种方法的优点，能达到良好的、改变行为的效果。但前提条件是必须构建上下畅通、功能健全的交流平台。

4. 提高农民的知识水平的方法 这种方法就是通过传媒或教育方式，给农民传授农业生产新技术和方法，以此诱导农民改变态度和行为。该方法的依据是：农民不具有足够正确的知识，致使态度与目标不符；农民愿意通过学习改变贫困落后的面貌；农民有了更多的知识，就能够与推广工作者密切合作，并从合作中提高科技应用水平。因此，通过大众媒介、教育等方法来传播知识，就能影响农民的态度和行为。

这种方法借助传媒或教育方式向农民传授科技知识，如电影、电视小品、儿歌、民间弹唱等农民喜闻乐见的各种形式，对农民态度和行为的转变具有长效性。

5. 通过社会学手段来改变农民行为　农民生活生产大都是在一个固定的社区内进行的,通过建立乡规民约,制订科学的行为规范、道德规范和生活方式,可以整合农民个体的行为。这种社会学方法在改变农民行为方面的影响是深远的、持久的。

总之,影响和改变农民行为的方法很多,为了使工作富有成效,各种方法应有机地结合起来。但基本点就是农民与推广者、农民与政策制定者、农民与大众媒介、农民与社区关系的协调。

四、农业技术推广教育原理

(一) 农民心理发展的一般特征

我国地域辽阔,各地农业生产发展存在不平衡性,形成了不同地域、不同层次的农业发展水平和心理差异,而这些差异则表现为农民的心理特征不同。

1. 贫困地区农民心理背景　贫困地区普遍存在交通不便、工业基础差、信息闭塞、生存环境差、经济落后等问题。由此产生的心理特征是:

(1) 安贫心理。贫困区由于交通不便,有的人一辈子没进过城,与外界交往少,信息不灵。认为穷是命里穷,心理上容易满足,对生活缺乏追求,对致富信息不敏感,对新技术常持疑心。

(2) 麻木心理。贫困造成懒惰、迟钝,不愿主动接受新事物,"穷人不是我一家,家家都差不多"。一起受穷,心安理得。另外,文化素质低,对新事物反应迟钝,思维模式僵化,对新技术根本无法理解也是其原因之一。

(3) 依赖心理。在贫困地区,农民习惯了"受灾—扶贫—再受灾—再扶贫"的路子。认为自己条件差,自然灾害多,国家救济是理所当然的。依赖政府,乐于安贫,排斥新技术。

(4) 封闭心理。这些地区农民常年生活在个人相对封闭的"小天地",多以自给方式生产、生活,对于商品、市场的认识很少,不愿也不敢经商。

2. 一般地区农民心理背景　这些地区的农民生活在温饱线以上,多数农民正由温饱向小康过渡,条件优于贫困地区,但经济收入还不高,渴望一些新技术,但也有因循守旧者,由此产生的心理特征是:

(1) 农本心理。这类地区长期以来,封闭的自然经济模式和小农意识形成浓重的农本心理。多数人认为种庄稼、收粮食是本分,搞流通是不务正业、风险大,不如种粮稳妥。在选择新技术时也喜欢简单易行,对高新技术由于认识的差距往往持排斥态度。

(2) 自给心理。长期以来的小生产经营方式形成了一种"种粮为吃饭，养牛为种田，养猪为过年，养鸡为换盐，养儿为防老"的思维方式；以盖新房、娶媳妇作为终身奋斗目标。因此，他们对新技术比较淡化，不愿搞技术革新，喜欢稳步前进。

(3) 从众心理。大多数农民家底薄，常常谨小慎微，怕冒风险，对新技术心存疑虑，坐等观望，只有看到别人受惠于新技术时才模仿采用。

(4) 实惠心理。由于农民承担风险能力小，经济水平低，多数农民喜欢周期短、投资少、见效快、风险不大、小打小闹的短平快项目，对那些周期长、投资大、风险大的项目，往往不感兴趣。

(5) 过急心理。随着农村经济的发展，依靠科技致富的农户不断涌现。尤其一些地区的青年人，高、初中毕业生，精力旺盛，感知敏锐，反应快，有较强的好胜心，接受新技术快。渴望致富，对各项技术都想尝试，但常超越自身的客观条件，尝试化为泡影，最终是欲速则不达。

3. 富裕地区农民的心理背景 这类地区的经济、地理条件都较优越，农村经济发展迅猛，农产品市场星罗棋布，乡镇企业异军突起，经济实力雄厚，传统的小农经济模式已被彻底打破，正向市场经济挺进，出现众多的科技示范户、专业户、专业村。这些地区农民认识到"穷不是社会主义的必然，富也不是资本主义的表现"，乐于接受各种新技术。主要心理特征是：

(1) 厌农心理。由于生产资料价格轮番上涨，农业生产比较效益下降，这些地区农民厌农弃农，轻农重商，或从事离土不离乡的家庭或集体副业，青壮年劳动力外出打工，老、幼、妇从事农业生产的局面。他们乐意接受高效种植、农产品加工、贮藏等新技术。

(2) 高效心理。改革开放以来，随着经济的发展，思想的解放，主观上要求赶超小康生活水平。加之，富有资金，竞争意识强，敢于承受风险，只要是"新"、"绝"高效项目，不管有多大困难，认准了就干。

(3) 开放心理。在这些地区农民弃农经商现象严重。认为"无商不富"，敢于参与国内国际经济活动，获取商业信息，分析市场行情。经营的范围不只是农副产品，甚至工业产品、股票、期货市场都积极参与。因此，乐于接受金融、经营等方面的技术。

(二) 农业技术推广教育的主要内容

农业技术推广教育的内容十分广泛，主要包括如下内容：

1. 作物生产 教育内容包括粮食作物、经济作物、饲料作物的耕作与栽培管理，以及种子技术、水土管理、施肥技术、植物保护技术、收获技术等。

2. 园艺生产 教育内容包括果树、蔬菜、食用菌、观赏植物、药用植物的栽培管理技术，种子繁殖技术，病虫防治技术，收获、保鲜贮藏、产品加工、运销包装技术等。

3. 动物生产 包括役畜、肉畜、奶用动物、禽、皮毛兽、蜂、宠物、野生动物、特产动物的饲养管理和繁殖技术，饲料加工和配方，产品加工、防疫和常见病防治等。

4. 渔业生产 包括淡水养鱼（池塘、流水、稻田、水库养鱼）技术、繁殖技术、产品加工运销等。

5. 农区林业 包括树木（包括用材林、薪炭林、木本油料、经济果树、药用树、观赏树等）的选留种、育苗、造林、管理技术，林产品加工利用技术等。

6. 经营管理 包括农业成本核算、经济效益评价、农业会计、农村金融、信贷、税收、保险、市场、农副产品流通与营销、农业合作、农业政策和法规等。

7. 农村资源开发和保护 包括农村资源调查、资源开发利用、农村开发评价、农村建设、土地开发管理、环境改善和生态保护、资源利用评价、环境保护法规、有效利用资源的综合技术、环境管理技术等。

8. 农业机械 包括农用机械的性能、使用、维护、保养、选型配备、节能减排等。

9. 农副产品贮藏加工 包括粮食加工、农副产品加工、农副产品综合利用、保鲜和贮藏等。

10. 农村能源 包括速生树木、小水电、风力、太阳能、生物能、节能灶等。

（三）我国农业技术推广教育方式

1. 全日制脱产的农民技术学校 这种学校和国家的中等农业学校基本相同，所不同的是学生毕业后仍回原生产单位或家乡当农民。学制一般一到两年，在校期间地方财政给予一定补贴。这种办学形式适应了农民群众的学科学、用科学，发展商品生产，依靠科技致富的需要，为农村培养了一批水平较高、扎根农村的农业技术人才。

2. 不脱产的农业技术推广教育 这种教育模式包含农业广播电视学校、农民业余技术学校、农业技术培训班、农业函授学校等多种形式。

（1）中央农业广播电视学校。中央农业广播电视学校是利用广播电视作为教学手段的远距离、开放型的成年农民教育机构。它以广大农村的基层干部、青年农民为主要对象,通过收听、收看、实习,学习农业技术知识和推广知识,学习结束经过考试可以达到一定学历。由于广大学员不脱离农村、不脱离生产,边学边用,理论联系实际,能够及时解决农业生产上出现的问题,促进增产增收。

(2) 农民业余技术学校。农民业余技术学校是农村基层业余教育的好形式。由于这种办学方式灵活多样,深受农民欢迎。有的白天劳动,晚上学习;有的农忙劳动,农闲学习。时间短、实用性强、缺什么补什么,农民学得快、用得上。

(3) 农业技术培训班和农业函授教育。近年来,随着商品生产的发展,广大农民积极学习新的科学技术知识,寻找各种致富门路。为了适应这种新形势的需要,各地教育、科技、推广部门和生产单位纷纷办起了各种形式的专业技术培训班和函授教育。由于这种形式方法简便、时间短、学以致用,因而发展很快,应用广泛。

(4) 其他方式。如标语、咨询、讲演、表演、展览、印发资料、墙报、影视等。

五、农业创新扩散原理

(一) 创新的概念

对于创新的定义比较权威的有两个:一是2000年联合国经济合作发展组织(OECD)"在学习型经济中的城市与区域发展"报告中提出的"创新的涵义比发明创造更为深刻,它必须考虑在经济上的运用,实现其潜在的经济价值。只有当发明创造引入到经济领域,它才成为创新";二是2004年美国国家竞争力委员会向政府提交的《创新美国》计划中提出的"创新是把感悟和技术转化为能够创造新的市值、驱动经济增长和提高生活标准的新产品、新过程与方法和新服务"。这就确认了"创新"在社会经济发展中极其重要的地位和作用。创新实际上是个过程,是实现发明创造潜在的经济和社会价值的过程。

创新包括两个方面的含义:一是抽象的思想或方法;二是具体的某件事物。创新作为一种引入新事物的行为,可能存在两种情况:一是某种事物在某地已经存在,被引入到一个新的地方,这个过程中又可分为原封不动的照搬照抄和在原有的基础上有所改动两种情况;二是开始一种全新的行为,包括有形的技术创新或无形的新观念、新思维创新。所以,创新是一个十分宽泛的概念。

创新者不同于发明者。发明者是发现新的方法和新的材料;创新者是运用新发明生产更新更好的商品，获得成就感和盈利。发明者产生创意，创新者将创意商品化。发明者关注其技术工作，创新者将技术工作转化成经济行为。创新者关注的内容要比发明者广泛，因为他不仅具有发明者的原创性，还要探索将发明商品化。

（二）农业创新的采用过程

农业创新的采用是一个过程。是指农民获得新的创新信息到最终采用的心理和行为的变化过程。农民不是消极被动地接受和采用农业创新，而是通过观察、思考、认识和反复实践才最后采用。一般需要如下五个阶段。

1. 认识阶段 农民从各种途径获得信息，与自己的生产发展及生活需要相联系，加以对比分析，看是否符合自己的实际需要，是否有较理想的效益，是否有能力采用等，从总体上初步了解、认识某种创新。

2. 感兴趣阶段 农民在初步认识到某项创新可能会给自己带来一定好处的时候，其行为就会发展到第二个阶段，即感兴趣阶段。这时，农民就想进一步了解这项创新的方法和结果，表现出了极大的关心和浓厚的兴趣，开始出现学习行为，并初步考虑采用的规模、投资的程度和承受风险的能力，并初步做出是否采用的决定。

3. 试用阶段 农民对某项创新发生兴趣并初步决定采用之后，其行为就发展到第三个阶段，即试用阶段。农民为了减少投资风险，防止盲目应用，首先进行小规模采用（试用），估计效益高低等，为下一步是否大规模采用做准备。

4. 评价阶段 经试用后，根据试用结果对创新的各种效果进行较为全面的评价。可以自己评价，朋友、邻里评价或请推广人员协助评价，最后得出结论。

5. 采用阶段 通过试用、评价后，根据评价的结论，得出是否广泛采用的决策。如果某项创新对农民比较理想，其行为就发展到采用阶段。在消除了各种疑虑之后，便根据自己的财力、物力等情况，决定采用的规模，实施创新。

（三）创新自身特征

一般地说，农业创新自身的技术特点对其扩散的影响主要取决于三个因素：一是技术的复杂程度，技术简便易行就容易推广，否则推广的难度就大；二是技术的可分性大小，可分性大的如作物新品种、化肥、农药等就较易推广，而可分小的技术装备（如农业机械的推广）就要难一些；三是技术的适用

性,如果新技术容易和现行的农业生产条件相适应,而经济效益又明显时就容易推广,反之则难。具体地讲,有以下几种情形:

1. 技术的时效性不同 立即见效的技术实施后能很快见到其效果,在短期内能得到效益。例如,化肥、农药等是比较容易见效的,推广人员只要对施肥技术和安全使用农药进行必要的指导,就不难推广。但有些技术在短期内难以明显看出它的效果和效益(如机械化保护性耕作等),其效果是通过改良土壤、增加土壤有机质和团粒结构、维持土壤肥力来达到长久稳产高产的,但不像化肥的效果那样来得快。所以,这类技术的推广就要相对慢一些。

2. 技术的难易程度不同 有些技术只要听一次讲课或进行一次现场参观就能掌握实施,这样的技术很容易推广。如机械喷药技术,只要懂得如何配方,喷药数量及部位,安全措施,其余就是单纯的机械劳动,不需要很多训练就可掌握。有些则不然,还需要有一个学习、消化、理解的过程,并要结合具体情况灵活应用。如拖拉机驾驶等,需要比较多的知识、经验和实践技能,经过专门的培训才能掌握。另外,技术的难易程度与技术属于单项技术还是综合性技术有关,实施某项单项技术,由于实施不复杂,影响面较窄,农民接受快;而综合性技术,同时要考虑多种因素,从种到收各个环节都要注意,比单项技术的实施要复杂得多,所以推广就慢。

3. 技术的应用方式不同 有些技术涉及范围较小,个人可以学习掌握,一家一户就能单独应用,例如果树嫁接、家畜饲养等。而有些技术则需要大家合作进行才能搞好,例如,作物病虫防治,只一家一户防治不行,需要集体合作行动。

4. 技术的适用性不同 先进技术对某个地区来说并不一定是适用技术,所以有些先进的技术却不适用或至少在现实条件不适用,这样的技术是难以推广的。而有些看起来并不先进的技术却很适合一个地区的现实条件,是容易推广开的。

第三节 技术成果推广体系

改革开放以来,中国的农业技术推广体系建设取得了明显的进展,初步形成了从中央到省、地、县、乡多层次、多功能的农业技术推广体系,为农业科技成果转化、促进农业和农村经济发展做出了新的贡献。

一、主要职能

目前农业技术推广机构的职能包括四个方面:

①法律法规授权或行政机关委托的执法和行政管理，如动植物检疫、畜禽水产品检验、农机监理、农民负担管理等。

②纯公益性工作，如动植物病虫害监测、预报、组织防治，对农民的无偿培训、咨询、新技术的引进、试验示范推广，对农药、动物药品使用安全进行监测和预报，对灾情、苗情、地力进行监测和报告等。

③带有中介性的工作，如农产品和农用产品的质量检测，为农民提供产销信息，对农民进行职业技能鉴定等。

④经营性服务，如农用物资的经营，农产品的贮、运、销，特色优质产品生产及品种的供应等。

二、农业科技开发的组织形式

以农业科技成果在实践中的转化应用形式，可将农业科技开发的组织形式分为下面几种形式。

1. 联合股份型开发 农业科研单位、大专院校、技术单位与其他经济实体，以成果、技术和资金等入股的形式，共同组织科技产品开发和承担经营风险。其优点是科技部门充分利用企业的现有设施和人员，使科技单位把更多的精力放在科学研究上，推动科研和成果转化的良性循环。

2. 独立企业型开发 科研单位、大专院校充分利用自己的中试车间、实验室、农牧场等兴办科技企业或其他经济实体，物化自己的科研成果。这是加快科研成果转化的一种好形式。如中国农科院郑州果树所西瓜育种开发组和蔬菜花卉所科技开发经营部等，近年来一方面安排精干力量抓良种选育与繁殖，另一方面主动结合生产和市场需要，积极组织种子包装和销售经营，产生了较好的社会和经济效益。

3. 综合基地型开发 科研单位、大专院校在所属地区一般都建有综合试验基地。试验基地是农业科研单位、大专院校将科研与生产紧密结合的重要场所，这是科研成果转化为生产力的重要辐射源。河北农业大学在河北省山区和坝上高原地区、山麓平原区、低平原区都建有教学科研生产三结合基地，这些基地对转化自身的科研成果发挥了巨大作用，"七五"期间该校有40多项科研成果通过基地扩散，取得的社会经济效益达25多亿元。

4. 区域治理型开发 区域治理开发是国家加强科技攻关的重要任务之一。近年来，全国农业科研单位、大专院校在认真抓好科研的同时，积极组织大批科技人员投入农业区域开发主战场，以科技培训、技术转让、科技承包、选派科技副县（市）长等多种形式，开展全方位区域治理和综合开发，并取得了明显的经济效益。如河北农业大学综合开发太行山，采取科技开发与经济开发并重，区域治理与脱贫致富结合，生态效益与社会效益、经济效益同步提高的战略，以700多万元的投资换取了3亿多元的经济效益，为当地人民脱贫致富找到了一条提高造血功能的路子，受到国务院和省人民政府的表彰。

三、农业科技开发服务

任何农业科技成果的推广能否成功，都与农业科技开发服务密不可分。农业科技开发服务是一项重要的工作，主要包括：

1. 围绕市场经营服务　对开发的产品（成果）要保质保量，以优质产品取得用户的信任。在保证农业机械产品质量的前提下，注重销售人员的实际业务水平和操作技能，使他们达到能够清楚介绍机具性能、熟练操作机具的要求。

2. 多方组织信息服务　农业、供销、金融、运输等单位要准确提供项目、市场、技术等方面的信息，以减少盲目性。

3. 组织技术服务　科技部门要根据开发中的薄弱环节或技术难题，有的放矢地组织科技人员下基层开展咨询服务。

4. 做好生产物资服务工作　在生产资料价格放开的情况下，无论是生产部门还是农技站经营部门，除了组织生产物资供应实施项目外，还要在基层增设服务网点，方便群众，在价格质量上做到货真价实，不亏待农民。

5. 农副产品销售服务　商业流通部门特别是基层供销社和收购站等，要从保护农民的利益出发，实现收购农副产品物价兑现，或与农民采取联销联营的形式为农民开发性生产解难分忧，鼓励农民从事合法经营，活跃农村经济，齐心合力奔小康。

四、农业院校转化科技成果的途径

高等农业院校转化科技成果，主要有以下几种方式：

1. 科普宣传　通过科技信息发布会、展销会、印刷品、电视录像等多种宣传形式，展示并转化自己的科技成果。近年来高校大力推广其科研成果，使一批新研究出的机械装备、良种等迅速得以推广，并取得了显著的经济效益。

2. 建设综合性开发基地　根据各县区域开发的需要，建立农、林、牧、副、渔系统的综合性开发基地县和专业性科技推广基地。基地县主要采用以项目为纽带，以示范培训为手段，以发展农村经济、培养人才为目的，实行行政、技、物和农、科、教两个三结合。

3. 试验示范 由于农业科技推广是农民对新科技成果再认识的过程，新科技成果也有一个接受地域性检验的过程，只有通过试验示范来决策成果适宜推广的范围。

4. 技术培训 农业院校每年有一大批师生深入第一线进行教学实习，学校可以借此推广农业科技知识；也可借助项目的实施，对地方人员进行技术培训和技术咨询，为农民提供科技服务。

5. 挂职支农 每年选派一批科技人员，到地方挂职担任副县长、副乡长。依托学校的科技优势，以执行科技推广项目为主要内容，在当地党政领导下，为发展当地经济服务。

6. 师资培训 学校利用自己的资源优势，为县职业中学输送或培养师资。也可采取短期培训职业中学在职教师和干部等方法，以提高职业培训的教学水平，并进一步达到提高社会劳动者素质的目的。

7. 技术转让 把本单位科研成果，以签订技术合同、转让科技成果等各种形式推向市场。

五、农业科研单位转化科技成果的途径

农业科研工作如何面向经济，与生产密切结合，科技成果如何尽快转化为生产力，发挥效益，是当前科研院所面临的重大问题。抓好科技成果的推广应用，从中收回部分补贴资金，增强研究活力，这对鼓励科研人员的积极性具有重要的意义。成果转化的主要形式有：

1. 科研与生产相结合 科研院所具有雄厚的技术力量，生产设施比较先进，具有产品开发和产品转化的双重能力。近几年，许多研究单位通过科研与生产相结合的途径，加强经营管理和提高技术水平，不但提高了科技成果的速率，同时经济收入也不断增加，技术成果也随之推广应用。

2. 兴办经济实体 即结合自己的专业特点办经济实体。例如，土肥所（站）采取测土—配方—供肥—施肥指导的示范推广方法，结合肥料、良种、农药、农膜、农机具供应，为生产者提供系列化服务，实行技物结合、技术服务与经营服务相结合。在开展技术服务时，采取技术承包、有偿服务等形式，取得了显著的经济、社会效益。

3. 技术培训 农科院所一般都在县、乡办基地，科研单位应充分利用这一优势资源，采取多种手段，如组织当地种粮大户、农机大户进行现身说法，派专家、科技干部讲课，进行声像教学、印刷并发放资料以及举行专题讲座，

现场观摩、咨询等，来更新县、乡农技人员的知识结构，提高理论和业务水平，提高生产者的科技和文化素质，使示范基地形成技术培训中心，从而向周围辐射，取得"试验—示范—培训—推广"的效果。

4. 技术转让 科研单位用自己创造的成果，进入省内外技术市场进行技术商品交易活动。这是加速科技成果转化的捷径，同时也为科研单位创造了经济实力。科研单位应将自己的专利成果、新技术和新品种可以一次性转让，也可多次廉价转让，获得技术转让费，让对方进行技术和品种开发，占领市场，达到推广应用的目的。

主要参考文献

陈家瑞．2002．汽车构造．第 4 版．北京：人民交通出版社
傅家骥，仝允桓．1996．工业技术经济学．北京：清华大学出版社
宋效中等．现代管理会计．2007．北京：机械工业出版社
席酉民．经济管理基础．1998．北京：高等教育出版社
俞明南，易学东．2006．现代企业管理．大连：大连理工大学出版社
杨新亭，韩兆柱．1996．现代企业管理．成都：西南财经大学出版社
季辉．2007．现代企业经营与管理．大连：东北财经大学出版社
任玉珑．1998．技术经济学．重庆：重庆大学出版社
袁明鹏，胡艳，庄越．2007．新编技术经济学．北京：清华大学出版社
蔡根女．2003．农业企业经营管理学．北京：高等教育出版社
黄贯虹，方刚．2006．系统工程方法与应用．广州：暨南大学出版社
马占元，王慧军．1994．农业科技成果转化概论．北京：中国农业出版社
任晋阳，齐顾波．1998．农业技术推广学．北京：中国农业大学出版社
赵晓春．2005．农业传播学．北京：中国传媒大学出版社
李宝筏．2003．农业机械学．北京：中国农业出版社
北京农业工程大学．1996．农业机械学（上、下）．北京：中国农业出版社
南京农业大学．1996．农业机械学（上、下）．北京：中国农业出版社
高连兴．2000．农业机械概论．北京：中国农业出版社
汪懋华．2000．农业机械化工程技术．郑州：河南科学技术出版社
黄渝祥．1998．企业管理概论．北京：高等教育出版社
朱瑞祥，邱立春．2000．农业机械化管理学．长春：吉林科学技术出版社
陈济勤．2001．农业机器运用管理学．北京：中国农业出版社
冯云武，武学金，罗士刚．1998．农机化项目管理．天津：天津人民出版社
郑明身．2001．企业经营管理概论．北京：中国城市出版社
简鸿飞．2002．现代企业管理学．广州：华南理工大学出版社
于桂琴，孙裪刚．1993．农业企业经营管理学．北京：北京科学技术出版社
何业才．1998．新编现代工业企业管理．北京：经济管理出版社
李海波，刘学华．2001．企业管理概论．北京：立信会计出版社
李道芳．2003．现代企业管理．合肥：安徽大学出版社
葛素洁，杨洁．2001．现代企业管理学．北京：经济管理出版社
安学锋．2002．现代工业企业管理学．北京：经济管理出版社

主要参考文献

王钊.2003.现代企业管理概论.北京：中国农业出版社

吴振顺.2004.现代企业管理.北京：机械工业出版社

戴庾先.2002.现代企业管理.北京：电子工业出版社

高焕文.2003.高等农业机械化管理学.北京：中国农业大学出版社

邵一明.2002.企业战略管理.北京：立信会计出版社

陈富生，黄顺春.2004.现代企业管理教程.上海：上海财经大学出版社

高平平.2004.企业管理导引.天津：同济大学出版社

刘秋华.2002.现代企业管理.北京：中国社会科学出版社

彭代武.2002.市场调查·商情预测·经营决策.北京：经济管理出版社

简鸿飞等.2002.现代企业经营管理学.广州：华南理工大学出版社

李宝仁.2005.经济预测：理论、方法及应用.北京：经济管理出版社

王卓.2000.系统预测实用方法.北京：民族出版社

蒋恩尧.1997.工业企业管理教程.沈阳：东北大学出版社

William E. 1993. Organization Theory: Research and Design. London: Macmillan Publishing Company

Rowe A & J Boulgarides. 1992. Managerial Decision Making. London: Macmillan Publishing Company

McMillan J. 1992. Games Strategies and Managers. Combridge: Oxford University Press

James F. 1990. Game Theory with Applications to Economics. Combredge: Oxford University Press

Eugene G, W Ireson & R Leuvenworth. 1982. Principles of Engineering Economy. John Wiley & Sons, Inc

Galison P L & B W Hevly, Creative Management. 1991. London: Sage Publications

March J & H Simon. 1993. Organizations. New York: Blackwell Publishers

Thomas S Bateman, Scott A. 2002. Snell. Management: Competing in the New Era. 5th ed. The Mcgraw-Hill companies Inc

John M Ivancevich & Peter corenzi etc. 1997. Management: Quality and Competitiveness. 2nd ed. The McGraw-Hill Companies Inc

Alex miller & Gregory G Dess. 1996. Strategic Management. 2nd ed. The McGraw-Hill companies Inc

Earl Babbie. 2001. The Practice of Social Research. 19th ed. Thomson learning Inc

Steph Haag, Maeve Cummings & James Dawkins. 1998. Management Information Systems for the information Age, The McGraw-Hill companies Inc

郑 重 声 明

中国农业出版社依法对本书享有专有出版权。任何未经许可的复制、销售行为均违反《中华人民共和国著作权法》，其行为人将承担相应的民事责任和行政责任，构成犯罪的，将被依法追究刑事责任。为了维护市场秩序，保护读者的合法权益，避免读者误用盗版书造成不良后果，我社将配合行政执法部门和司法机关对违法犯罪的单位和个人给予严厉打击。社会各界人士如发现上述侵权行为，希望及时举报，本社将奖励举报有功人员。

反盗版举报电话：（010）65005894，59194974，59194971
传　　真：（010）65005926
E – mail：wlxyaya@sohu.com
通信地址：北京市朝阳区农展馆北路2号中国农业出版社教材出版中心
邮　　编：100125

购书请拨打电话：（010）59194972，59195117，59195127

数码防伪说明：

本图书采用出版物数码防伪系统，用户购书后刮开封底防伪密码涂层，将16位防伪密码发送短信至106695881280，免费查询所购图书真伪，同时您将有机会参加鼓励使用正版图书的抽奖活动，赢取各类奖项，详情请查询中国扫黄打非网（http://www.shdf.gov.cn）。

短信反盗版举报：编辑短信"JB，图书名称，出版社，购买地点"发送至10669588128

短信防伪客服电话：（010）58582300/58582301